16G101图集应用系列

平法钢筋识图与算量

PINGFA GANGJIN SHITU YU SUANLIANG

主　编　李守巨
参　编　付那仁图雅　王红微　刘艳君
何　影　张黎黎　董　慧　于　涛
孙石春　李　瑞　白雅君

中国电力出版社
CHINA ELECTRIC POWER PRESS

内 容 提 要

本系列图书根据《16G101-1》《16G101-2》《16G101-3》三本最新图集以及《中国地震动参数区划图》（GB 18306—2015）、《混凝土结构设计规范（2015 年版）》（GB 50010—2010）、《建筑抗震设计规范》（GB 50011—2010）及 2016 年局部修订等规范进行编写，主要内容包括基础知识，基础构件平法钢筋识图与算量，柱、梁、剪力墙、板等主体构件，以及板式楼梯的平法钢筋识图与算量。

本书以问答的形式一一解答了平法识图与算量中的常见问题，必要时还通过计算实例给出了钢筋的算量方法，其内容系统，实用性强，便于理解，方便读者理解掌握，可供工程造价人员以及高校相关专业师生学习参考。

图书在版编目（CIP）数据

平法钢筋识图与算量/李守巨主编. —北京：中国电力出版社，2018.1（2023.1 重印）
（16G101 图集应用系列）
ISBN 978-7-5198-1208-9

Ⅰ.①平… Ⅱ.①李… Ⅲ.①钢筋混凝土结构-建筑构图-识图②钢筋混凝土结构-结构计算 Ⅳ.①TU375

中国版本图书馆 CIP 数据核字（2017）第 237666 号

出版发行：中国电力出版社
地　　址：北京市东城区北京站西街 19 号（邮政编码 100005）
网　　址：http：//www. cepp. sgcc. com. cn
责任编辑：杨淑玲（010 - 63412602）
责任校对：马　宁
装帧设计：王红柳
责任印制：杨晓东

印　　刷：中国电力出版社有限公司
版　　次：2018 年 1 月第 1 版
印　　次：2023 年 1 月北京第 2 次印刷
开　　本：700mm×1000mm　16 开本
印　　张：12. 25
字　　数：252 千字
定　　价：38. 00 元

前　言

平法是建筑结构施工图平面整体设计方法的简称，是对结构设计技术方法理论化、系统化，是对传统设计方法的一次深刻变革。通过平法，设计师可以用较少的元素，准确地表达丰富的设计意图，这是一种科学合理、简洁高效的结构设计方法，极大地提高了结构设计的效率，大幅度解放了生产力。但要真正看懂平法施工图的内容，不仅要领会平法制图的精神，还需要具备相关的知识。

本书根据《16G101-1》《16G101-2》《16G101-3》三本最新图集以及《中国地震动参数区划图》（GB 18306—2015）、《混凝土结构设计规范（2015 年版）》（GB 50010—2010）、《建筑抗震设计规范》（GB 50011—2010）及 2016 年局部修订等规范进行编写，主要内容包括基础知识，基础构件平法钢筋识图与算量，柱、梁、剪力墙、板等主体构件，以及板式楼梯的平法钢筋识图与算量。本书以问答的形式一一解答了平法识图与算量中的常见问题，必要时还通过计算实例给出了钢筋的算量方法，内容系统，实用性强，便于理解，方便读者理解掌握，可供工程造价人员以及高校相关专业师生学习参考。

本书在编写过程中参阅和借鉴了许多优秀书籍、图集和有关国家标准，并得到了有关领导和专家的帮助，在此一并致谢。由于水平有限，尽管尽心尽力，反复推敲，仍难免存在疏漏或不足之处，恳请有关专家和读者提出宝贵意见！

编者

2017 年 9 月

目　录

1 基 础 知 识

1.1 平法基础知识

1. 什么是平法?

平法是对结构设计技术方法的理论化、系统化，是对传统设计方法的一次深刻变革。平法是建筑结构施工图平面整体设计方法的简称，是把结构构件的尺寸和配筋等按照平面整体表示方法制图规则，整体直接表达在各类构件的结构平面布置图上，再与标准构造详图相配合，即构成一套新型完整的结构设计。把钢筋直接表示在结构平面图上，并附之以各种节点构造详图，设计师可以用较少的元素，准确地表达丰富的设计意图，这是一种科学、合理、简洁、高效的结构设计方法。具体体现在：图纸的数量少、层次清晰；识图、记忆、查找、校对、审核、验收较方便；图纸与施工顺序一致；对结构易形成整体概念。

平法将结构设计分为创造性设计内容与重复性（非创造性）设计内容两部分。设计师采用制图规则中标准符号、数字来体现其设计内容，属于创造性的设计内容；传统设计中大量重复表达的内容，如节点详图，搭接、锚固值，加密范围等，属于重复性、通用性设计内容。重复性设计内容部分（主要是节点构造和构件构造）以“广义标准化”方式编制成国家建筑标准构造设计有其现实合理性，符合现阶段的中国国情。标准构造的实质是图形化的构造规则，由设计师来进行构造设计，缺少的充分必要条件：① 结构分析结果不包括节点内的应力；② 以节点边界内力进行节点设计的理论依据并不充分；③ 节点设计缺少足够的试验依据。构造设计缺少试验依据是普遍现象，现阶段由国家建筑标准设计将其统一起来，是一种理性的选择。

2. 平法的基本原理是什么?

平法的系统科学原理：视全部设计过程与施工过程为一个完整的主系统，主系统由多个子系统构成，主要包括以下几个子系统：基础结构、柱墙结构、梁结构、板结构，各子系统有明确的层次性、关联性、相对完整性。

（1）层次性。基础、柱墙、梁、板，均为完整的子系统。

（2）关联性。柱、墙以基础为支座——柱、墙与基础关联；梁以柱为支座——梁与柱关联；板以梁为支座——板与梁关联。

（3）相对完整性。基础自成体系，仅有自身的设计内容而无柱或墙的设计内容；柱、墙自成体系，仅有自身的设计内容（包括在支座内的锚固纵筋）而无梁的设计内容；梁自成体系，仅有自身的设计内容（包括锚固在支座内的纵筋）而无板的设计内容；板自成体系，仅有板自身的设计内容（包括锚固在支座内的纵筋）。在设计出图的表现形式上它们都是独立的板块。

平法贯穿了工程生命周期的全过程，平法从应用的角度讲，就是一本有构造详图的制图规则。

3. 已出版的16G101适用于哪些方面？

《16G101-1混凝土结构施工图平面整体表示方法制图规则和构造详图（现浇混凝土框架、剪力墙、梁、板）》：适用于抗震设防烈度为6~9度地区的现浇混凝土框架、剪力墙、框架-剪力墙和部分框支剪力墙等主体结构施工图的设计，以及各类结构中的现浇混凝土板（包括有梁楼盖和无梁楼盖）、地下室结构部分现浇混凝土墙体、柱、梁、板结构施工图的设计。

《16G101-2混凝土结构施工图平面整体表示方法制图规则和构造详图（现浇混凝土板式楼梯）》：适用于抗震设防烈度为6~9度地区的现浇钢筋混凝土板式楼梯。

《16G101-3混凝土结构施工图平面整体表示方法制图规则和构造详图（独立基础、条形基础、筏形基础、桩基础）》：适用于各种结构类型的现浇混凝土独立基础、条形基础、筏形基础（分梁板式和平板式）及桩基础施工图设计。

1.2　钢筋算量基础知识

1. 建筑工程中常用的钢筋有哪些？

钢筋按生产工艺分为热轧钢筋、冷拉钢筋、冷拔钢丝、热处理钢筋、光面钢丝、螺旋肋钢丝、刻痕钢丝和钢绞线、冷轧扭钢筋、冷轧带肋钢筋。

钢筋按轧制外形分为光圆钢筋、螺纹钢筋（螺旋纹、人字纹）。

钢筋按强度等级分：HPB300表示热轧光圆钢筋，符号为Φ；HRB335表示热轧带肋钢筋，符号为Φ；HRB400表示热轧带肋钢筋，符号为Φ；RRB400表示热轧带肋钢筋，符号为$Φ^R$。

（1）热轧钢筋。热轧钢筋是低碳钢、普通低合金钢在高温状态下轧制而成。钢筋强度提高，塑性降低。热轧钢筋分为光圆钢筋和热轧带肋钢筋两种，如图1-1所示。

（2）冷轧钢筋。冷轧钢筋是热轧钢筋在常温下通过冷拉或冷拔等方法冷加

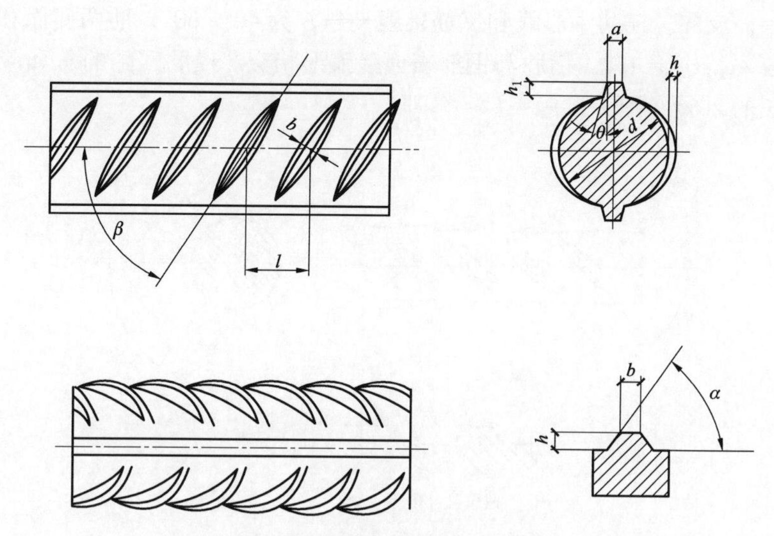

图 1-1 月牙肋钢筋表面及截面形状

d—钢筋直径；α—横肋斜角；h—横肋高度；β—横肋与轴线夹角；
h_1—纵肋高度；a—纵肋顶宽；l—横肋间距；b—横肋顶宽；θ—纵肋斜角

工而成。钢筋经过冷拉和时效硬化后，能提高它的屈服强度，但它的塑性有所降低，已逐渐淘汰。

钢丝是用高碳镇静钢轧制成圆盘后经过多道冷拔，并进行应力消除、矫直、回火处理而成。

划痕钢丝是在光面钢丝的表面上进行机械刻痕处理，以增加其与混凝土的黏结能力。

（3）余热处理钢筋。余热处理钢筋是经热轧后立即穿水，进行表面控制冷却，然后利用芯部余热自身完成回火等调质工艺处理所得的成品钢筋，热处理后钢筋强度得到较大提高而塑性降低并不大。

（4）冷轧带肋钢筋。冷轧带肋钢筋是热轧圆盘条经冷轧在其表面冷轧成三面或二面有肋的钢筋。冷轧带肋钢筋的牌号由 CRB 和钢筋的抗拉强度最小值构成。C、R、B 分别为冷轧（Cold Rolled）、带肋（Ribbed）、钢筋（Bar）三词的英文首位大写字母。冷轧带肋钢筋分为 CRB550、CRB650、CRB800、CRB970、CRB1170 五个牌号。CRB550 为普通钢筋混凝土用钢筋，其他牌号为预应力混凝土用钢筋。

CRB550 钢筋的公称直径范围为 4～12mm。CRB650 及以上牌号的公称直径为 4mm、5mm、6mm。

冷轧带肋钢筋的外形肋呈月牙形，横肋沿钢筋截面周圈上均匀分布，其中三面肋钢筋有一面肋的倾角必须与另两面反向，二面肋钢筋有一面肋的倾角必须与另一面反向。横肋中心线和钢筋轴线夹角 β 为 40°~60°。肋两侧面和钢筋表面斜角 α 不得小于 45°，横肋与钢筋表面呈弧形相交。横肋间隙的总和应不大于公称周长的 20%（图 1-2）。

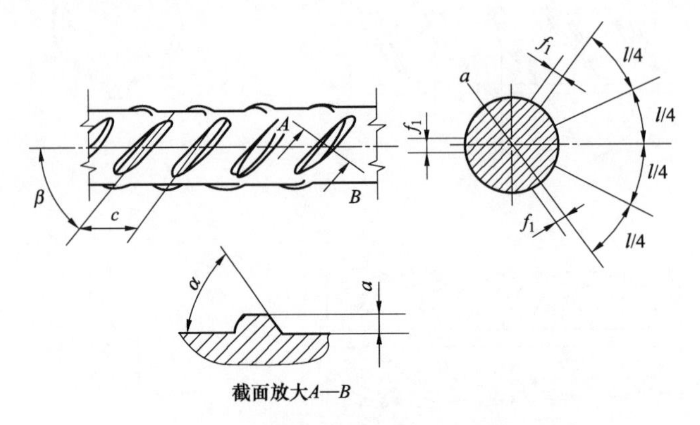

图 1-2　冷轧带肋钢筋表面及截面形状

（5）冷轧扭钢筋。冷轧扭钢筋是用低碳钢钢筋（含碳量低于 0. 25%）经冷轧扭工艺制成的，其表面呈连续螺旋形（图 1-3）。这种钢筋具有较高的强度，而且有足够的塑性，与混凝土黏结性能优异，代替 HPB235 级钢筋可节约钢材约 30%。一般用于预制钢筋混凝土圆孔板、叠合板中的预制薄板以及现浇钢筋混凝土楼板等结构中。

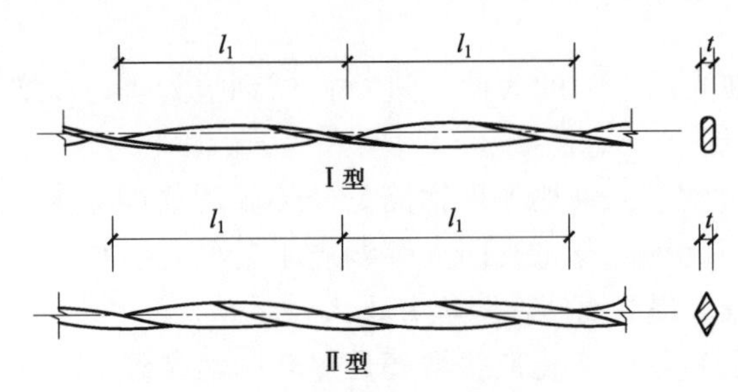

图 1-3　冷轧扭钢筋表面及截面形状

t—轧扁厚度；l_1—节距

（6）冷拔螺旋钢筋。冷拔螺旋钢筋是热轧圆盘条经冷拔后在表面形成连续螺旋槽的钢筋。冷拔螺旋钢筋的外形如图 1-4 所示。该钢筋具有强度适中、握裹力强、塑性好、成本低等优点，可用于钢筋混凝土构件中的受力钢筋，以节约钢材；用于预应力空心板可提高延性，改善构件使用性能。

（7）钢绞线。钢绞线是由沿一根中心钢丝成螺旋形绕在一起的公称直径相同的钢丝构成（图 1-5）。常用的有 1×3 和 1×7 标准型。

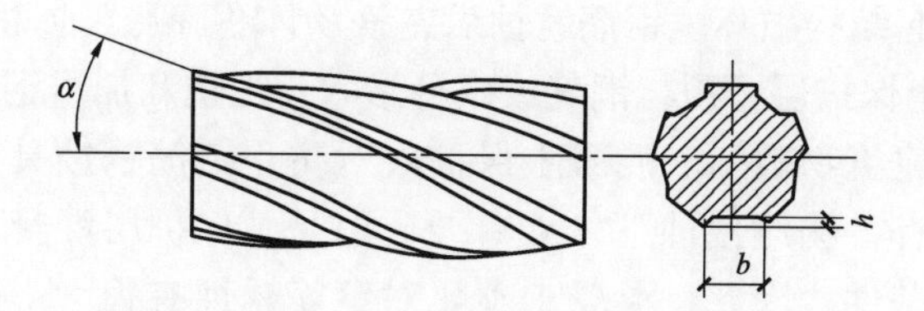

图 1-4 冷拔螺旋钢筋表面及截面形状

预应力钢筋宜采用预应力钢绞线、钢丝，也可采用热处理钢筋。

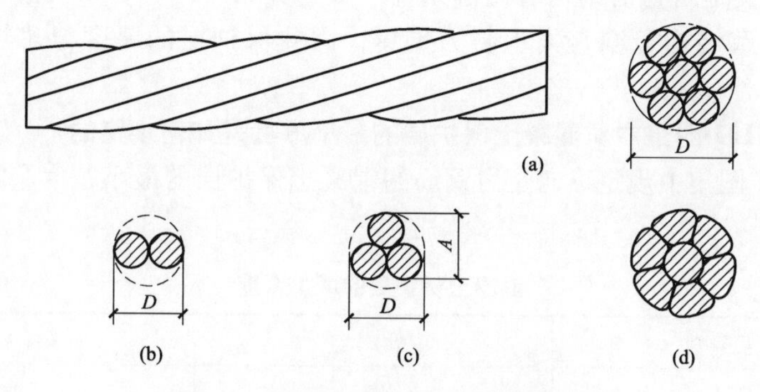

图 1-5 预应力钢绞线表面及截面形状

（a）1×7 钢绞线；（b）1×2 钢绞线；

（c）1×3 钢绞线；（d）模拔钢绞线

D—钢绞线公称直径；*A*—1×3 钢绞线测量尺寸

2. 什么是钢筋的锚固？

钢筋混凝土结构中钢筋能够受力，主要是依靠钢筋和混凝土之间的黏结锚固作用，因此锚固是混凝土结构受力的基础。如果钢筋的锚固失效，则结构可能丧失承载能力并由此引发结构破坏。

3. 什么是钢筋混凝土保护层？

钢筋的保护层就是钢筋外边缘与混凝土外表面之间的距离。钢筋保护层顾名思义就是保护钢筋。

4. 钢筋混凝土保护层有哪些作用？

混凝土结构中，钢筋被包裹在混凝土内，由受力钢筋外边缘到混凝土构件表面的最小距离称为保护层厚度。混凝土保护层的作用有以下几项：

（1）保证混凝土与钢筋共同工作，确保结构力学性能。混凝土与钢筋共同工作，是保证结构构件承载能力和结构性能的基本条件。

（2）混凝土保护层可以保护钢筋不锈蚀，确保结构的安全和耐久性。影响钢筋混凝土结构耐久性，造成其结构破坏的因素很多，如氯离子侵蚀、冻融破坏、混凝土不密实、裂缝、混凝土碳化、碱-集料反应，在一定环境条件下都能造成钢筋锈蚀引起结构破坏。钢筋锈蚀后，铁锈体积膨胀，体积一般增加到2~4倍，致使混凝土保护层开裂，潮气或水分渗入，加快和加重钢筋继续锈蚀，使钢筋锈断，导致建筑物破坏。混凝土保护层对防止钢筋锈蚀具有保护作用，这种保护作用在无有害物质侵蚀下才能有效。但是，保护层混凝土的碳化给钢筋锈蚀提供了外部条件。因此，混凝土碳化对钢筋锈蚀有很大影响，关系到结构耐久性和安全性。

（3）混凝土保护层可保护钢筋不应受高温（火灾）影响。保护层具有一定厚度，可以使建筑物的结构在高温条件下或遇到火灾时，保护钢筋不因受到高温影响而导致结构急剧丧失承载力倒塌，因此保护层的厚度与建筑物耐火性有关。

5. 16G101图集中对混凝土保护层的最小厚度是如何规定的？

16G101图集中规定纵向受力钢筋的混凝土保护层的最小厚度应符合表1-1的要求。

表1-1　　混凝土保护层的最小厚度　　（单位：mm）

环境类别	板、墙	梁、柱
一	15	20
二a	20	25
二b	25	35
三a	30	40
三b	40	50

注：1. 表中混凝土保护层厚度指最外层钢筋外边缘至混凝土表面的距离，适用于设计使用年限为50年的混凝土结构。

2. 构件中受力钢筋的保护层厚度不应小于钢筋的公称直径。

3. 一类环境中，设计使用年限为100年的结构最外层钢筋的保护层厚度不应小于表中数值的1.4倍；二、三类环境中，设计使用年限为100年的结构应采取专门的有效措施。

4. 混凝土强度等级不大于C25时，表中保护层厚度数值应增加5mm。

5. 基础底面钢筋的保护层厚度，有混凝土垫层时应从垫层顶面算起，且不应小于40mm。

6. 钢筋代换原则有哪些？

（1）等强度代换：当构件受强度控制时，钢筋可按强度相等原则进行代换。

（2）等面积代换：当构件按最小配筋率配筋时，钢筋可按面积相等原则进行代换。

7. 钢筋代换有哪些注意事项？

钢筋代换时，必须充分了解设计意图和代换材料性能，并严格遵守现行国家标准《混凝土结构设计规范（2015年版）》（GB 50010—2010）的各项规定。

凡重要结构中的钢筋代换，应征得设计单位同意。

（1）对某些重要构件，如吊车梁、薄腹梁、桁架下弦等，不宜用 HPB300 级光圆钢筋代替 HRB335 和 HRB400 级带肋钢筋。

（2）无论采用哪种方法进行钢筋代换后，应满足配筋构造规定，如钢筋的最小直径、间距、根数、锚固长度等。

（3）同一截面内，可同时配有不同种类和直径的代换钢筋，但每根钢筋的拉力差不应过大（如同品种钢筋的直径差值一般不大于 5mm），以免构件受力不均匀。

（4）梁的纵向受力钢筋与弯起钢筋应分别代换，以保证正截面与斜截面强度。

（5）偏心受压构件（如框架柱、有吊车厂房柱、桁架上弦等）或偏心受拉构件做钢筋代换时，不取整个截面配筋量计算，应按受力面（受压或受拉）分别代换。

（6）用高强度钢筋代换低强度钢筋时应注意构件所允许的最小配筋百分率和最少根数。

（7）用几种直径的钢筋代换一种钢筋时，较粗钢筋位于构件角部。

（8）当构件受裂缝宽度或挠度控制时，如用粗钢筋等强度代换细钢筋，或用 HPB300 级光面钢筋代换 HRB335 级螺纹钢筋就要重新验算裂缝宽度。如以小直径钢筋代换大直径钢筋，强度等级低的钢筋代替强度等级高的钢筋，则可不做裂缝宽度验算。如代换后钢筋总截面面积减少则应同时验算裂缝宽度和挠度。

（9）钢筋代换后，有时由于受力钢筋直径加大或根数增多而需要增加排数，则构件截面的有效高度 h_0 减小，截面强度降低。通常对这种影响可凭经验适当增加钢筋面积，然后再做截面强度复核。

对矩形截面受弯构件，可根据弯矩相等，按式（1-1）复核截面强度。

$$N_2\left(h_{02}-\frac{N_2}{2f_c b}\right) \geqslant N_1\left(h_{01}-\frac{N_1}{2f_c b}\right) \tag{1-1}$$

式中 N_1——原设计的钢筋拉力，$N_1=A_{s1}f_{y1}$（A_{s1} 为原设计钢筋的截面面积，f_{y1} 为原设计钢筋的抗拉强度设计值）；

N_2——代换钢筋拉力，$N_2=A_{s2}f_{y2}$（A_{s2} 为代换钢筋的截面面积，f_{y2} 为代换钢筋的抗拉强度设计值）；

h_{01}——原设计钢筋的合力点至构件截面受压边缘的距离；

h_{02}——代换钢筋的合力点至构件截面受压边缘的距离；

f_c——混凝土的抗压强度设计值，C20 混凝土为 9.6N/mm^2，C25 混凝土为 11.9N/mm^2，C30 混凝土为 14.3N/mm^2；

b——构件截面宽度。

（10）根据钢筋混凝土构件的受荷情况，如果经过截面的承载力和抗裂性能验算，确认设计因荷载取值过大、配筋偏大或虽然荷载取值符合实际但验算结果发现原配筋偏大，做钢筋代换时可适当减少配筋。但须征得设计单位同意，施工方不得擅自减少设计配筋。

（11）偏心受压构件非受力的构造钢筋在计算时并未考虑，不参与代换，即不能按全截面进行代换，否则会导致受力代换后截面小于原设计。

8. 钢筋算量常用数据有哪些？

（1）钢筋的计算截面面积及理论质量见表 1-2。

表 1-2　　钢筋的计算截面面积及理论质量

公称直径/mm	不同根数钢筋的计算截面面积/mm^2									单根钢筋理论质量/（kg/m）
	1	2	3	4	5	6	7	8	9	
6	28.3	57	85	113	142	170	198	226	255	0.222
8	50.3	101	151	201	252	302	352	402	453	0.395
10	78.5	157	236	314	393	471	550	628	707	0.617
12	113.1	226	339	452	565	678	791	904	1017	0.888
14	153.9	308	461	615	769	923	1077	1231	1385	1.21
16	201.1	402	603	804	1005	1206	1407	1608	1809	1.58
18	254.5	509	763	1017	1272	1527	1781	2036	2290	2.00（2.11）
20	314.2	628	942	1256	1570	1884	2199	2513	2827	2.47
22	380.1	760	1140	1520	1900	2281	2661	3041	3421	2.98
25	490.9	982	1473	1964	2454	2945	3436	3927	4418	3.85（4.10）
28	615.8	1232	1847	2463	3079	3695	4310	4926	5542	4.83
32	804.2	1609	2413	3217	4021	4826	5630	6434	7238	6.31（6.65）
36	1017.9	2036	3054	4072	5089	6107	7125	8143	9161	7.99
40	1256.6	2513	3770	5027	6283	7540	8796	10 053	11 310	9.87（10.34）
50	1963.5	3928	5892	7856	9820	11 784	13 748	15 712	17 676	15.42（16.28）

注：括号内为预应力螺纹钢筋的数值。

（2）钢筋混凝土结构伸缩缝最大间距见表 1-3。

表 1-3　　钢筋混凝土结构伸缩缝最大间距　　（单位：m）

结构类别		室内或土中	露天
排架结构	装配式	100	70
框架结构	装配式	75	50
	现浇式	55	35

续表

结构类别		室内或土中	露天
剪力墙结构	装配式	65	40
	现浇式	45	30
挡土墙、地下室墙壁等类结构	装配式	40	30
	现浇式	30	20

注：1. 装配整体式结构的伸缩缝间距，可根据结构的具体情况取表中装配式结构与现浇式结构之间的数值。

2. 框架-剪力墙结构或框架-核心筒结构房屋的伸缩缝间距，可根据结构的具体布置情况取表中框架结构与剪力墙结构之间的数值。

3. 当屋面无保温或隔热措施时，框架结构、剪力墙结构的伸缩缝间距宜按表中露天栏的数值取用。

4. 现浇挑檐、雨罩等外露结构的局部伸缩缝间距不宜大于12m。

2 基础构件平法钢筋识图与算量

从点、线、面、体来划分，混凝土基础可分为独立基础、条形基础、筏形基础和桩基础。在本章中，重点介绍较为常见基础结构的平法识图和钢筋构造，通过学习来提高识图能力和掌握混凝土基础中各种构件的钢筋计算方法。

2.1 独立基础

1. 独立基础平法施工图有哪些表示方法？

独立基础平法施工图，有平面注写与截面注写两种表达方式，设计者可根据具体工程情况选择一种，或两种方式相结合进行独立基础的施工图设计。

当绘制独立基础平面布置图时，应将独立基础平面与基础所支承的柱一起绘制。当设置基础连梁时，可根据图面的疏密情况，将基础连梁与基础平面布置图一起绘制，或将基础连梁布置图单独绘制。

在独立基础平面布置图上应标注基础定位尺寸，当独立基础的柱中心线或杯口中心线与建筑轴线不重合时，应标注其定位尺寸。编号相同且定位尺寸相同的基础，可仅选择一个进行标注。

2. 独立基础如何进行编号？

各种独立基础编号见表 2-1。

表 2-1　　独立基础编号

类型	基础底板截面形状	代号	序号
普通独立基础	阶形	DJ_J	××
	坡形	DJ_P	××
杯口独立基础	阶形	BJ_J	××
	坡形	BJ_P	××

注：当独立基础截面形状为坡形时，其坡面应采用能保证混凝土浇筑、振捣密实的较缓坡度；当采用较陡坡度时，应要求施工采用在基础顶部坡面加模板等措施，以确保独立基础的坡面浇筑成型、振捣密实。

3. 独立基础的平面注写方式包括哪些内容?

(1) 集中标注。

1) 基础编号。各种独立基础编号，见表 2-1。

2) 截面竖向尺寸。

a. 普通独立基础（包括单柱独基和多柱独基）。

(a) 阶形截面。当基础为阶形截面时，注写方式为“$h_1/h_2/\cdots$”，如图 2-1所示。图 2-1 为三阶，当为更多阶时，各阶尺寸自下而上用“/”分隔顺写。

当基础为单阶时，其竖向尺寸仅为一个，也是基础总高度（图 2-2)。

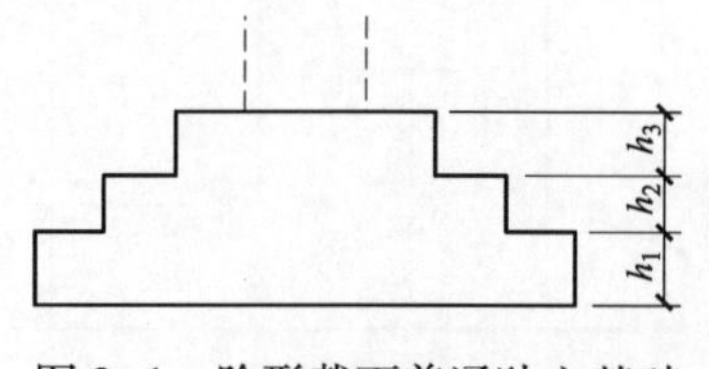

图 2-1 阶形截面普通独立基础竖向尺寸注写方式

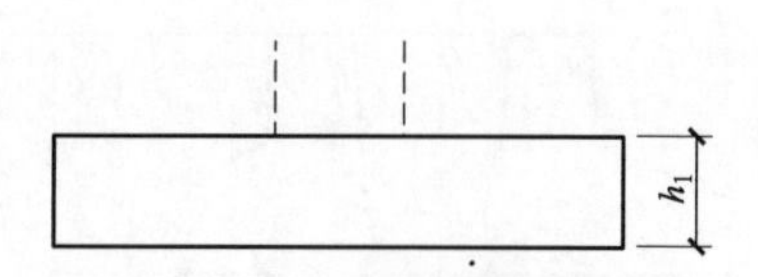

图 2-2 单阶普通独立基础竖向尺寸注写方式

(b) 坡形截面。当基础为坡形截面时，注写方式为“h_1/h_2”，如图 2-3 所示。

b. 杯口独立基础。

(a) 阶形截面。当基础为阶形截面时，其竖向尺寸分两组，一组表达杯口内，另一组表达杯口外，两组尺寸以“,”分隔，注写方式为“a_0/a_1，$h_1/h_2/\cdots$”，如图 2-4 和图 2-5 所示，其中杯口深度 a_0 为柱插入杯口的尺寸加 50mm。

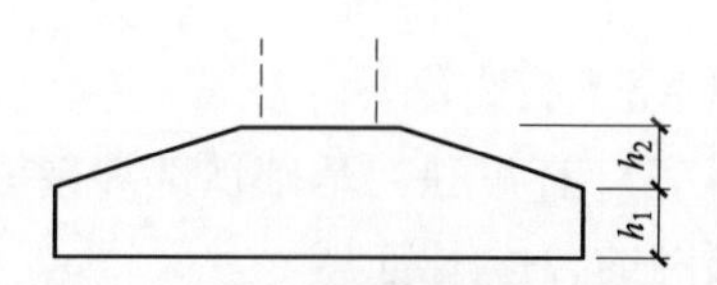

图 2-3 坡形截面普通独立基础竖向尺寸注写方式

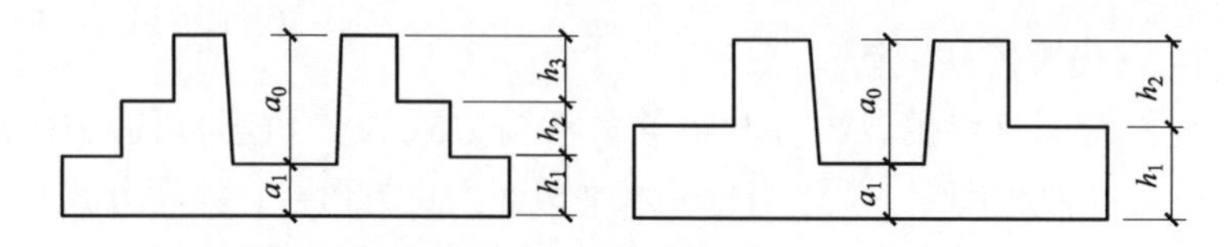

图 2-4 阶形截面杯口独立基础竖向尺寸注写方式

(b) 坡形截面。当基础为坡形截面时，注写方式为“a_0/a_1，$h_1/h_2/h_3/\cdots$”，如图 2-6 和图 2-7 所示。

3) 配筋。

a. 独立基础底板配筋。普通独立基础（单柱独基）和杯口独立基础的底部双向配筋注写方式如下：

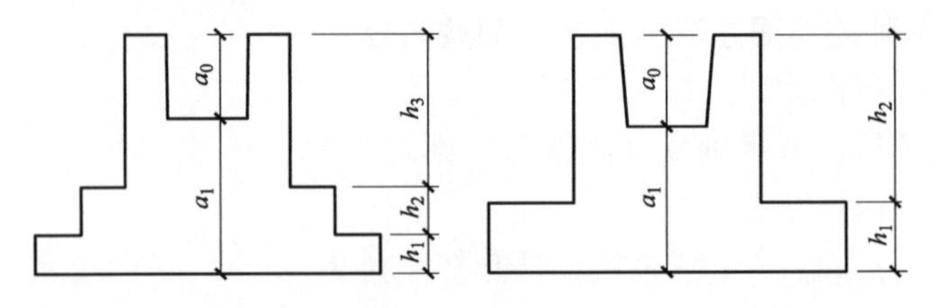

图 2-5　阶形截面高杯口独立基础竖向尺寸注写方式

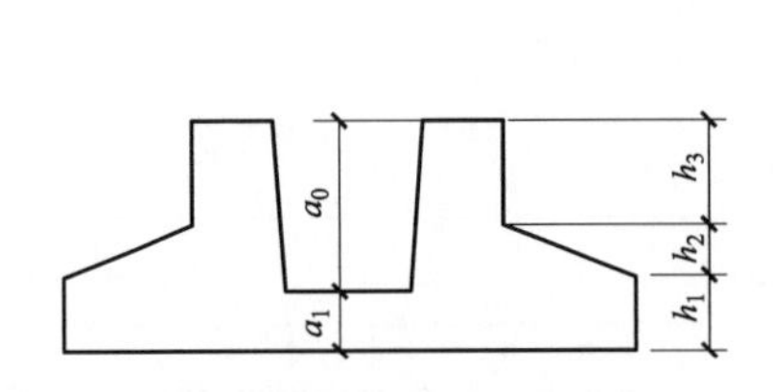

图 2-6　坡形截面杯口独立基础竖向尺寸注写方式

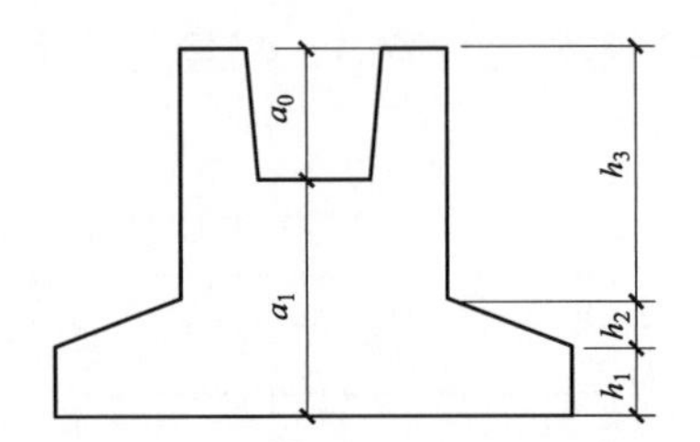

图 2-7　坡形截面高杯口独立基础竖向尺寸注写方式

（a）以 B 代表各种独立基础底板的底部配筋。

（b）X 向配筋以 X 打头、Y 向配筋以 Y 打头注写；当两向配筋相同时，则以 X&Y 打头注写。

b. 杯口独立基础顶部焊接钢筋网注写方式：以 Sn 打头引注杯口顶部焊接钢筋网的各边钢筋。

当双杯口独立基础中间杯壁厚度小于 400mm 时，在中间杯壁中配置构造钢筋见相应标准构造详图，设计不注。

c. 高杯口独立基础短柱配筋（也适用于杯口独立基础杯壁有配筋的情况）注写方式如下：

（a）以 O 代表短柱配筋。

（b）先注写短柱纵筋，再注写箍筋。注写方式为“角筋/长边中部筋/短边中部筋，箍筋（两种间距）”；当短柱水平截面为正方形时，注写方式为“角筋/x 边中部筋/y 边中部筋，箍筋（两种间距，短柱杯口壁内箍筋间距/短柱其他部位箍筋间距）”。

（c）双高杯口独立基础的短柱配筋的注写方式与单高杯口相同，如图 2-8 所示。

当双高杯口独立基础中间杯壁厚度小于 400mm 时，在中间杯壁中配置构造钢筋见相应标准构造详图，设计不注。

d. 普通独立基础带短柱竖向尺寸及钢筋。当独立基础埋深较大，设置短柱时，短柱配筋应注写在独立基础中。具体注写方式如下所列：

（a）以 DZ 代表普通独立基础短柱。

（b）先注写短柱纵筋，再注写箍筋，最后注写短柱标高范围。注写方式为“角筋/长边中部筋/短边中部筋，箍筋，短柱标高范围”；当短柱水平截面为正方形时，注写方式为“角筋/x 中部筋/y 中部筋，箍筋，短柱标高范围”。

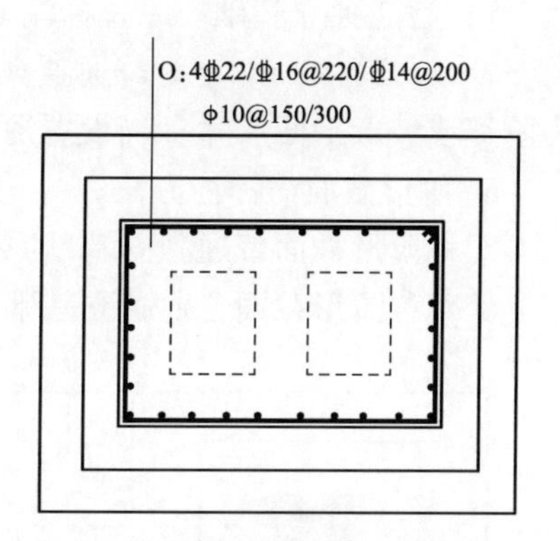

图 2-8　双高杯口独立基础短柱配筋注写方式

e. 多柱独立基础顶部配筋。

独立基础通常为单柱独立基础，也可为多柱独立基础（双柱或四柱等）。多柱独立基础的编号、几何尺寸和配筋的标注方法与单柱独立基础相同。

当为双柱独立基础时，通常仅有基础底部钢筋；当柱距离较大时，除基础底部配筋外，尚需在两柱间配置基础顶部钢筋或配置基础梁；当为四柱独立基础时，通常可设置两道平行的基础梁，需要时可在两道基础梁之间配置基础顶部钢筋。

多柱独立基础的底板顶部配筋注写方式为以下所列：

（a）以 T 代表多柱独立基础的底板顶部配筋注写格式为“双柱间纵向受力钢筋/分布钢筋”。当纵向受力钢筋在基础底板顶面非满布时，应注明其根数。

（b）基础梁的注写规定与条形基础的基础梁注写方式相同，详见本章第 2.2 节的相关内容。

（c）双柱独立基础的底板配筋注写方式，可以按条形基础底板的注写方式（详见本章第 2.2 节的相关内容），也可以按独立基础底板的注写方式注写。

（d）当四柱独立基础已设置两道平行的基础梁时，根据内力需要可在双梁之间及梁的长度范围内配置基础顶部钢筋，注写方式为“梁间受力钢筋/分布钢筋”。

4）底面标高。当独立基础的底面标高与基础底面基准标高不同时，应将独立基础底面标高直接注写在“（　）”内。

5）必要的文字注解。当独立基础的设计有特殊要求时，宜增加必要的文字注解。例如，基础底板配筋长度是否采用减短方式等，可在该项内注明。

（2）原位标注。钢筋混凝土和素混凝土独立基础的原位标注，是指在基础平面布置图上标注独立基础的平面尺寸。对相同编号的基础，可选择一个进行原位标注；当平面图形较小时，可将所选定进行原位标注的基础按比例适当放大；其他相同编号者仅注编号。下面按普通独立基础和杯口独立基础分别进行说明。

1）普通独立基础。原位标注 x、y，x_c、y_c（或圆柱直径 d_c），x_i、y_i，$i=1$，2，3，…。其中，x、y 为普通独立基础两向边长，x_c、y_c 为柱截面尺寸，x_i、y_i 为阶宽或坡形平面尺寸（当设置短柱时，尚应标注短柱的截面尺寸）。

a. 阶形截面的标注方法。

对称阶形截面普通独立基础原位标注如图 2-9 所示。

非对称阶形截面普通独立基础原位标注如图 2-10 所示。

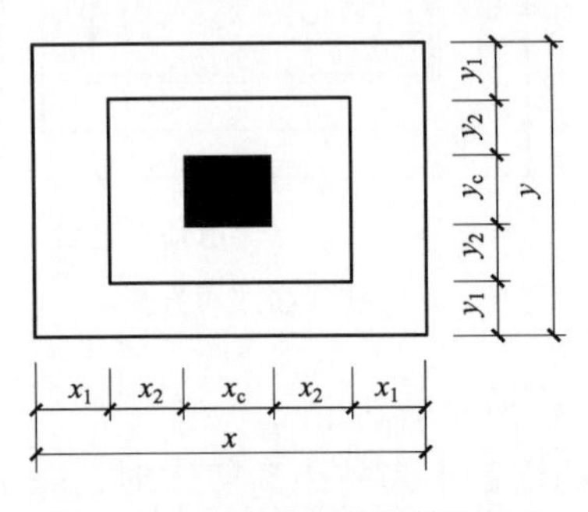

图 2-9　对称阶形截面普通独立基础原位标注

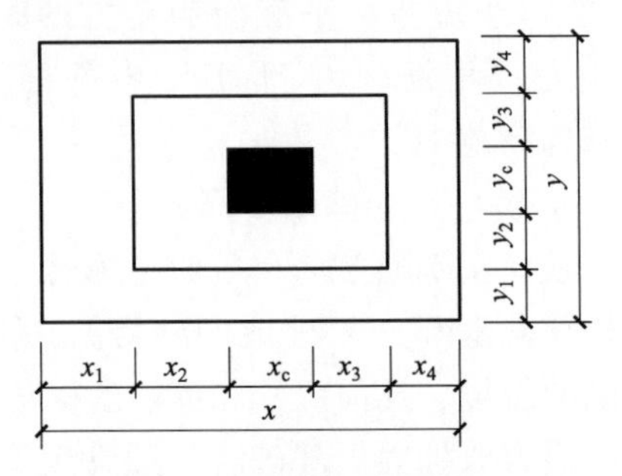

图 2-10　非对称阶形截面普通独立基础原位标注

带短柱普通独立基础原位标注如图 2-11 所示。

b. 坡形截面的标注方法。

对称坡形普通独立基础原位标注如图 2-12 所示。

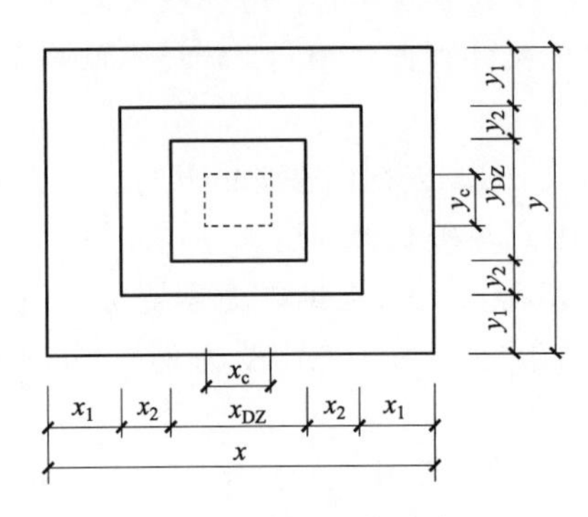

图 2-11　带短柱普通独立基础原位标注

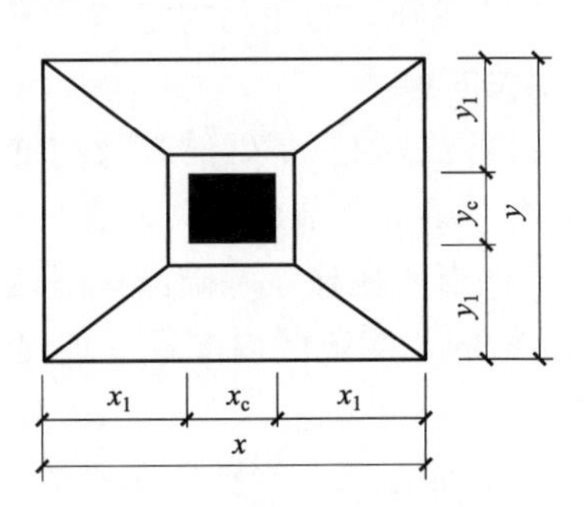

图 2-12　对称坡形截面普通独立基础原位标注

非对称坡形普通独立基础原位标注识图，如图 2-13 所示。

2）杯口独立基础。原位标注 x、y，x_u、y_u，t_i，x_i、y_i，$i=1$，2，3，…其中，x、y 为杯口独立基础两向边长，x_u、y_u 为柱截面尺寸，t_i 为杯壁上口厚度，下口厚度为 t_i+25mm，x_i、y_i 为阶宽或坡形截面尺寸。

杯口上口尺寸 x_u、y_u，按柱截面边长两侧双向各加 75mm；杯口下口尺寸按标准构造详图（为插入杯口的相应柱截面边长尺寸，每边各加 50mm），设计不注。

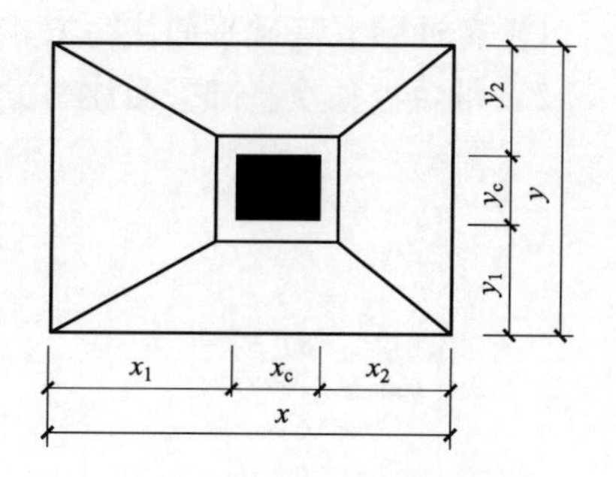

图 2-13 非对称坡形截面普通独立基础原位标注

a. 阶形截面的标注方法。

阶形截面杯口独立基础原位标注如图 2-14 所示。

b. 坡形截面的标注方法。

坡形截面杯口独立基础原位标注如图 2-15 所示。

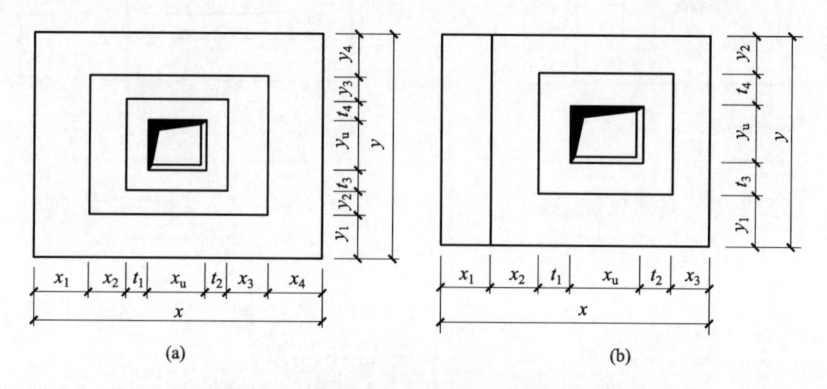

图 2-14 阶形截面杯口独立基础原位标注

（a）基础底板四边阶数相同；（b）基础底板的一边比其他三边多一阶

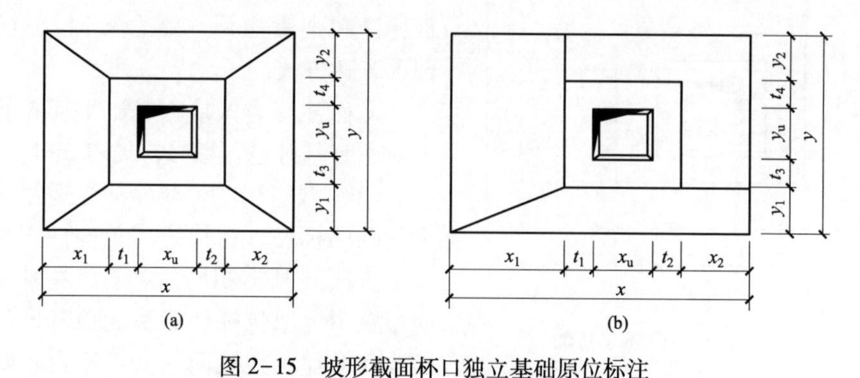

图 2-15 坡形截面杯口独立基础原位标注

（a）基础底板四边均放坡；（b）基础底板有两边不放坡

注：高杯口独立基础原位标注与杯口独立基础完全相同。

（3）平面注写方式识图。

1）普通独立基础平面注写方式如图 2-16 所示。

2）带短柱独立基础平面注写方式如图 2-17 所示。

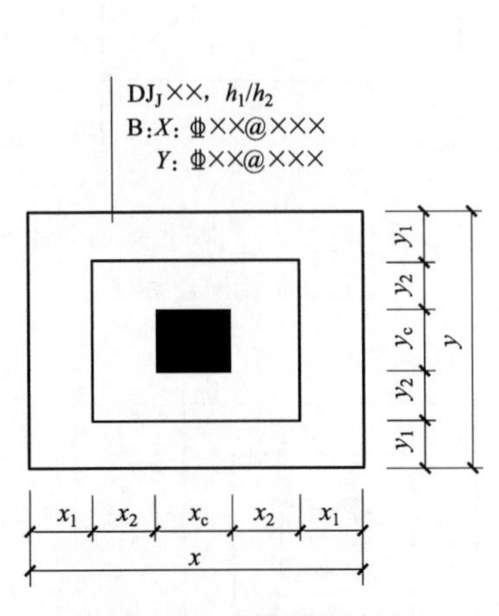

图 2-16　普通独立基础平面注写方式

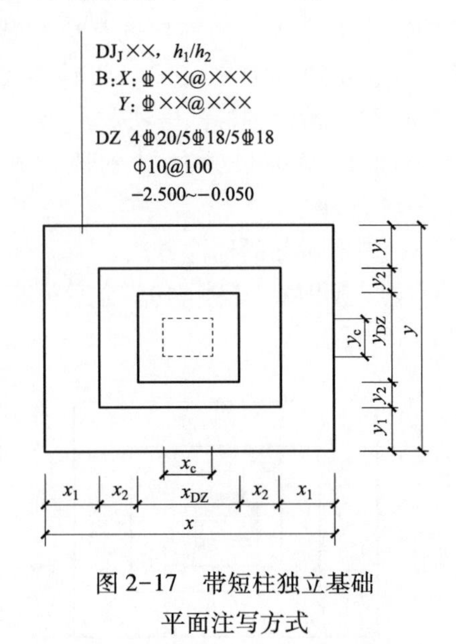

图 2-17　带短柱独立基础平面注写方式

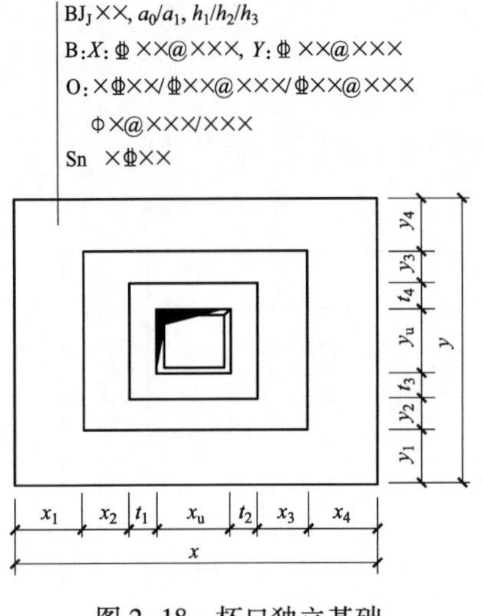

图 2-18　杯口独立基础

3）杯口独立基础平面注写方式如图 2-18 所示。

4. 独立基础的截面注写方式包括哪些内容?

独立基础的截面注写方式可分为截面标注和列表注写（结合截面示意图）两种表达方式。

截面注写方式应在基础平面布置图上对所有基础进行编号，见表 2-1。

（1）截面标注。截面标注适用于单个基础的标注，与传统“单构件正投影表示方法”基本相同。对于已在基础平面布置图上原位标注清楚的该基础的平面几何尺寸，在截面图上可不再重复表达，具体表达内容可参照《16G101-3》图集中相应的标准构造。

（2）列表标注。列表标注主要适用于多个同类基础标注的集中表达。表中内容为基础截面的几何数据和配筋等，在截面示意图上应标注与表中栏目相对应的代号。

1）普通独立基础列表格式见表 2-2。

表 2-2　普通独立基础几何尺寸和配筋表

基础编号/截面编号	截面几何尺寸				底部配筋（B）	
	x、y	x_c、y_c	x_i、y_i	$h_1/h_2/\cdots$	X 向	Y 向

注：表中可根据实际情况增加栏目。例如，当基础底面标高与基础底面基准标高不同时，加注基础底面标高。当为双柱独立基础时，加注基础顶部配筋或基础梁几何尺寸和配筋；当设置短柱时增加短柱尺寸及配筋等。

表 2-2 中各项栏目含义：

a. 基础编号/截面编号。阶形截面编号为 DJ_J××，坡形截面编号为 DJ_P××。

b. 截面几何尺寸。水平尺寸 x、y，x_c、y_c（或圆柱直径 d_c），x_i、y_i，$i=1$，2，3，…；竖向尺寸 $h_1/h_2/\cdots$。

c. 底部配筋（B）。X：ф××@×××，Y：ф××@×××。

2）杯口独立基础列表格式见表 2-3。

表 2-3　杯口独立基础几何尺寸和配筋表

基础编号/截面编号	截面几何尺寸				底部配筋（B）		杯口顶部钢筋网（Sn）	短柱配筋（O）	
	x、y	x_c、y_c	x_i、y_i	a_0、a_1，$h_1/h_2/h_3/\cdots$	X 向	Y 向		角筋/长边中部筋/短边中部筋	杯口壁箍筋/其他部位箍筋

注：1. 表中可根据实际情况增加栏目。当基础底面标高与基础底面基准标高不同时，加注基础底面标高或增加说明栏目等。
2. 短柱配筋适用于高杯口独立基础，并适用于杯口独立基础杯壁有配筋的情况。

表 2-3 中各项栏目含义：

a. 基础编号/截面编号。阶形截面编号为 BJ_J××，坡形截面编号为 BJ_P××。

b. 截面几何尺寸。水平尺寸 x、y，x_c、y_c，x_i、y_i，$i=1$，2，3，…；竖向尺寸 a_0、a_1，$h_1/h_2/h_3/\cdots$。

c. 底部配筋（B）。X：ф××@×××，Y：ф××@×××，Sn：×ф××，O：×ф××/ф××@×××/ф××@×××，ф××@×××/×××。

5. 独立基础底板配筋有何构造特点？

阶形独立基础底板配筋构造如图 2-19 所示。

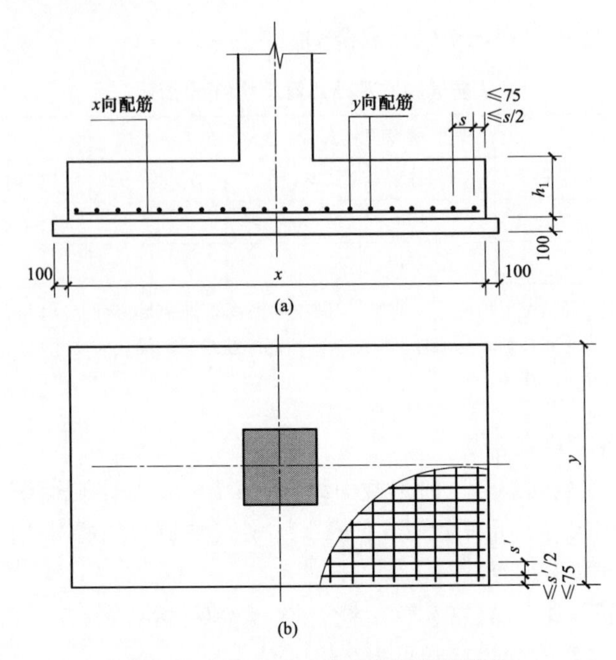

图 2-19 阶形独立基础底板配筋构造

坡形独立基础底板配筋构造如图 2-20 所示。

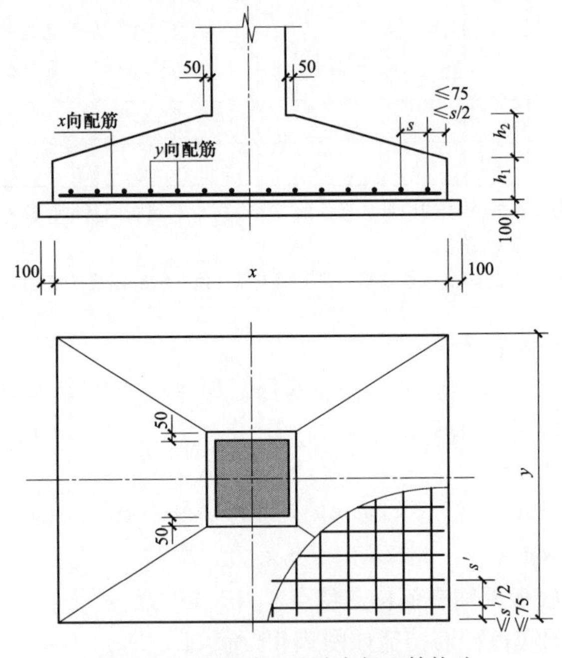

图 2-20 坡形独立基础底板配筋构造

$$底板配筋长度=x-2c$$

$$底板配筋根数=[y-2\times\min(75,s'/2)]/s'+1$$

式中 s'——钢筋间距；

min（75，$s'/2$）——起步距离；

c——钢筋保护层的最小厚度，取值参见表 1-6。

6. 独立基础底板配筋长度缩减 10%构造是怎样的?

（1）对称独立基础构造。底板配筋长度缩减 10% 的对称独立基础构造如图 2-21 所示。

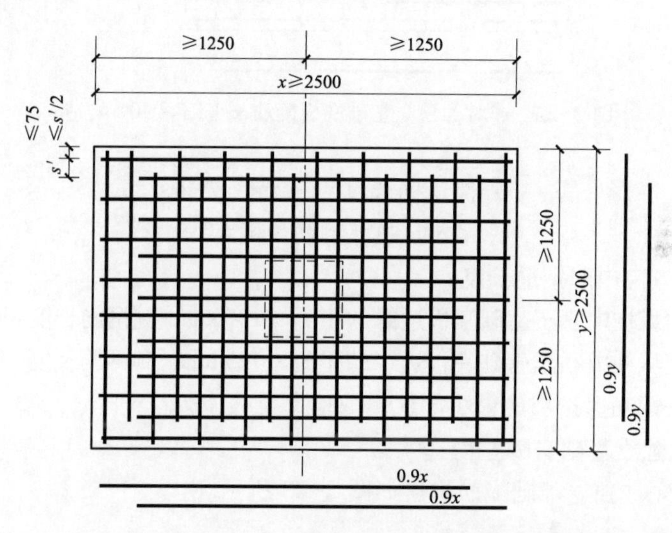

图 2-21 对称独立基础底板配筋长度缩减 10% 构造

当对称独立基础底板长度不小于 2500mm 时，各边最外侧钢筋不缩减；除外侧钢筋外，两向其他底板配筋可缩减 10%，即取相应方向底板长度的 0.9 倍。因此，可得出下列计算公式

$$外侧钢筋长度=x-2c 或 y-2c$$

$$其他钢筋长度=0.9x 或=0.9y$$

式中 c——钢筋保护层的最小厚度，取值参见表 1-6。

（2）非对称独立基础。底板配筋长度缩减 10% 的非对称独立基础构造如图 2-22 所示。

当非对称独立基础底板长度不小于 2500mm 时，各边最外侧钢筋不缩减；对称方向（图中为 y 向）中部钢筋长度缩减 10%；非对称方向（图中为 x 向）：当基础某侧从柱中心至基础底板边缘的距离小于 1250mm 时，该侧钢筋不缩减；当基础某侧从柱中心至基础底板边缘的距离大于 1250mm 时，该侧钢筋隔一根缩减一根。因此，可得出下列计算公式

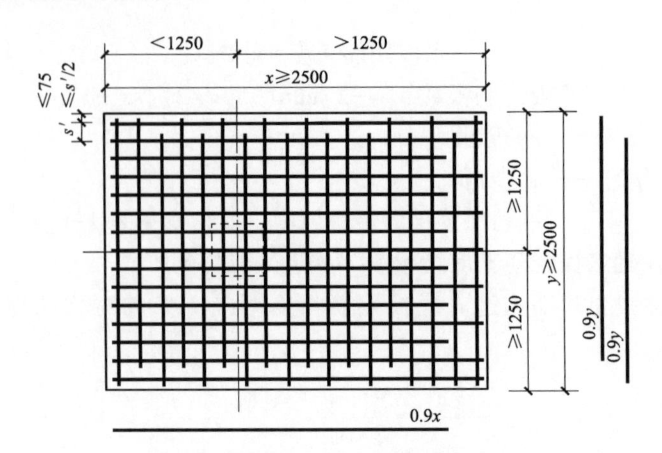

图 2-22　非对称独立基础底板配筋长度缩减 10% 构造

外侧钢筋长度 $= x-2c$ 或 $y-2c$

对称方向中部钢筋长度 $= 0.9y$

非对称方向中部钢筋长度：

基础从柱中心至基础底板边缘的距离< 1250mm-侧钢筋长度 $= x-2c$

基础从柱中心至基础底板边缘的距离> 1250mm-侧钢筋长度 $= 0.9y$

式中　c——钢筋保护层的最小厚度，取值参见表 1-6。

7. 单柱独立基础有哪些构造?

单柱带短柱独立基础配筋构造如图 2-23 所示。

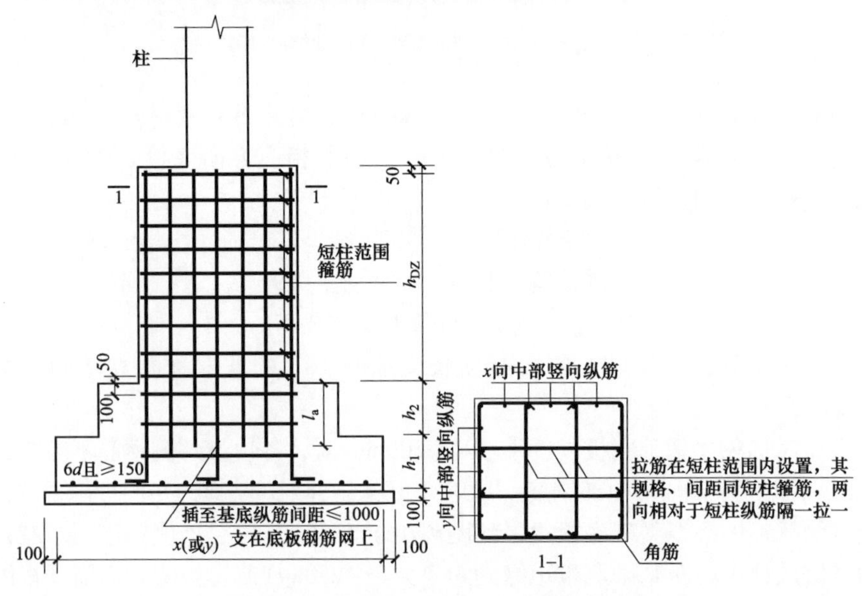

图 2-23　单柱带短柱独立基础配筋构造

（1）带短柱独立基础底板的截面形式可为阶形截面 BJ_J 或坡形截面 BJ_P。当为坡形截面且坡度较大时，应在坡面上安装顶部模板，以确保混凝土能够浇筑成型、振捣密实。

（2）几何尺寸和配筋按具体结构设计和本图构造确定，施工按相应平法制图规则。

8. 双柱带短柱独立基础配筋构造是怎样的？

双柱带短柱独立基础配筋构造如图 2-24 所示。

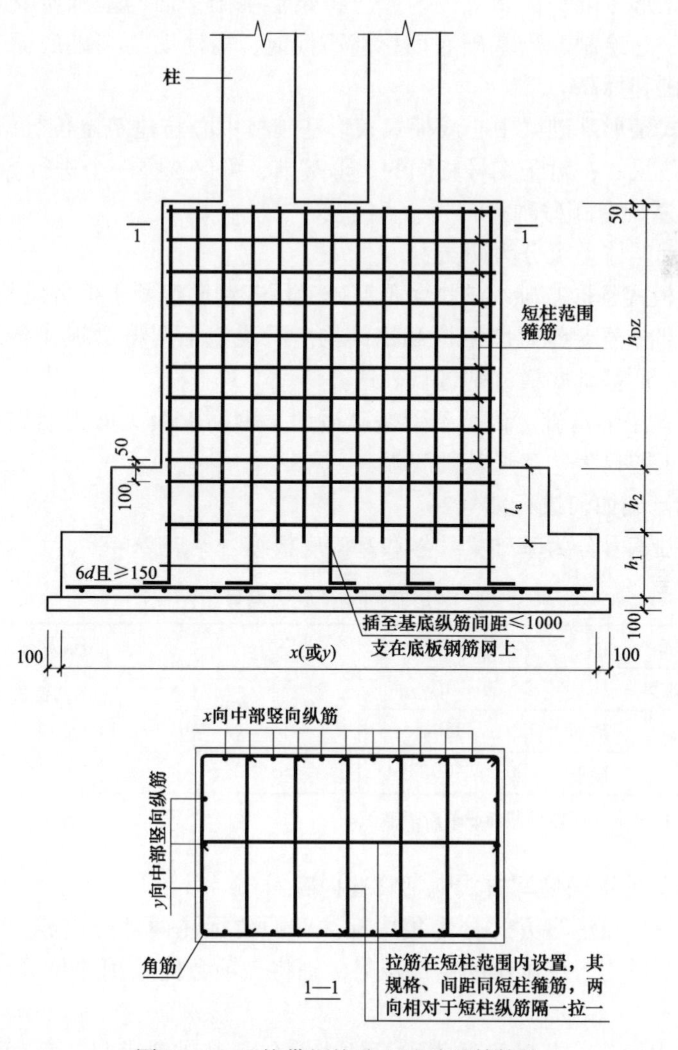

图 2-24　双柱带短柱独立基础配筋构造

短柱从距其下一阶阶面 50mm 处开始布置。在短柱范围内设置的拉筋，其规格、间距同短柱箍筋，两向相对于短柱纵筋隔一拉一。

2.2 条形基础

1. 条形基础平法施工图有哪些表示方法?

条形基础平法施工图有平面注写与截面注写两种表达方式，设计者可根据具体工程情况选择一种，或将两种方式相结合进行条形基础的施工图设计。

当绘制条形基础平面布置图时，应将条形基础平面与基础所支承的上部结构的柱、墙一起绘制。当基础底面标高不同时，需注明与基础底面基准标高不同之处的范围和标高。

当梁板式条形基础梁中心或板式条形基础板中心与建筑定位轴线不重合时，应标注其定位尺寸；对于编号相同的条形基础，可仅选择一个进行标注。

2. 条形基础有哪些种类?

条形基础整体上可分为两类：

（1）梁板式条形基础。该类条形基础适用于钢筋混凝土框架结构、框架-剪力墙结构、部分框支剪力墙结构和钢结构。平法施工图将梁板式条形基础分解为基础梁和条形基础底板分别进行表达。

（2）板式条形基础。该类条形基础适用于钢筋混凝土剪力墙结构和砌体结构。平法施工图仅表达条形基础底板。

3. 条形基础如何进行编号?

条形基础编号分为基础梁编号和基础底板编号见表2-4。

表2-4　条形基础梁及底板编号

<table>
<tr><th colspan="2">类型</th><th>代号</th><th>序号</th><th>跨数及有无外伸</th></tr>
<tr><td colspan="2">基础梁</td><td>JL</td><td>××</td><td rowspan="3">（××）端部无外伸
（××A）一端有外伸
（××B）两端有外伸</td></tr>
<tr><td rowspan="2">条形基础底板</td><td>坡形</td><td>TJB_P</td><td>××</td></tr>
<tr><td>阶形</td><td>TJB_J</td><td>××</td></tr>
</table>

注：条形基础通常采用坡形截面或单阶形截面。

4. 基础梁的平面注写方式包括哪些内容?

基础梁的平面注写方式分为集中标注和原位标注两部分内容，当集中标注的某项数值不适用于基础梁的某部位时，则将该项数值采用原位标注，施工时，原位标注优先。

（1）集中标注。基础梁的集中标注内容包括基础梁编号、截面尺寸、配筋三项必注内容，以及基础梁底面标高（与基础底面基准标高不同时）和必要的文字注解两项选注内容。

1）基础梁编号的注写方式。

基础梁编号见表2-4。

2）截面尺寸的注写方式。

基础梁截面尺寸注写方式为“$b \times h$”，表示梁截面宽度与高度。当为竖向加腋梁时，注写方式为“$b \times h \quad Yc_1 \times c_2$”，其中$c_1$为腋长，$c_2$为腋高。

3）配筋的注写方式。

a. 基础梁箍筋。

（a）当具体设计仅采用一种箍筋间距时，注写钢筋级别、直径、间距与肢数（箍筋肢数写在括号内）。

（b）当具体设计采用两种箍筋时，用“/”分隔不同箍筋，按照从基础梁两端向跨中的顺序注写。先注写第1段箍筋（在前面加注箍筋道数），在斜线后再注写第2段箍筋（不再加注箍筋道数）。

b. 注写基础梁底部、顶部及侧面纵向钢筋。

（a）以B打头，注写梁底部贯通纵筋（不应少于梁底部受力钢筋总截面面积的1/3）。当跨中所注根数少于箍筋肢数时，需要在跨中增设梁底部架立筋以固定箍筋，采用“+”将贯通纵筋与架立筋相联，架立筋注写在加号后面的括号内。

（b）以T打头，注写梁顶部贯通纵筋。注写时用分号“;”将底部与顶部贯通纵筋分隔开，如有个别跨与其不同者按原位注写的规定处理。

（c）当梁底部或顶部贯通纵筋多于一排时，用“/”将各排纵筋自上而下分开。

（d）以大写字母G打头注写梁两侧面对称设置的纵向构造钢筋的总配筋值（当梁腹板净高$h_w \geq 450$mm时，根据需要配置）。

当需要配置抗扭纵向钢筋时，梁两个侧面设置的抗扭纵向钢筋以N打头。

注：1. 当为梁侧面构造钢筋时，其搭接与锚固长度可取为$15d$。

2. 当为梁侧面受扭纵向钢筋时，其锚固长度为l_a，搭接长度为l_l；其锚固方式同基础梁上部纵筋。

4）注写基础梁底面标高（选注内容）。

当条形基础的底面标高与基础底面基准标高不同时，将条形基础底面标高注写在“（ ）”内。

5）必要的文字注解（选注内容）。

当基础梁的设计有特殊要求时，宜增加必要的文字注解。

（2）原位标注。基础梁JL的原位标注注写方式如下：

1）基础梁支座的底部纵筋，系指包括贯通纵筋与非贯通纵筋在内的所有纵筋。

a. 当底部纵筋多于一排时，用“/”将各排纵筋自上而下分开。

b. 当同排纵筋有两种直径时，用“+”将两种直径的纵筋相联。

c. 当梁支座两边的底部纵筋配置不同时，需在支座两边分别标注；当梁支座两边的底部纵筋相同时，可仅在支座的一边标注。

d. 当梁支座底部全部纵筋与集中注写过的底部贯通纵筋相同时，可不再重复做原位标注。

e. 竖向加腋梁加腋部位钢筋，需在设置加腋的支座处以 Y 打头注写在括号内。

2）原位注写基础梁的附加箍筋或（反扣）吊筋。当两向基础梁十字交叉，但交叉位置无柱时，应根据需要设置附加箍筋或（反扣）吊筋。

将附加箍筋或（反扣）吊筋直接画在平面图中条形基础主梁上，原位直接引注总配筋值（附加箍筋的肢数注在括号内）。当多数附加箍筋或（反扣）吊筋相同时，可在条形基础平法施工图上统一注明。少数与统一注明值不同时，在原位直接引注。

3）原位注写基础梁外伸部位的变截面高度尺寸。当基础梁外伸部位采用变截面高度时，在该部位原位注写 $b \times h_1/h_2$，h_1 为根部截面高度，h_2 为尽端截面高度。

4）原位注写修正内容。当在基础梁上集中标注的某项内容（如截面尺寸、箍筋、底部与顶部贯通纵筋或架立筋、梁侧面纵向构造钢筋、梁底面标高等）不适用于某跨或某外伸部位时，将其修正内容原位标注在该跨或该外伸部位，施工时原位标注取值优先。

当在多跨基础梁的集中标注中已注明竖向加腋，而该梁某跨根部不需要竖向加腋时，则应在该跨原位标注无 $Yc_1 \times c_2$ 的 $b \times h_1$ 以修正集中标注中的竖向加腋要求。

5. 基础梁底部非贯通纵筋的长度如何确定?

（1）为方便施工，对于基础梁柱下区域底部非贯通纵筋的伸出长度 a_0 值：当配置不多于两排时，在标准构造详图中统一取值为自柱边向跨内伸出至 $l_n/3$ 位置；当非贯通纵筋配置多于两排时，从第三排起向跨内的伸出长度值应由设计者注明。l_n 的取值规定为：边跨、边支座的底部非贯通纵筋，l_n 取本边跨的净跨长度值；对于中间支座的底部非贯通纵筋，l_n 取支座两边较大一跨的净跨长度值。

（2）基础梁外伸部位底部纵筋的伸出长度 a_0 值，在标准构造详图中统一取值为：第一排伸出至梁端头后，全部上弯 $12d$ 或 $15d$；其他排钢筋伸至梁端头后截断。

（3）设计者在执行第（1）、（2）条底部非贯通纵筋伸出长度的统一取值规定时，应注意按《混凝土结构设计规范（2015 年版）》（GB 50010—2010）、《建筑地基基础设计规范》（GB 50007—2011）和《高层建筑混凝土结构技术规程》（JGJ 3—2010）的相关规定进行校核，若不满足时应另行变更。

6. 条形基础底板的平面注写方式包括哪些内容？

条形基础底板的平面注写方式分为集中标注和原位标注两部分内容。

（1）集中标注。条形基础底板的集中标注内容包括条形基础底板编号、截面竖向尺寸、配筋三项必注内容，以及条形基础底板底面标高（与基础底面基准标高不同时）和必要的文字注解两项选注内容。

1）条形基础底板编号的标注方法。

条形基础梁及底板编号见表 2-4。

2）截面竖向尺寸的标注方法。

a. 坡形截面的条形基础底板，注写方式为“h_1/h_2”，如图 2-25 所示。

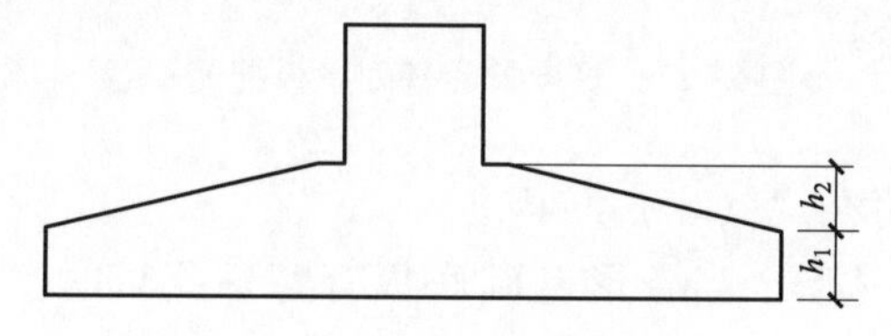

图 2-25　条形基础底板坡形截面竖向尺寸

b. 阶形截面的条形基础底板，注写方式为“$h_1/h_2/\cdots$”，如图 2-26 所示。

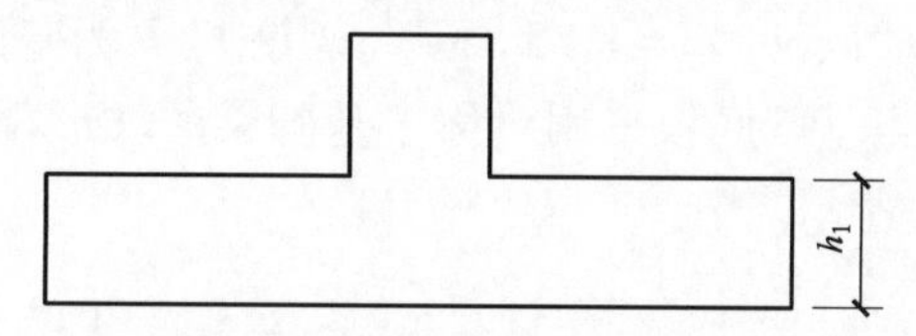

图 2-26　条形基础底板阶形截面竖向尺寸

图 2-26 为单阶，当为多阶时各阶尺寸自下而上以“/”分隔顺写。

3）条形基础底板底部及顶部配筋的注写方式。

a. 以 B 打头，注写条形基础底板底部的横向受力钢筋。

b. 以 T 打头，注写条形基础底板顶部的横向受力钢筋；注写时，用“/”分隔条形基础底板的横向受力钢筋与纵向分布钢筋。

当为双梁（或双墙）条形基础底板时，除在底板底部配置钢筋外，一般尚需在两根梁或两道墙之间的底板顶部配置钢筋，其中横向受力钢筋的锚固长度 l_a 从梁的内边缘（或墙内边缘）起算，如图 2-27 所示。

4）底板底面标高的注写方法。

当条形基础底板的底面标高与条形基础底面基准标高不同时，应将条形基

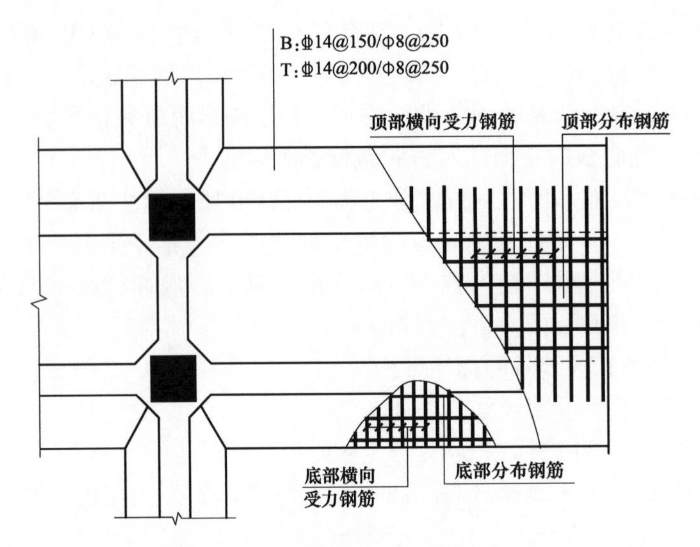

图 2-27　双梁条形基础底板配筋示意

础底板底面标高注写在“（　）”内。

5）必要的文字注解。当条形基础底板有特殊要求时，应增加必要的文字注解。

（2）原位注写。

1）平面尺寸。

原位标注方式为“b、b_i，i=1，2，…”，其中，b 为基础底板总宽度，如基础底板台阶的宽度。当基础底板采用对称于基础梁的坡形截面或单阶形截面时，b_i可不注，如图 2-28 所示。

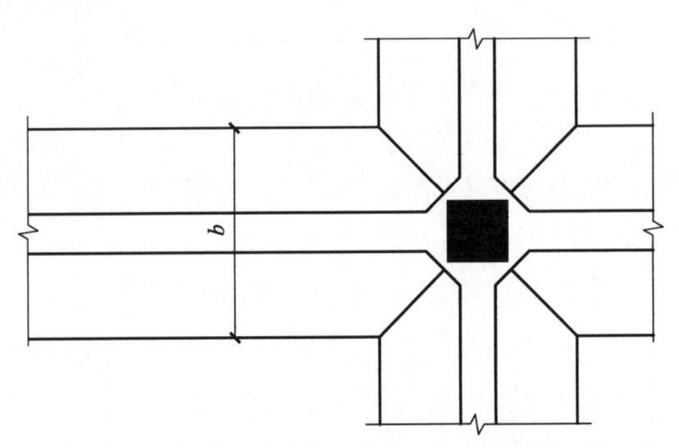

图 2-28　条形基础底板平面尺寸原位标注

对于相同编号的条形基础底板，可仅选择一个进行标注。

条形基础存在双梁或双墙共用同一基础底板的情况，当为双梁或为双墙且梁或墙荷载差别较大时，条形基础两侧可取不同的宽度，实际宽度以原位标注的基础底板两侧非对称的不同台阶宽度 b_i 进行表达。

2）原位注写修正内容。当在条形基础底板上集中标注的某项内容，如底板截面竖向尺寸、底板配筋、底板底面标高等，不适用于条形基础底板的某跨或某外伸部分时，可将其修正内容原位标注在该跨或该外伸部位，施工时原位标注取值优先。

7. 条形基础的截面注写方式包括哪些内容？

条形基础基础底板的截面注写方式可分为截面标注和列表注写（结合截面示意图）两种表达方式。

截面注写方式应在基础平面布置图上对所有基础进行编号。

（1）截面标注。条形基础基础梁的截面标注的内容与形式，与传统“单构件正投影表示方法”基本相同。对于已在基础平面布置图上原位标注清楚的该条形基础梁的水平尺寸，可不在截面图上重复表达，具体表达内容可参照《16G101-3》图集中相应的标准构造。

（2）列表标注。列表标注主要适用于多个条形基础的集中表达。表中内容为条形基础截面的几何数据和配筋，截面示意图上应标注与表中栏目相对应的代号。

条形基础底板列表格式见表2-5。

表2-5　条形基础底板几何尺寸和配筋表

基础底板编号/截面编号	截面几何尺寸			底板配筋（B）	
	b	b_i	h_1/h_2	横向受力钢筋	纵向分布钢筋

注：表中可根据实际情况增加栏目，如增加上部配筋、基础底板底面标高（与基础底板底面标高不一致时）等。

表2-5中各项栏目含义：

1）基础底板编号/截面编号：坡形截面编号为 TJB_P××（××）、TJB_P××（××A）或 TJB_P××（××B），阶形截面编号为 TJB_J××（××）、TJB_J××（××A）或 TJB_J××（××B）。

2）截面几何尺寸：水平尺寸 b、b_i，i=1，2，…；竖向尺寸 h_1/h_2。

3）底板配筋：B　Φ××@×××/Φ××@×××。

8. 基础梁端部钢筋有哪些构造情况？

（1）梁板式筏形基础梁端部钢筋构造。

1）端部等截面外伸构造。梁板式筏形基础梁端部等截面外伸钢筋构造，如

图 2-29 所示。

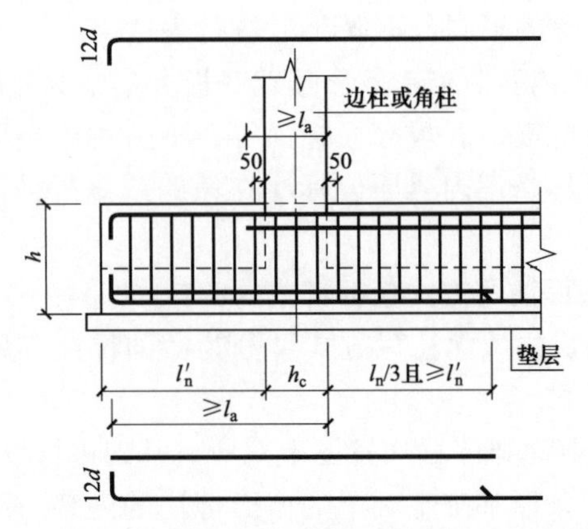

图 2-29　梁板式筏形基础梁端部等截面外伸钢筋构造

① 梁顶部上排贯通纵筋伸至尽端内侧弯折 12d；顶部下排贯通纵筋不伸入外伸部位。

② 梁底部上排非贯通纵筋伸至端部截断；底部下排非贯通纵筋伸至尽端内侧弯折 12d，从支座中心线向跨内的延伸长度为 $l_n/3+h_c/2$。

③ 梁底部贯通纵筋伸至尽端内侧弯折 12d。

注：当从柱内边算起的梁端部外伸长度不满足直锚要求时，基础梁下部钢筋应伸至端部后弯折，且从柱内边算起水平段长度≥$0.6l_{ab}$，弯折段长度为 15d。

2）端部变截面外伸构造。梁板式筏形基础梁端部变截面外伸钢筋构造，如图 2-30 所示。

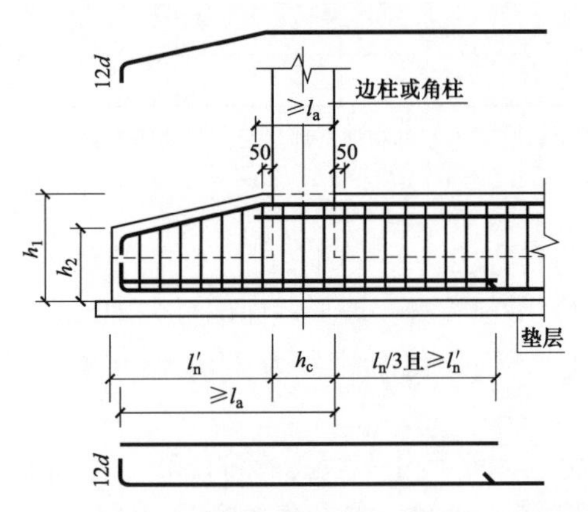

图 2-30　梁板式筏形基础梁端部变截面外伸钢筋构造

① 梁顶部上排贯通纵筋伸至尽端内侧弯折 12d；顶部下排贯通纵筋不伸入外伸部位。

② 梁底部上排非贯通纵筋伸至端部截断；底部下排非贯通纵筋伸至尽端内侧弯折 12d，从支座中心线向跨内的延伸长度为 $l_n/3+h_c/2$。

③ 梁底部贯通纵筋伸至尽端内侧弯折 12d。

注：当从柱内边算起的梁端部外伸长度不满足直锚要求时，基础梁下部钢筋应伸至端部后弯折，且从柱内边算起水平段长度≥0.6l_{ab}，弯折段长度为 15d。

3）端部无外伸构造。梁板式筏形基础梁端部无外伸钢筋构造，如图 2-31 所示。

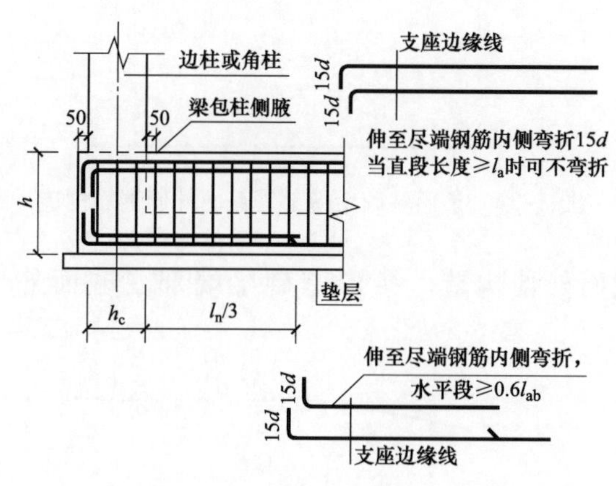

图 2-31 梁板式筏形基础梁端部无外伸钢筋构造

① 梁顶部贯通纵筋伸至尽端内侧弯折 15d；从柱内侧起，伸入端部且水平段≥0.6l_{ab}（顶部单排/双排钢筋构造相同）。

② 梁底部非贯通纵筋伸至尽端内侧弯折 15d；从柱内侧起，伸入端部且水平段≥0.6l_{ab}，从支座中心线向跨内的延伸长度为 $l_n/3+h_c/2$。

③ 梁底部贯通纵筋伸至尽端内侧弯折 15d；从柱内侧起，伸入端部且水平段≥0.6l_{ab}。

（2）条形基础梁端部钢筋构造。

1）端部等截面外伸构造。条形基础梁端部等截面外伸钢筋构造，如图2-32 所示。

① 梁顶部上排贯通纵筋伸至尽端内侧弯折 12d；顶部下排贯通纵筋不伸入外伸部位。

② 梁底部下排非贯通纵筋伸至尽端内侧弯折 12d，从支座中心线向跨内的延伸长度为 $h_c/2+l'_n$。

③ 梁底部贯通纵筋伸至尽端内侧弯折 12d。

注：当从柱内边算起的梁端部外伸长度不满足直锚要求时，基础梁下部钢筋应伸至端部后弯折，且从柱内边算起水平段长度≥0.6l_{ab}，弯折段长度为 15d。

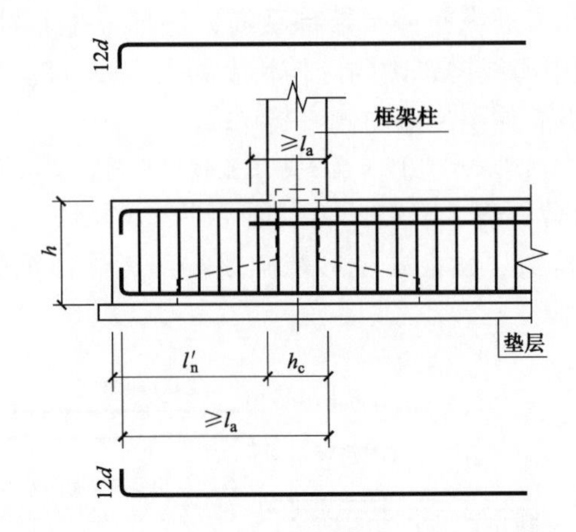

图 2-32 条形基础梁端部等截面外伸钢筋构造

2）端部变截面外伸构造。条形基础梁端部变截面外伸钢筋构造，如图 2-33 所示。

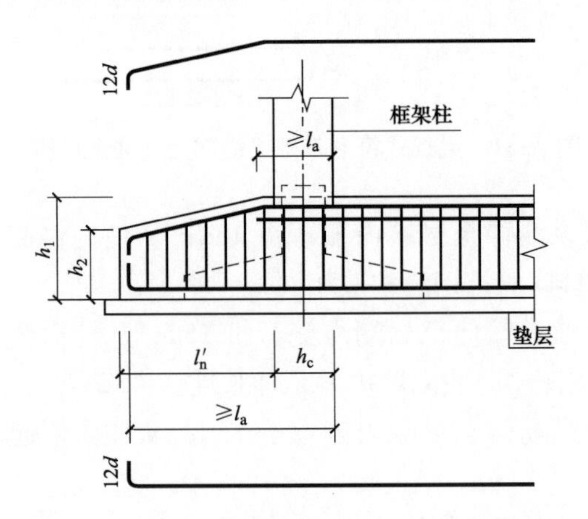

图 2-33 条形基础梁端部变截面外伸钢筋构造

① 梁顶部上排贯通纵筋伸至尽端内侧弯折 $12d$；顶部下排贯通纵筋不伸入外伸部位。

② 梁底部下排非贯通纵筋伸至尽端内侧弯折 $12d$，从支座中心线向跨内的延伸长度为 $h_c/2+l'_n$。

③ 梁底部贯通纵筋伸至尽端内侧弯折 $12d$。

注：当从柱内边算起的梁端部外伸长度不满足直锚要求时，基础梁下部钢筋应伸至端部后弯折，且从柱内边算起水平段长度≥$0.6l_{ab}$，弯折段长度为 $15d$。

9. 基础梁变截面部位钢筋构造是怎样的?

基础梁变截面部位的钢筋构造见表 2-6。

表 2-6 基础梁变截面部位的钢筋构造

情 况	钢 筋 构 造
梁底有高差	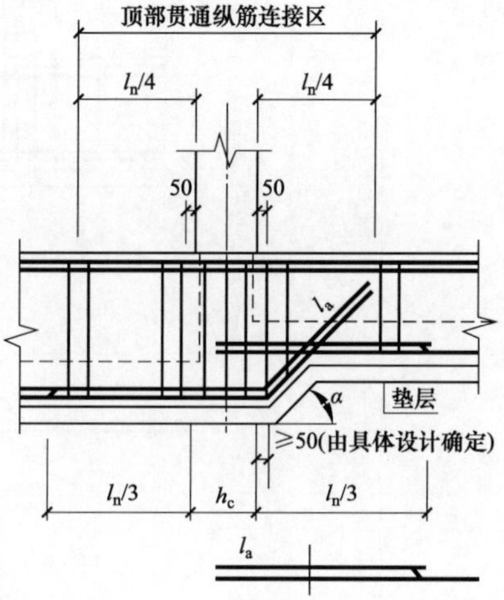 顶部贯通纵筋连接区 $l_n/4$ $l_n/4$ 50 50 l_a α 垫层 ≥50(由具体设计确定) $l_n/3$ h_c $l_n/3$ l_a
梁底、梁顶均有高差	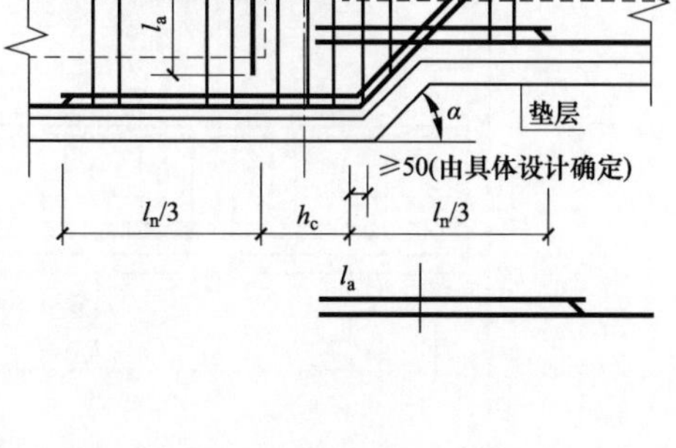 l_a 侧腋 50 50 50 l_a l_a α 垫层 ≥50(由具体设计确定) $l_n/3$ h_c $l_n/3$ l_a

续表

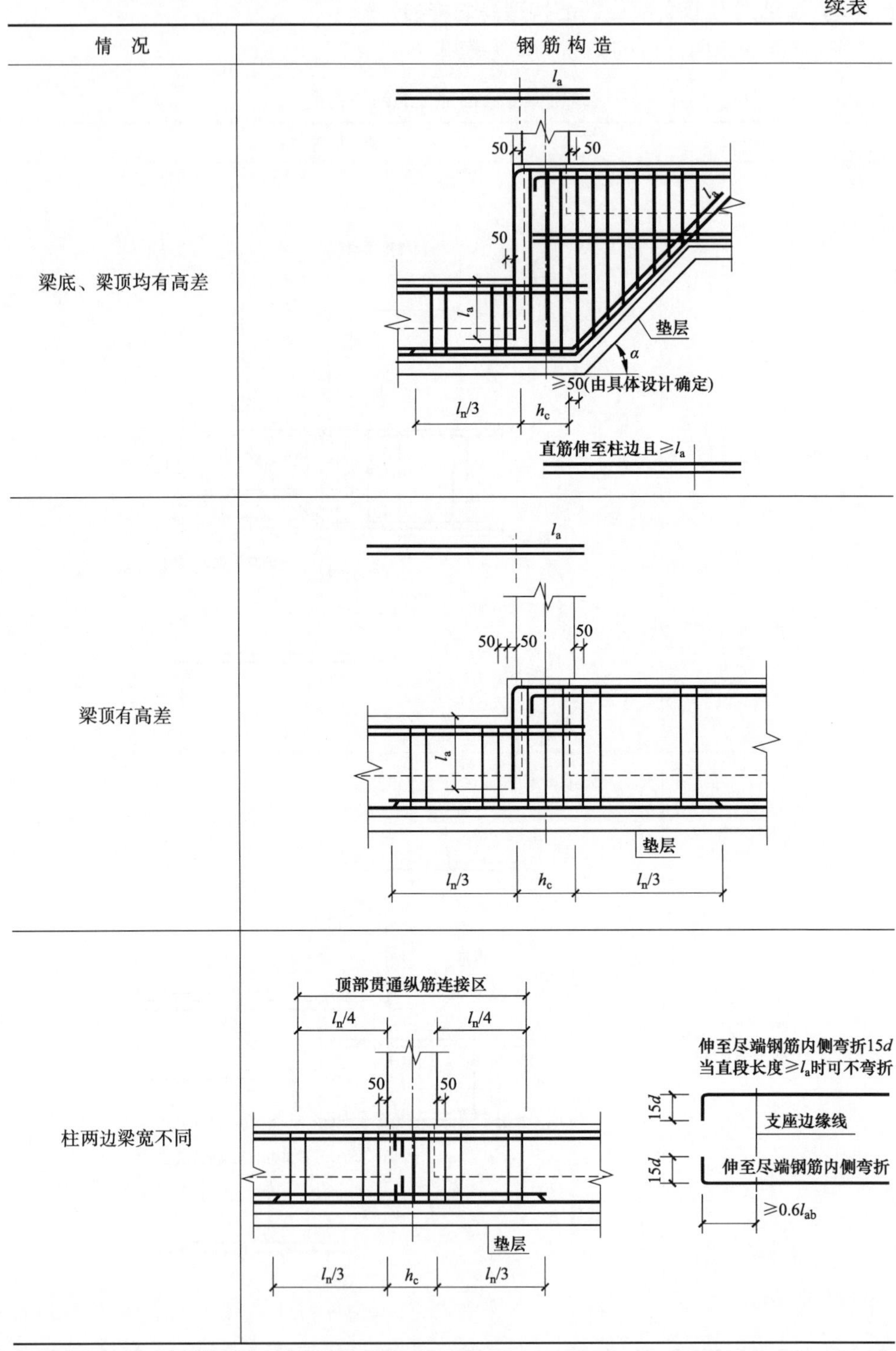

情　况	钢筋构造
梁底、梁顶均有高差	
梁顶有高差	
柱两边梁宽不同	

10. 基础梁侧面构造纵筋和拉筋构造是怎样的?

基础梁侧面构造纵筋和拉筋构造如图 2-34 所示。

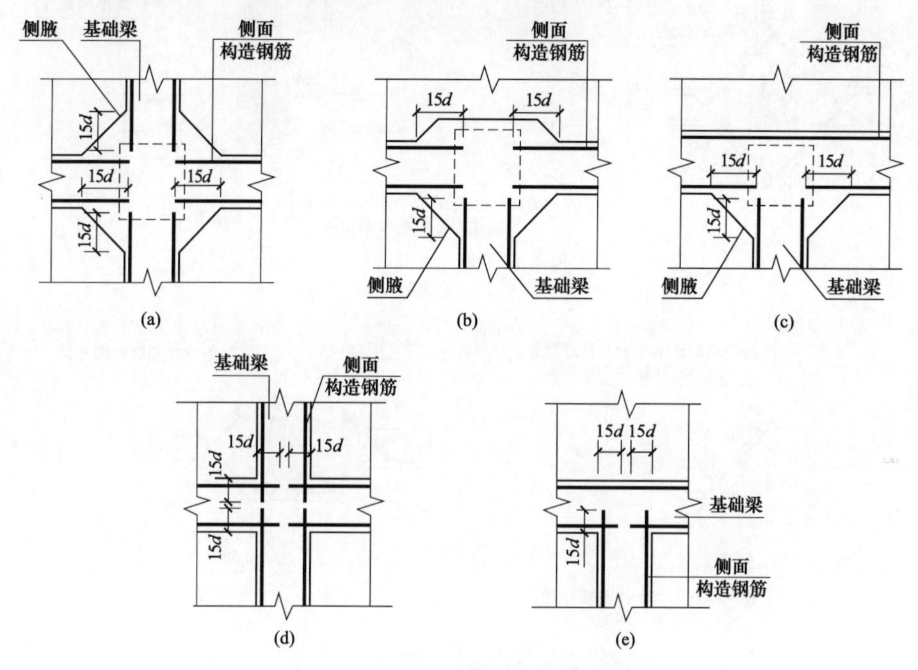

图 2-34 基础梁侧面构造纵筋构造

基础梁的侧部筋为构造筋，锚固时，应注意锚固的起算位置。十字相交的基础梁，当相交位置有柱时［图 2-34（a）］，侧面构造纵筋锚入梁包柱侧腋内 $15d$；当相交位置无柱时［图 2-34（d）］，侧面构造纵筋锚入交叉梁内 $15d$。丁字相交的基础梁，当相交位置无柱时［图 2-34（e）］，横梁内侧的构造纵筋锚入交叉梁内 $15d$。当基础梁箍筋有多种间距时，未注明拉筋间距按哪种箍筋间距的 2 倍时，按非加密区箍筋间距的 2 倍设置，梁箍筋直径均为 8mm。

11. 基础梁与柱结合部侧腋构造是怎样的?

基础梁与柱结合部侧腋构造如图 2-35 所示。

基础梁与柱结合部侧加腋筋，由加腋筋及其分布筋组成，均不需要在施工图上标注，按图集上构造规定即可；加腋筋规格 $\geqslant \phi 12$ 且不小于柱箍筋直径，间距同柱箍筋间距；加腋筋长度为侧腋边长加两端 l_a；分布筋规格为 Φ8@200。

12. 基础梁竖向加腋构造有什么特点?

基础梁竖向加腋钢筋构造如图 2-36 所示。

（1）基础梁竖向加腋筋规格，若施工图未注明，则同基础梁顶部纵筋；若

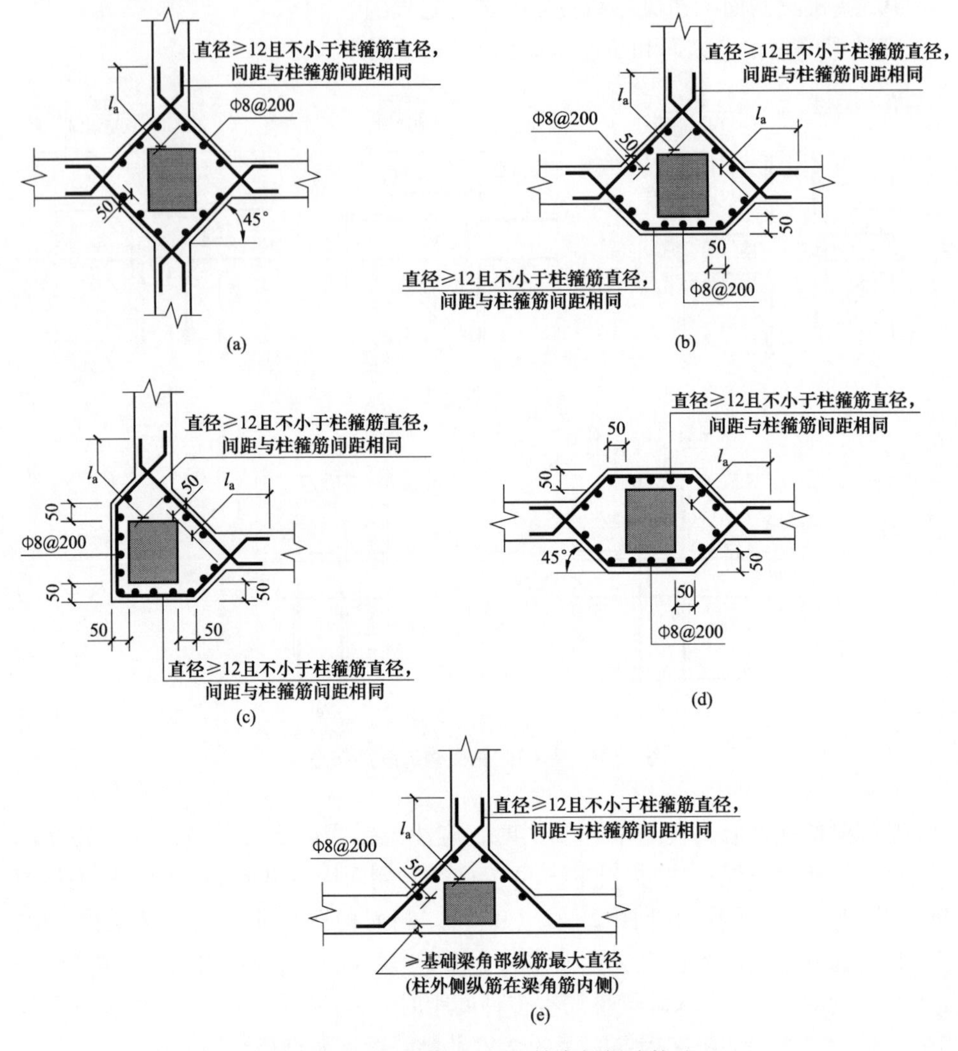

图 2-35　基础梁 JL 与柱结合部侧腋构造

（a）十字交叉基础梁与柱结合部侧腋构造；（b）丁字交叉基础梁与柱结合部侧腋构造；
（c）无外伸基础梁与柱结合部侧腋构造；（d）基础梁中心穿柱侧腋构造；
（e）基础梁偏心穿柱与柱结合部侧腋构造

施工图有标注，则按其标注规格。

（2）基础梁竖向加腋筋，长度为锚入基础梁内 l_a，根数为基础梁顶部第一排纵筋根数-1。

13. 条形基础底板配筋有哪几种构造？

（1）十字交接基础底板。十字交接基础底板配筋构造如图 2-37 所示。

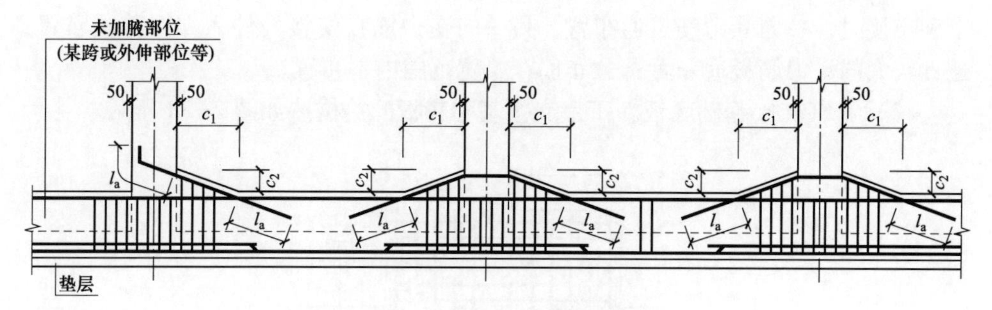

图 2-36　基础梁竖向加腋钢筋构造

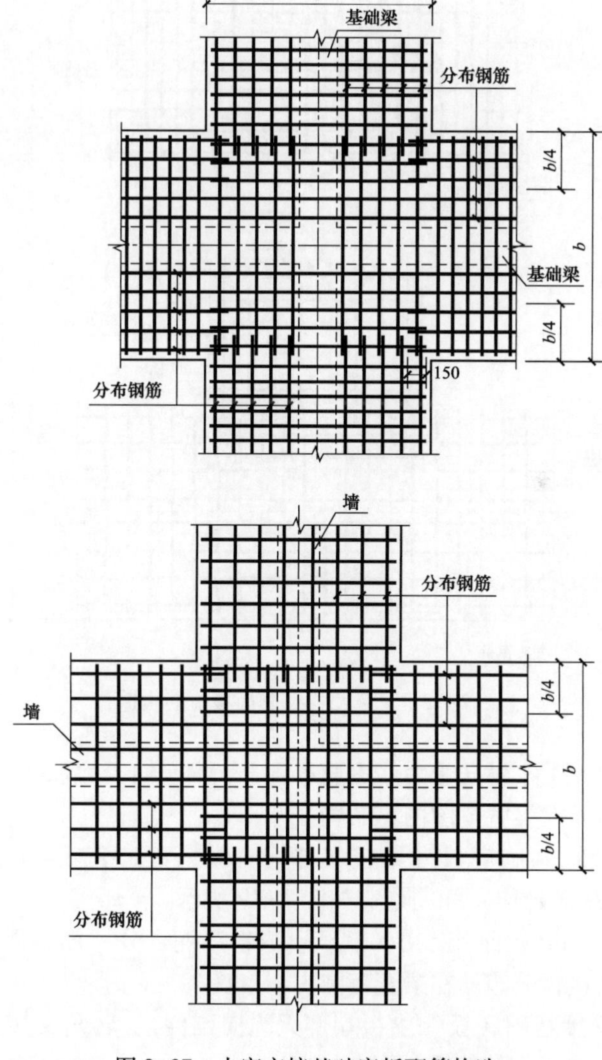

图 2-37　十字交接基础底板配筋构造

十字交接时，一向受力筋贯通布置，另一向受力筋在交接处伸入 $b/4$ 范围布置；配置较大的受力筋贯通布置；分布筋在梁宽范围内不布置。

（2）丁字交接基础底板。丁字交接基础底板配筋构造如图 2-38 所示。

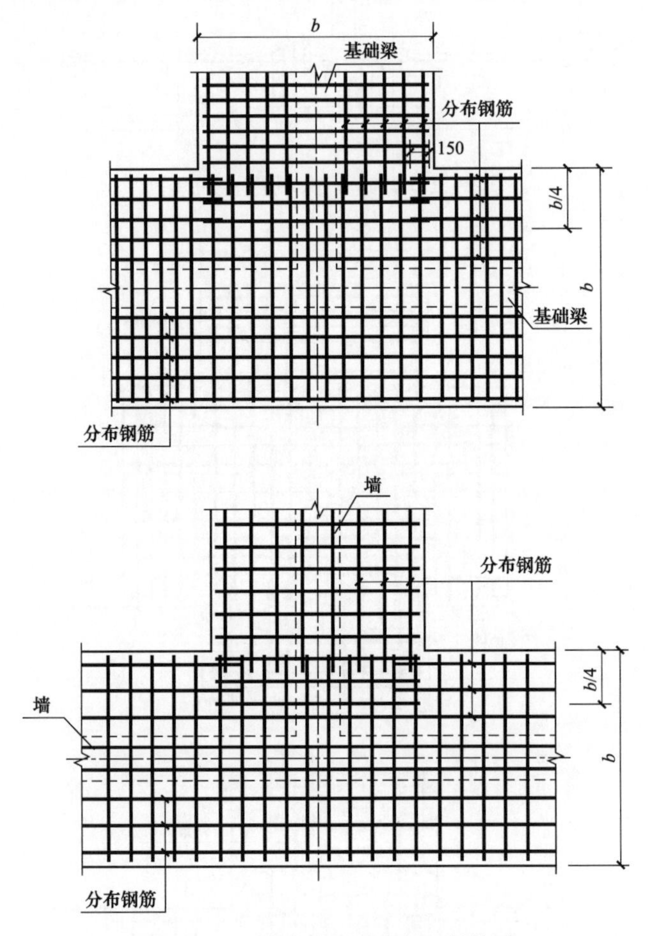

图 2-38　丁字交接基础底板配筋构造

丁字交接时，丁字横向受力筋贯通布置，丁字竖向受力筋在交接处伸入 $b/4$ 范围布置；分布筋在梁宽范围内不布置。

（3）转角交接基础底板（梁板端部均有纵向延伸）。转角交接基础底板（梁板端部均有纵向延伸）配筋构造如图 2-39 所示。

交接处，两向受力筋相互交叉已经形成钢筋网，分布筋则需要切断，与另一方向受力筋搭接；分布筋在梁宽范围内不布置。

（4）转角交接基础底板（梁板端部无纵向延伸）。转角交接基础底板（梁板端部无纵向延伸）配筋构造如图 2-40 所示。

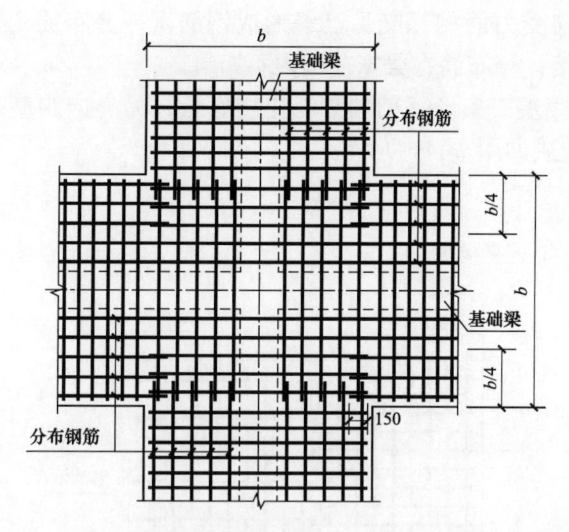

图 2-39 转角交接基础底板配筋构造（梁板端部均有纵向延伸）

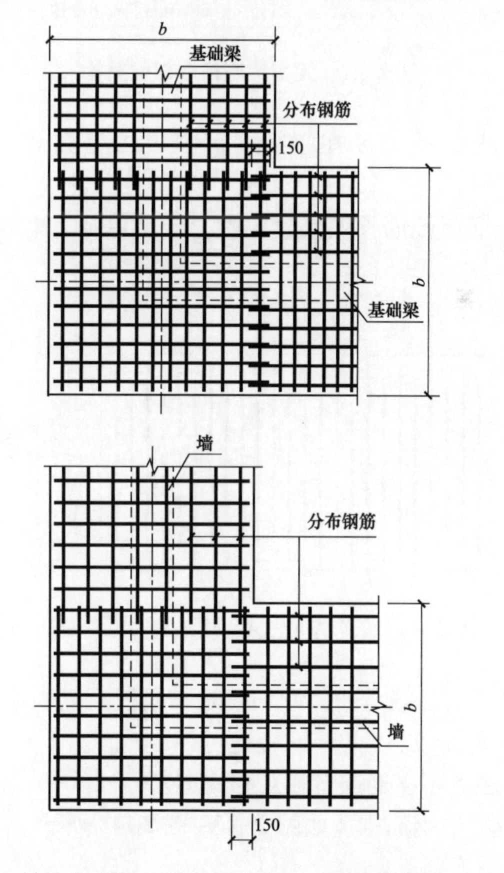

图 2-40 转角交接基础底板配筋构造（梁板端部无纵向延伸）

交接处，两向受力筋相互交叉已经形成钢筋网，分布筋则需要切断，与另一方向受力筋搭接；分布筋在梁宽范围内不布置。

（5）无交接底板。条形基础端部无交接底板，另一向为基础连梁（没有基础底板），钢筋构造如图 2-41 所示。

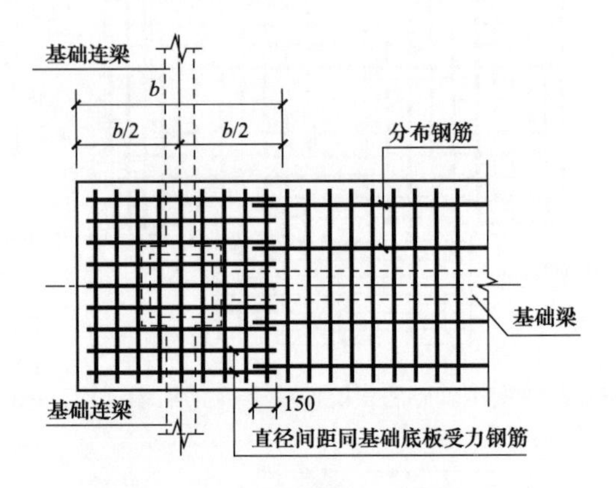

图 2-41 无交接底板端部配筋构造

端部无交接底板，受力筋在端部 b 范围内相互交叉，分布筋与受力筋搭接 150mm。

（6）条形基础底板配筋长度减短 10%。条形基础底板配筋长度减短 10% 构造如图 2-42 所示。

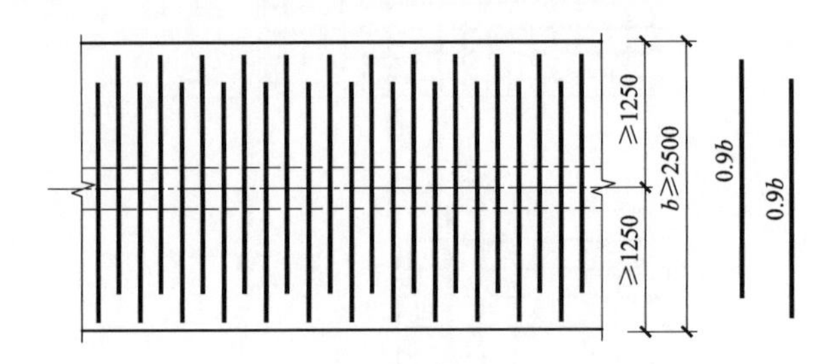

图 2-42 条形基础底板配筋长度减短 10% 构造

当条形基础底板大于或等于 2500mm 时，底板配筋长度减短 10% 交错配置，端部第一根钢筋不应减短。

14. 条形基础底板不平钢筋有哪几种构造？

条形基础底板不平钢筋构造如图 2-43 ~ 图 2-45 所示。

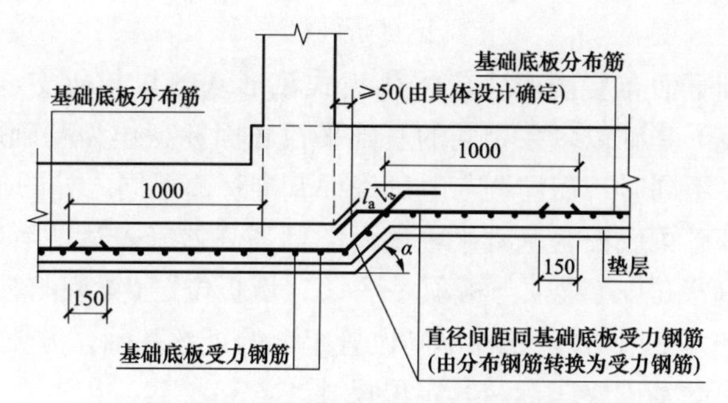

图 2-43　柱下条形基础底板板底不平钢筋构造

（板底高差坡度 α 取 45°或按设计）

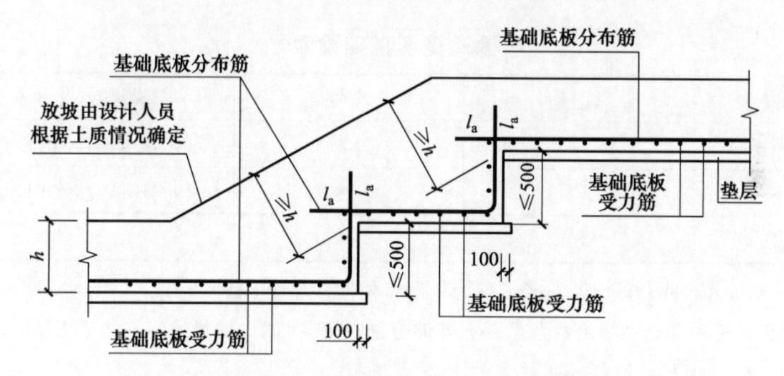

图 2-44　墙下条形基础底板板底不平钢筋构造（一）

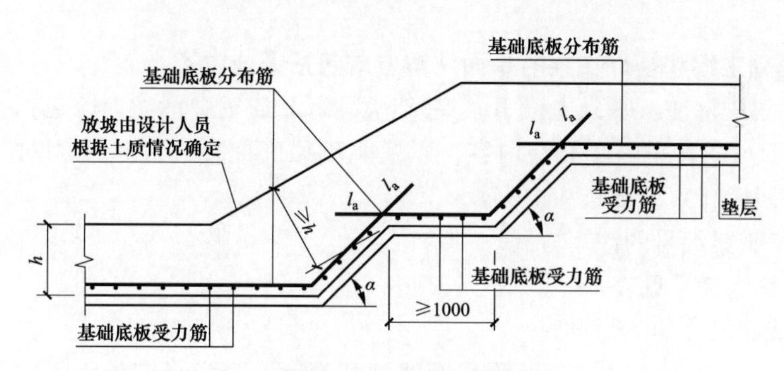

图 2-45　墙下条形基础底板板底不平钢筋构造（二）

（板底高差坡度 α 取 45°或按设计）

2.3　筏形基础

1. 梁板式筏形基础平法施工图有哪些表示方法？

梁板式筏形基础平法施工图是在基础平面布置图上采用平面注写方式进行

表达。

当绘制基础平面布置图时，应将梁板式筏形基础与其所支承的柱、墙一起绘制。梁板式筏形基础以多数相同的基础平板底面标高作为基础底面基准标高。当基础底面标高不同时，需注明与基础底面基准标高不同之处的范围和标高。

通过选注基础梁底面与基础平板底面的标高高差来表达两者间的位置关系，可以明确其“高板位”（梁顶与板顶一平）、“低板位”（梁底与板底一平）以及“中板位”（板在梁的中部）三种不同位置组合的筏形基础，方便设计表达。

轴线未居中的基础梁应标注其定位尺寸。

2. 梁板式筏形基础如何进行编号？

梁板式筏形基础梁的编号见表 2-7。

表 2-7　　梁板式筏形基础梁编号

构件类型	代号	序号	跨数及是否有外伸
基础主梁（柱下）	JL	××	（××）或（××A）或（××B）
基础次梁	JCL	××	（××）或（××A）或（××B）
梁板筏基础平板	LPB	××	

注：1. （××A）为一端有外伸，（××B）为两端有外伸，外伸不计入跨数。

2. 梁板式筏形基础平板跨数及是否有外伸分别在 X、Y 两向的贯通纵筋之后表达。图面从左至右为 X 向，从下至上为 Y 向。

3. 梁板式筏形基础主梁与条形基础梁编号与标准构造详图一致。

3. 基础主梁和基础次梁的平面注写方式包括哪些内容？

（1）集中标注。基础主梁 JL 与基础次梁 JCL 的集中标注内容包括基础梁编号、截面尺寸、配筋三项必注内容，以及基础梁底面标高高差（相对与筏形基础平板底面标高）一项选注内容。

1）基础梁编号的注写方式。

基础梁的编号见表 2-7。

2）截面尺寸的注写方式。

注写方式为“$b \times h$”，表示梁截面宽度和高度，当为竖向加腋梁时，注写方式为“$b \times h \quad Yc_1 \times c_2$”，其中，$c_1$为腋长，$c_2$为腋高。

3）配筋的注写方式。

a. 基础梁箍筋。

（a）当采用一种箍筋间距时，注写钢筋级别、直径、间距与肢数（写在括号内）。

（b）当采用两种箍筋时，用“/”分隔不同箍筋，按照从基础梁两端向跨中的顺序注写。先注写第 1 段箍筋（在前面加注箍数），在斜线后再注写第 2 段箍筋（不再加注箍数）。

b. 基础梁的底部、顶部及侧面纵向钢筋。

（a）以 B 打头，先注写梁底部贯通纵筋（不应少于底部受力钢筋总截面面积的 1/3）。当跨中所注根数少于箍筋肢数时，需要在跨中加设架立筋以固定箍筋，注写时，用“+”将贯通纵筋与架立筋相联，架立筋注写在加号后面的括号内。

（b）以 T 打头，注写梁顶部贯通纵筋值。注写时用分号“;”，将底部与顶部纵筋分隔开。

（c）当梁底部或顶部贯通纵筋多于一排时，用斜线“/”将各排纵筋自上而下分开。

（d）以大写字母“G”打头，注写梁两侧面设置的纵向构造钢筋有总配筋值（当梁腹板高度 $h_w \geqslant 450$mm 时，根据需要配置）。

当需要配置抗扭纵向钢筋时，梁两个侧面设置的抗扭纵向钢筋以 N 打头。

当为梁侧面构造钢筋时，其搭接与锚固长度可取为 $15d$。

当为梁侧面受扭纵向钢筋时，其锚固长度为 l_a，搭接长度为 l_l；其锚固方式同基础梁上部纵筋。

4）基础梁底面标高高差。基础梁底面标高高差指相对于筏形基础平板底面标高的高差值。

有高差时需将高差写入括号内（如“高板位”与“中板位”基础梁的底面与基础平板地面标高的高差值）。

无高差时不注（如“低板位”筏形基础的基础梁）。

（2）原位标注。原位标注包括以下内容：

1）梁支座的底部纵筋。梁支座的底部纵筋是指包括贯通纵筋与非贯通纵筋在内的所有纵筋。

a. 当底部纵筋多余一排时，用“/”将各排纵筋自上而下分开。

b. 当同排有两种直径时，用“+”将两种直径的纵筋相联。

c. 当梁中间支座两边底部纵筋配置不同时，需在支座两边分别标注；当梁中间支座两边的底部纵筋相同时，仅在支座的一边标注配筋值。

d. 当梁端（支座）区域的底部全部纵筋与集中注写过的贯通纵筋相同时，可不再重复做原位标注。

e. 竖向加腋梁加腋部位钢筋需在设置加腋的支座处以 Y 打头注写在括号内。

2）基础梁的附加箍筋或（反扣）吊筋。将基础梁的附加箍筋或（反扣）吊筋直接画在平面图中的主梁上，用线引注总配筋值（附加箍筋的肢数注在括号内）。

当多数附加箍筋或（反扣）吊筋相同时，可在基础梁平法施工图上统一注明，少数与统一注明值不同时，再做原位引注。

3）外伸部位的几何尺寸。当基础梁外伸部位变截面高度时，在该部位原位注写 $b \times h_1/h_2$，h_1为根部截面高度，h_2为尽端截面高度。

4）修正内容。原则上，基础梁上集中标注的一切内容都可以在原位标注中进行修正，并且根据“原位标注取值优先”的原则，施工时应按原位标注数值取用。

原位标注的方式如下：

当在基础梁上集中标注的某项内容（如梁截面尺寸、箍筋、底部与顶部贯通纵筋或架立筋、梁侧面纵向构造钢筋、梁底面标高高差等）不适用于某跨或某外伸部分时，则将其修正内容原位标注在该跨或该外伸部位，施工时原位标注取值优先。

当在多跨基础梁的集中标注中已注明竖向加腋，而该梁某跨根部不需要竖向加腋时，则应在该跨原位标注等截面的 $b \times h$，以修正集中标注中的加腋信息。

（3）基础主梁标注识图。基础主梁 JL 标注如图 2-46 所示。

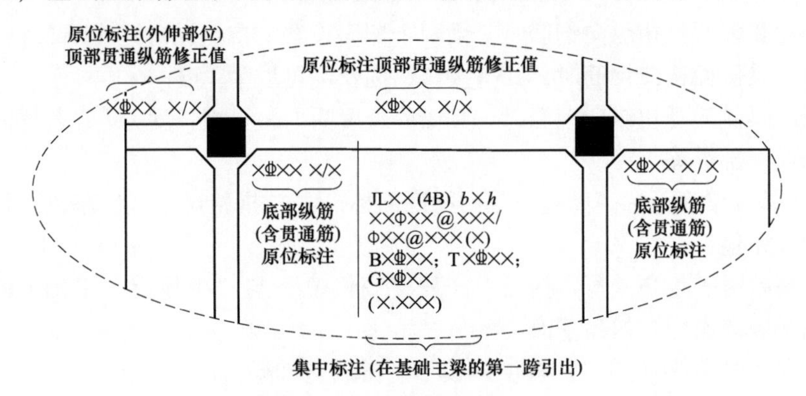

图 2-46　基础主梁 JL 标注示意

（4）基础次梁标注识图。基础次梁 JCL 标注如图 2-47 所示。

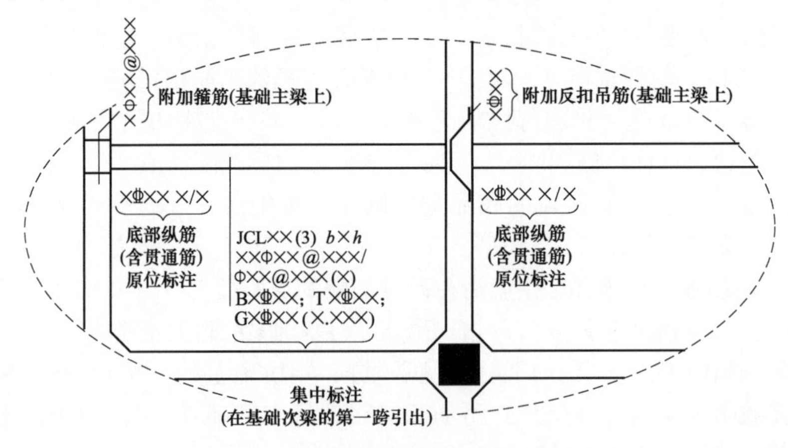

图 2-47　基础次梁 JCL 标注图示

4. 什么是“次梁”？

“次梁”是相对于“主梁”而言的。

一般来说，“次梁”就是“非框架梁”。“非框架梁”与“框架梁”的区别在于，框架梁以框架柱或剪力墙作为支座，而非框架梁以梁作为支座。

下面介绍一下在施工图中如何识别次梁的问题。

两个梁相交，哪个梁是主梁，哪个梁是次梁呢？一般来说，截面高度大的梁是主梁，截面高度小的梁是次梁。当然，以上所说的是“一般规律”，有时也有特殊的情况。例如，在有些施工图设计中，次梁的截面高度可高于主梁。

当施工图设计的梁编号是正确的时候，可以从施工图梁编号后面括号中的“跨数”来判断相交的两根梁谁是主梁、谁是次梁。因为两根梁相交，总是主梁把次梁分成两跨，而不存在次梁分断主梁的情况。

此外，从图纸中的附加吊筋或附加箍筋也能看出谁是主梁、谁是次梁，因为附加吊筋或附加箍筋都是配置在主梁上的。

5. 梁板式筏形基础平板的平面注写方式包括哪些内容？

梁板式筏形基础平板 LPB 的平面注写分为集中标注与原位标注两部分内容。

（1）板底部与顶部贯通纵筋的集中标注。梁板式筏形基础平板 LPB 的集中标注，应在所表达的板区双向均为第一跨（X 与 Y 双向首跨）的板上引出（图面从左至右为 X 向，从下至上为 Y 向）。

板区划分条件：板厚相同、基础平板底部与顶部贯通纵筋配置相同的区域为同一板区。

集中标注的内容包括：

1）编号。梁板式筏形基础平板编号，见表 2-7。

2）截面尺寸。注写方式为“h=×××”，表示板厚。

3）基础平板的底部与顶部贯通纵筋及其跨数和外伸情况。

先注写 X 向底部（B 打头）贯通纵筋与顶部（T 打头）贯通纵筋及纵向长度范围；再注写 Y 向底部（B 打头）贯通纵筋与顶部（T 打头）贯通纵筋及其跨数和外伸情况（图面从左至右为 X 向，从下至上为 Y 向）。

贯通纵筋的跨数和外伸情况注写在括号中，注写方式为“跨数及有无外伸”，其表达形式为（××）（无外伸）、（××A）（一端有外伸）或（××B）（两端有外伸）。

基础平板的跨数以构成柱网的主轴线为准；两主轴线之间无论有几道辅助轴线（例如，框筒结构中混凝土内筒中的多道墙体），均可按一跨考虑。

当贯通纵筋采用两种规格钢筋“隔一布一”方式时，表达为 xx/yy@ ×××，表示直径 xx 的钢筋和直径 yy 的钢筋之间的间距为×××，直径为 xx 的、直径为 yy 的同型钢筋间距分别为×××的 2 倍。

（2）板底附加非贯通纵筋的原位标注。

1）原位注写位置及内容。板底部原位标注的附加非贯通纵筋，应在配置相同的第一跨表达（当在基础梁悬挑部位单独配置时则在原位表达）。在配置相同跨的第一跨（或基础梁外伸部位），垂直于基础梁，绘制一段中粗虚线（当该筋通长设置在外伸部位或短跨板下部时，应画至对边或贯通短跨），再续线上注写编号（如①、② 等）、配筋值、横向布置的跨数及是否布置到外伸部位。

板底部附加非贯通纵筋自支座中线向两边跨内的伸出长度值注写在线段的下方位置。当该筋向两侧对称伸出时，可仅在一侧标注，另一侧不注；当布置在边梁下时，向基础平板外伸部位一侧的伸出长度与方式按标准构造，设计不注。底部附加非贯通筋相同者，可仅注写一处，其他只注写编号。

横向连续布置的跨数及是否布置到外伸部位，不受集中标注贯通纵筋的板区限制。

原位注写的底部附加非贯通纵筋与集中标注的底部贯通钢筋，宜用“隔一布一”的方式布置，即基础平板（*X* 向或 *Y* 向）底部附加非贯通纵筋与贯通纵筋间隔布置，其标注间距与底部贯通纵筋相同（两者实际组合后的间距为各自标注间距的 1/2）。

2）注写修正内容。当集中标注的某些内容不适用于梁板式筏形基础平板某板区的某一板跨时，应由设计者在该板跨内注明，施工时应按注明内容取用。

3）当若干基础梁下基础平板的底部附加非贯通纵筋配置相同时（其底部、顶部的贯通纵筋可以不同），可仅在一根基础梁下做原位注写，并在其他梁上注明“该梁下基础平板底部附加非贯通纵筋同××基础梁”。

（3）梁板式筏形基础平板标注识图。梁板式筏形基础平板标注如图 2-48 所示。

6. 梁板式筏形基础平板施工图中还应注明哪些内容?

除了上述集中标注与原位标注，还有一些内容，需要在图中注明，包括以下几项：

（1）在基础平板周边沿侧面设置纵向构造钢筋时，应在图中注明。

（2）应注明基础平板外伸部位的封边方式。采用 U 形钢筋封边时应注明其规格、直径及间距。

（3）当基础平板外伸变截面高度时，应注明外伸部位的 h_1/h_2，h_1为板根部截面高度，h_2为板尽端截面高度。

（4）当基础平板厚度大于 2m 时应注明具体构造要求。

（5）当在基础平板外伸阳角部位设置放射筋时，应注明放射筋的强度等级、直径、根数以及设置方式等。

（6）板的上、下部纵筋之间设置拉筋时，应注明拉筋的强度等级、直径、

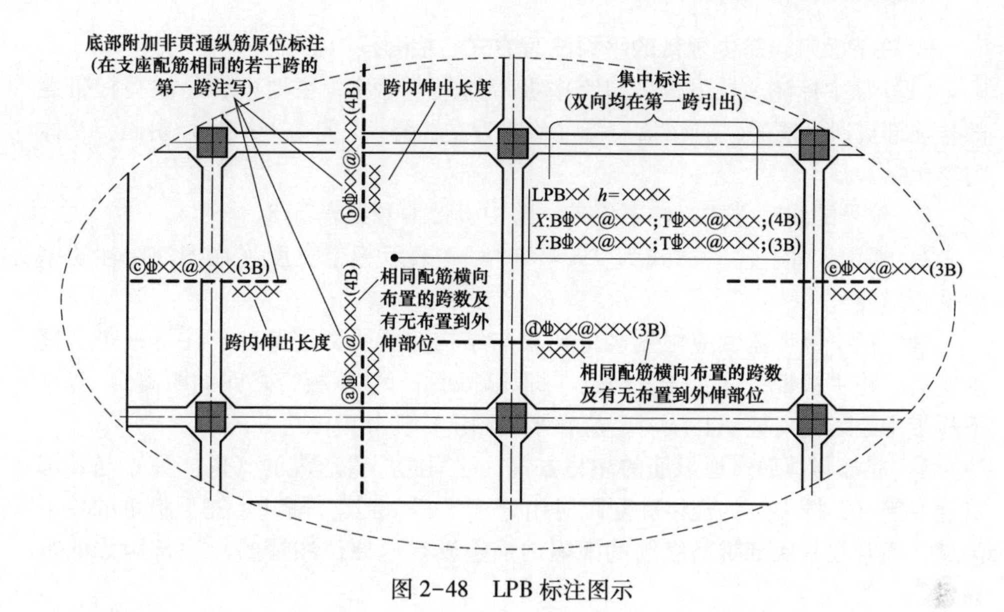

图 2-48 LPB 标注图示

双向间距等。

（7）应注明混凝土垫层厚度与强度等级。

（8）结合基础主梁交叉纵筋的上下关系，当基础平板同一层面的纵筋相交叉时，应注明何向纵筋在下，何向纵筋在上。

（9）设计需注明的其他内容。

7. 平板式筏形基础平法施工图有哪些表示方法？

平板式筏形基础平法施工图是指在基础平面布置图上采用平面注写方式表达。

当绘制基础平面布置图时，应将平板式筏形基础与其所支承的柱、墙一起绘制。当基础底面标高不同时，需注明与基础底面基准标高不同之处的范围和标高。

8. 平板式筏形基础如何进行编号？

平板式筏形基础的平面注写表达方式有两种，一是划分为柱下板带和跨中板带进行表达，二是按基础平板进行表达。平板式筏形基础构件编号见表 2-8。

表 2-8　平板式筏形基础构件编号

构件类型	代号	序号	跨数及有无外伸
柱下板带	ZXB	××	（××）或（××A）或（××B）
跨中板带	KZB	××	（××）或（××A）或（××B）
平板筏基础平板	BPB		

注：1.（××A）为一端有外伸，（××B）为两端有外伸，外伸不计入跨数。

2. 平板式筏形基础平板，其跨数及是否有外伸分别在 *X*、*Y* 两向的贯通纵筋之后表达。图面从左至右为 *X* 向，从下至上为 *Y* 向。

9. 柱下板带、跨中板带的平面注写方式包括哪些内容?

（1）集中标注。柱下板带与跨中板带的集中标注，主要内容是注写板带底部与顶部贯通纵筋的，应在第一跨（*X*向为左端跨，*Y*向为下端跨）引出，具体内容包括：

1）编号的注写方式。柱下板带、跨中板带编号见表2–8。

2）截面尺寸。注写方式为“b=××××”，表示板带宽度（在图注中注明基础平板厚度）。

确定柱下板带宽度应根据规范要求与结构实际受力需要。当柱下板带宽度确定后，跨中板带宽度亦随之确定（即相邻两平行柱下板带之间的距离）。当柱下板带中心线偏离柱中心线时，应在平面图上标注其定位尺寸。

3）底部与顶部贯通纵筋的注写方式。注写底部贯通纵筋（B打头）与顶部贯通纵筋（T打头）的规格和间距时用分号“；”将其分隔开。柱下板带的柱下区域，通常在其底部贯通纵筋的间隔内插空设有（原位注写的）底部附加非贯通纵筋。

（2）原位标注。柱下板带与跨中板带的原位标注的主要内容是注写底部附加非贯通纵筋。具体内容包括：

1）注写内容。以一段与板带同向的中粗虚线代表附加非贯通纵筋。柱下板带：贯穿其柱下区域绘制。跨中板带：横贯柱中线绘制。在虚线上注写底部附加非贯通纵筋的编号（如①、②等）、钢筋级别、直径、间距，以及自柱中线分别向两侧跨内的伸出长度值。当向两侧对称伸出时，长度值可仅在一侧标注，另一侧不注。

外伸部位的伸出长度与方式按标准构造，设计不注。对同一板带中底部附加非贯通筋相同者，可仅在一根钢筋上注写，其他可仅在中粗虚线上注写编号。

当跨中板带在轴线区域不设置底部附加非贯通纵筋时，则不做原位注写。

2）修正内容。当在柱下板带、跨中板带上集中标注的某些内容（如截面尺寸、底部与顶部贯通纵筋等）不适用于某跨或某外伸部分时，则将修正的数值原位标注在该跨或该外伸部位，施工时原位标注取值优先。

对于支座两边不同配筋值的（经注写修正的）底部贯通纵筋，应按较小一边的配筋值选配相同直径的纵筋贯穿支座，较大一边的配筋差值选配适当直径的钢筋锚入支座，避免造成两边大部分钢筋直径不相同的不合理配置结果。

（3）柱下板带标注识图。柱下板带标注如图2–49所示。

（4）跨中板带标注识图。跨中板带标注如图2–50所示。

10. 平板式筏形基础平板的平面注写方式包括哪些内容?

平板式筏形基础平板BPB的平面注写分为集中标注与原位标注两部分内容。

（1）集中标注。平板式筏形基础平板BPB集中标注的主要内容为注写板底

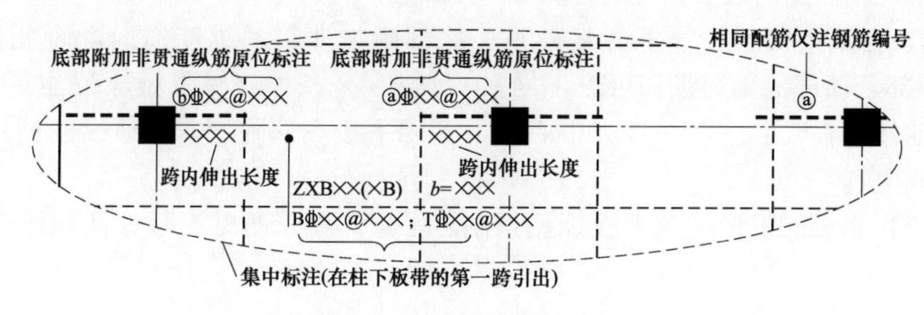

图 2-49 柱下板带标注图示

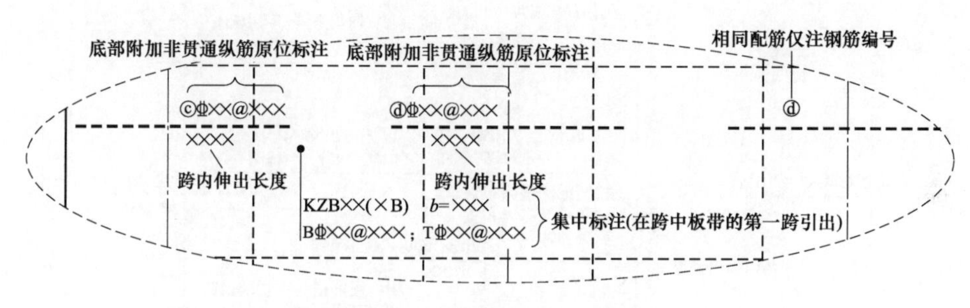

图 2-50 跨中板带标注图示

部与顶部贯通纵筋。

当某个向底部贯通纵筋或顶部贯通纵筋的配置在跨内有两种不同间距时，先注写跨内两端的第一种间距，并在前面加注纵筋根数（以表示其分布的范围），然后再注写跨中部的第二种间距（不需加注根数），两者用“/”分隔。

（2）原位标注。平板式筏形基础平板 BPB 的原位标注，主要表达横跨柱中心线下的底部附加非贯通纵筋。内容包括：

1）原位注写位置及内容：在配置相同的若干跨的第一跨，垂直于柱中线绘制一段中粗虚线代表底部附加非贯通纵筋，在虚线上的注写内容与梁板式筏形基础平板原位标注内容相同。

当柱中心线下的底部附加非贯通纵筋（与柱中心线正交）沿柱中心线连续若干跨配置相同时，则在该连续跨的第一跨下原位注写，且将同规格配筋连续布置的跨数注在括号内；当有些跨配置不同时，则应分别原位注写。外伸部位的底部附加非贯通纵筋应单独注写（当与跨内某筋相同时仅注写钢筋编号）。

当底部附加非贯通纵筋横向布置在跨内有两种不同间距的底部贯通纵筋区域时，其间距应分别对应为两种，其注写形式应与贯通纵筋保持一致，即先注写跨内两端的第一种间距，并在前面加注纵筋根数，然后再注写跨中部的第二种间距（不需加注根数），两者用“/”分隔。

2）当某些柱中心线下的基础平板底部附加非贯通纵筋横向配置相同时（其底部、顶部的贯通纵筋可以不同），可仅在一条中心线下做原位注写，并在其他柱中心线上注明“该柱中心线下基础平板底部附加非贯通纵筋同××柱中心线”。

（3）平板式筏形基础平板标注识图。平板式筏形基础平板标注如图 2-51 所示。

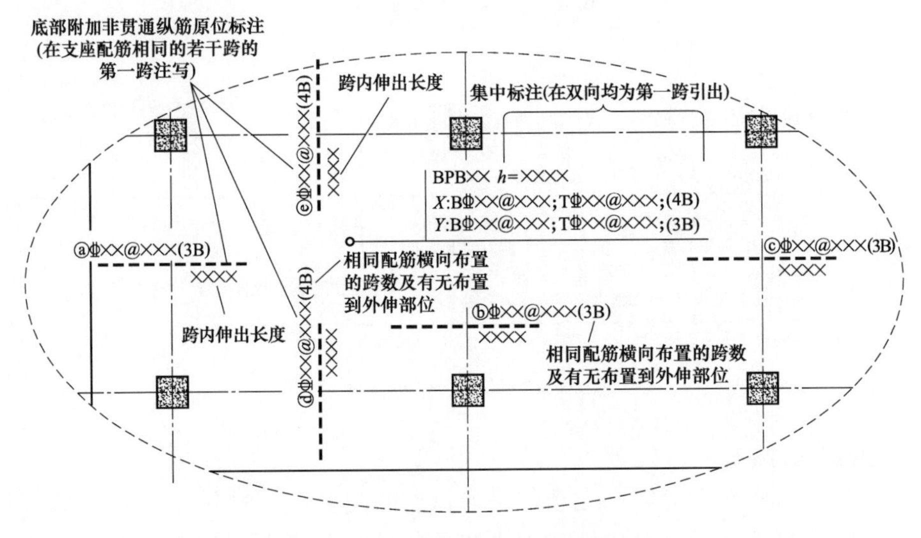

图 2-51 平板式筏形基础平板标注图示

11. 基础次梁端部钢筋构造有哪些情况？

（1）端部等截面外伸构造。基础次梁端部等截面外伸钢筋构造如图 2-52 所示。

梁顶部贯通纵筋伸至尽端内侧弯折 $12d$；梁底部贯通纵筋伸至尽端内侧弯折 $12d$。

梁底部上排非贯通纵筋伸至端部截断；底部下排非贯通纵筋伸至尽端内侧弯折 $12d$，从支座中心线向跨内的延伸长度为 $l_n/3+b_b/2$。

当从基础主梁内边算起的外伸长度不满足直锚要求时，基础次梁下部钢筋伸至端部后弯折 $15d$；从梁内边算起水平段长度应大于或等于 $0.6l_{ab}$。

（2）端部变截面外伸构造。端部变截面外伸钢筋构造如图 2-53 所示。

梁顶部贯通纵筋伸至尽端内侧弯折 $12d$；梁底部贯通纵筋伸至尽端内侧弯折 $12d$。

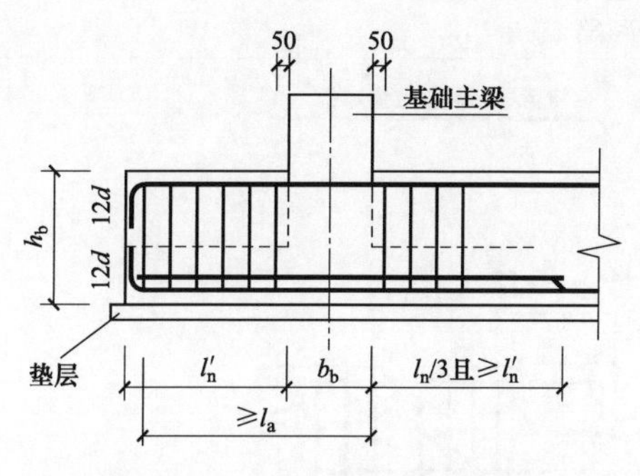

图 2-52 端部等截面外伸构造

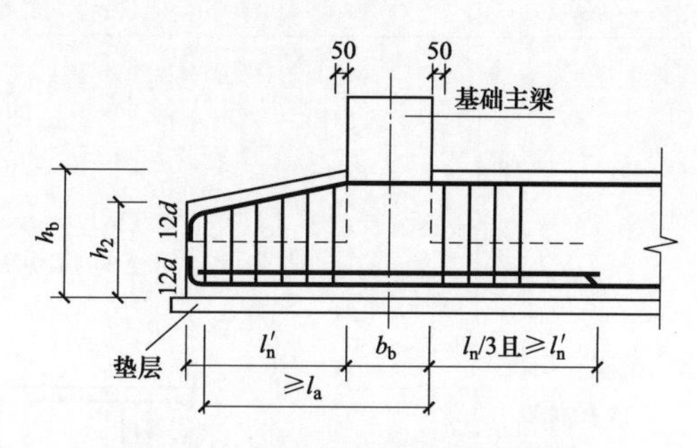

图 2-53 端部变截面外伸钢筋构造

梁底部上排非贯通纵筋伸至端部截断；梁底部下排非贯通纵筋伸至伸至尽端内侧弯折 $12d$，从支座中心线向跨内的延伸长度为 $l_n/3+b_b/2$。

当从基础主梁内边算起的外伸长度不满足直锚要求时，基础次梁下部钢筋伸至端部后弯折 $15d$；从梁内边算起水平段长度应大于或等于 $0.6l_{ab}$。

12. 基础次梁变截面部位钢筋构造有哪些情况?

基础次梁变截面部位钢筋构造见表 2-9。

表 2-9 基础次梁变截面部位钢筋构造

情况	钢筋构造
梁底有高差	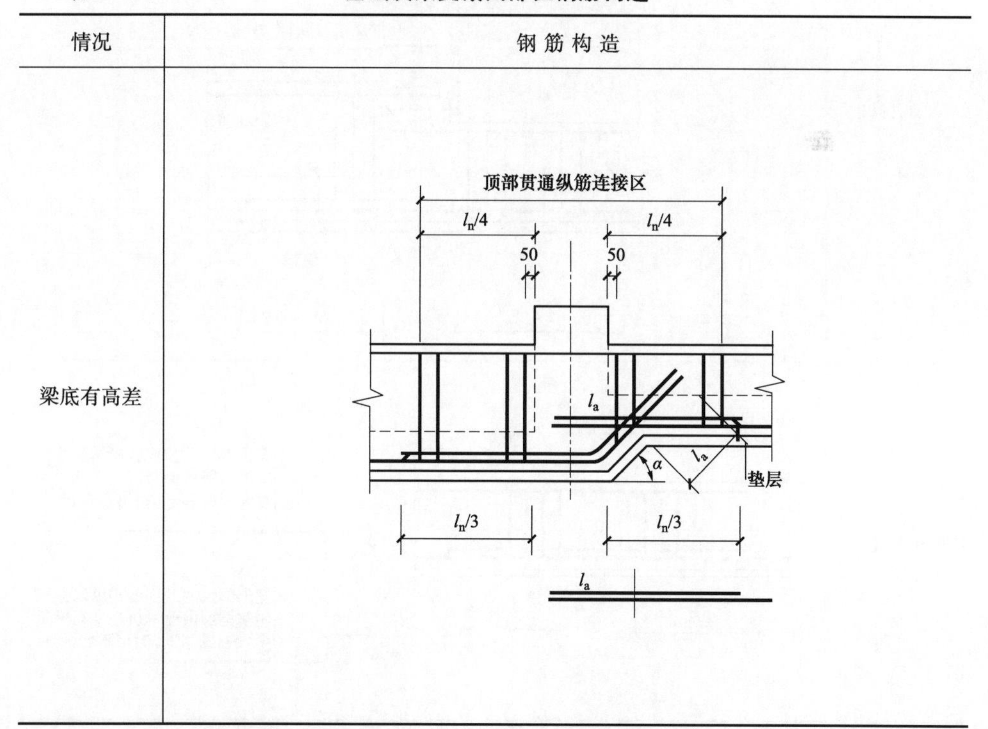

续表

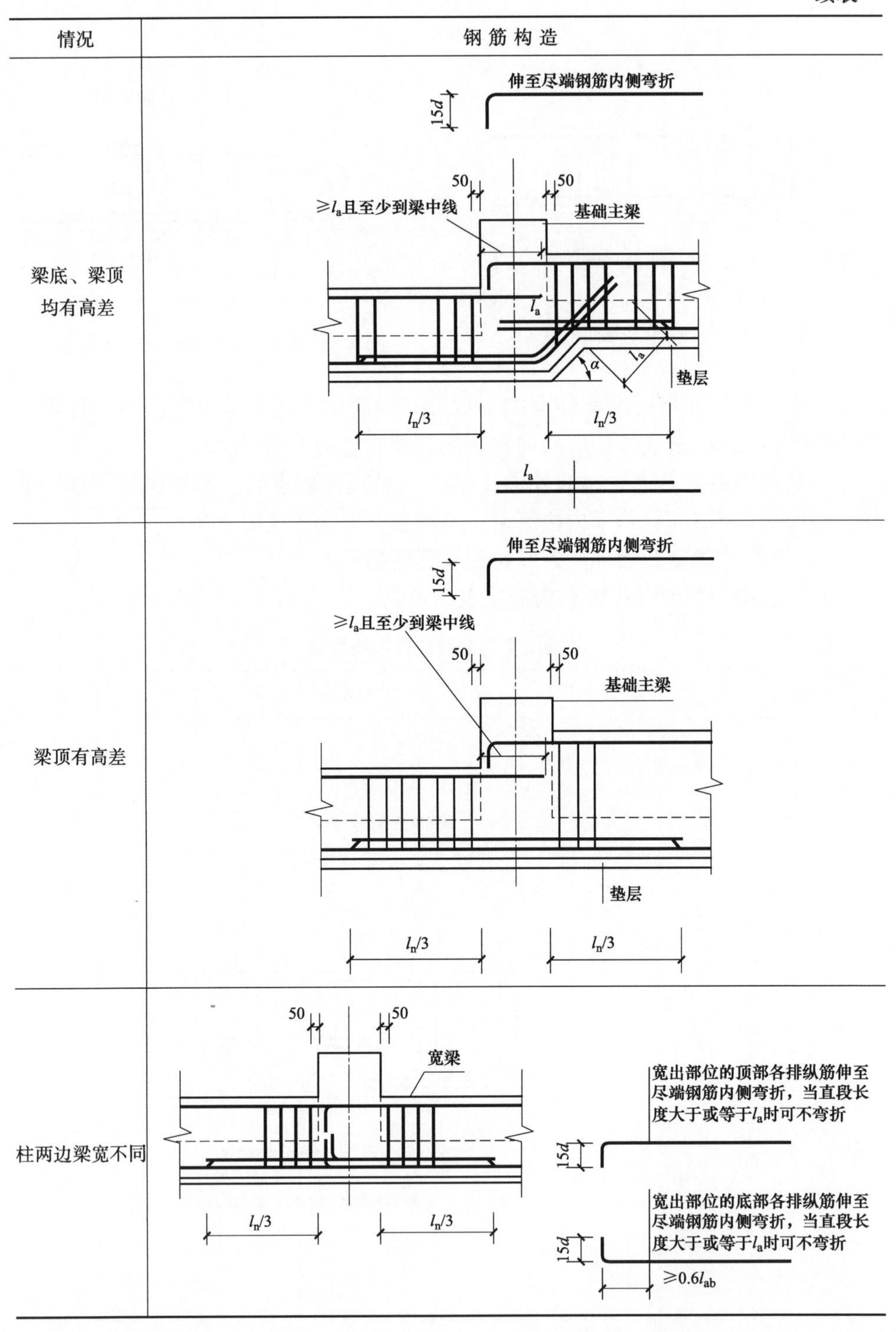
情况
钢筋构造
梁底、梁顶均有高差
伸至尽端钢筋内侧弯折
15d
50
50
≥la且至少到梁中线
基础主梁
la
α
la
垫层
ln/3
ln/3
la
梁顶有高差
伸至尽端钢筋内侧弯折
15d
≥la且至少到梁中线
50
50
基础主梁
垫层
ln/3
ln/3
柱两边梁宽不同
50
50
宽梁
ln/3
ln/3
宽出部位的顶部各排纵筋伸至尽端钢筋内侧弯折，当直段长度大于或等于la时可不弯折
15d
宽出部位的底部各排纵筋伸至尽端钢筋内侧弯折，当直段长度大于或等于la时可不弯折
15d
≥0.6lab

13. 基础次梁纵向钢筋和箍筋构造是怎样的?

基础次梁纵向钢筋与箍筋构造如图 2-54 所示。

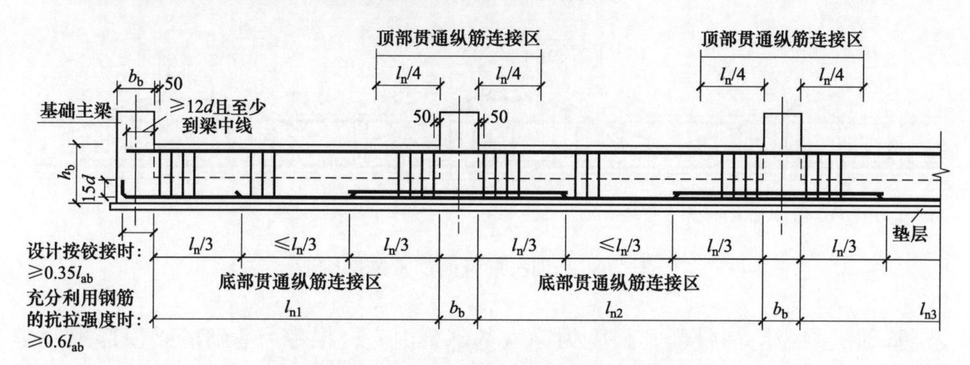

图 2-54　基础次梁纵向钢筋与箍筋构造

（1）顶部和底部贯通纵筋在连接区内采用搭接、机械连接或对焊连接，在同一连接区段内接头面积百分比率不宜大于 50%。当钢筋长度可穿过一连接区到下一连接区并满足要求时，宜穿越设置。当底部纵筋多于两排时，从第三排起非贯通纵筋向跨内的伸出长度值应由设计者注明。

（2）节点区内箍筋按梁端箍筋设置。梁相互交叉宽度内的箍筋按截面高度较大的基础梁设置。当具体设计未注明时，基础梁外伸部位按梁端第一种箍筋设置。

14. 基础次梁配置两种箍筋时构造是怎样的?

基础次梁 JCL 配置两种箍筋构造如图 2-55 所示。

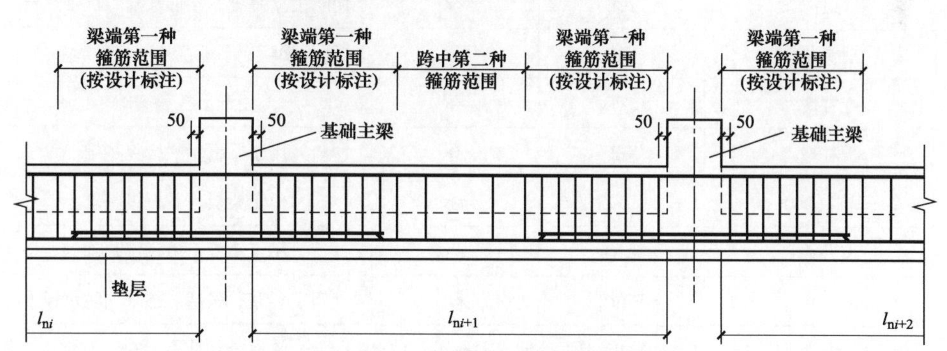

图 2-55　基础次梁 JCL 配置两种箍筋构造

注：l_{ni} 为基础次梁的本跨净跨值。

同跨箍筋有两种时，各自设置范围按具体设计注写值。当具体设计未注明时，基础次梁的外伸部位按第一种箍筋设置。

15. 基础次梁竖向加腋钢筋构造是怎样规定的？

基础次梁竖向加腋钢筋构造如图 2-56 所示。

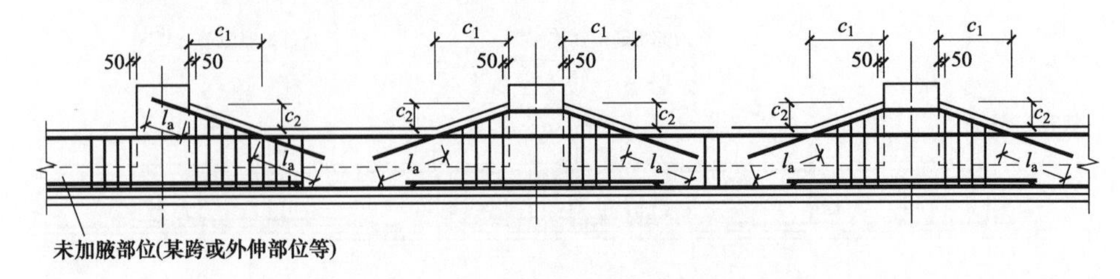

图 2-56　基础次梁竖向加腋钢筋构造

基础次梁竖向加腋筋，长度为锚入基础梁内 l_a；根数=基础次梁顶部第一排纵筋根数-1。

2.4　基础相关构件

1. 基础相关构件如何表示？

基础相关构造的平法施工图设计主要是在基础平面布置图上采用“直接引注”的方式进行表达。

基础相关构造类型与编号见表 2-10。

表 2-10　　基础相关构造类型与编号

构造类型	代号	序号	说明
基础连梁	JLL	××	用于独立基础、条形基础、桩基承台
后浇带	HJD	××	用于梁板、平板筏基础、条形基础
上柱墩	SZD	××	用于平板筏基础
下柱墩	XZD	××	用于梁板、平板筏基础
基坑（沟）	JK	××	用于梁板、平板筏基础
窗井墙	CJQ	××	用于梁板、平板筏基础
防水板	FBPB	××	用于独基、条基、桩基加防水板

注：1. 基础连梁序号：（××）为端部无外伸或无悬挑，（××A）为一端有外伸或有悬挑，（××B）为两端有外伸或有悬挑。

2. 上柱墩位于筏板顶部混凝土柱根部位，下柱墩位于筏板底部混凝土柱或钢柱柱根水平投影部位，均根据筏形基础受力与构造需要而设。

2. 后浇带的直接引注包括哪些内容？

后浇带的平面形状及定位由平面布置图表达，后浇带留筋方式等由引注内容表达，包括以下几项：

（1）后浇带编号及留筋方式代号。留筋方式有两种，分别为贯通和 100% 搭接。

（2）后浇混凝土的强度等级 C××。后浇混凝土宜采用补偿收缩混凝土，设计应注明相关施工要求。

（3）后浇带区域内，留筋方式或后浇混凝土强度等级不一致时，设计者应在图中注明与图示不一致的部位及做法。

设计者应注明后浇带下附加防水层做法；当设置抗水压垫层时，尚应注明其厚度、材料与配筋；当采用后浇带超前止水构造时，设计者应注明其厚度与配筋。

后浇带引注如图 2-57 所示。

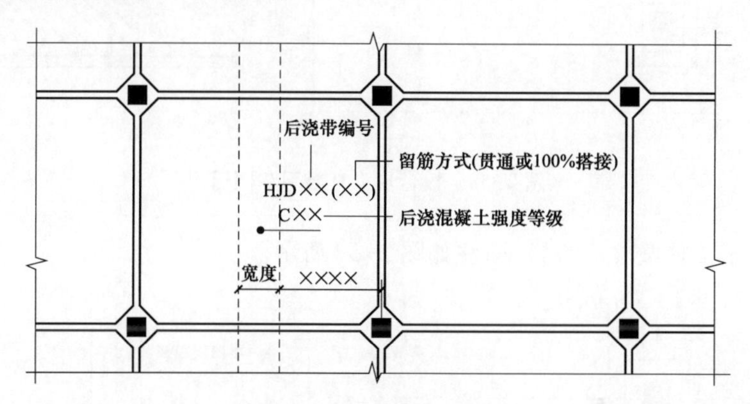

图 2-57　后浇带引注图示

贯通留筋的后浇带宽度通常取大于或等于 800mm；100% 搭接留筋的后浇带宽度通常取 800mm 与（l_l+60mm）的较大值。

3. 上柱墩的直接引注包括哪些内容？

上柱墩 SZD 是根据平板式筏形基础受剪或受冲切承载力的需要，在板顶面以上混凝土柱的根部设置的混凝土墩。

上柱墩直接引注的内容包括以下几项：

（1）编号。见表 2-10 中的代号和序号。

（2）几何尺寸。按“柱墩向上凸出基础平板高度 h_d/柱墩顶部出柱边缘宽度 c_1/柱墩底部出柱边缘宽度 c_2”的顺序注写，其表达形式为 $h_d/c_1/c_2$。

当为棱柱形柱墩 $c_1=c_2$时，c_2不注，表达形式为 h_d/c_1。

（3）配筋。按“竖向（$c_1=c_2$）或斜竖向（$c_1\neq c_2$）纵筋的总根数、强度等级与直径/箍筋强度等级、直径、间距与肢数（X 向排列肢数 m×Y 向排列肢数 n）”的顺序注写（当分两行注写时，则可不用斜线“/”）。

所注纵筋总根数环正方形柱截面均匀分布，环非正方形柱截面相对均匀分布（先放置柱角筋，其余按柱截面相对均匀分布），其表达形式为：××ф××/Φ××@ ×××。

棱台形上柱墩（$c_1 \neq c_2$）引注如图 2-58 所示。

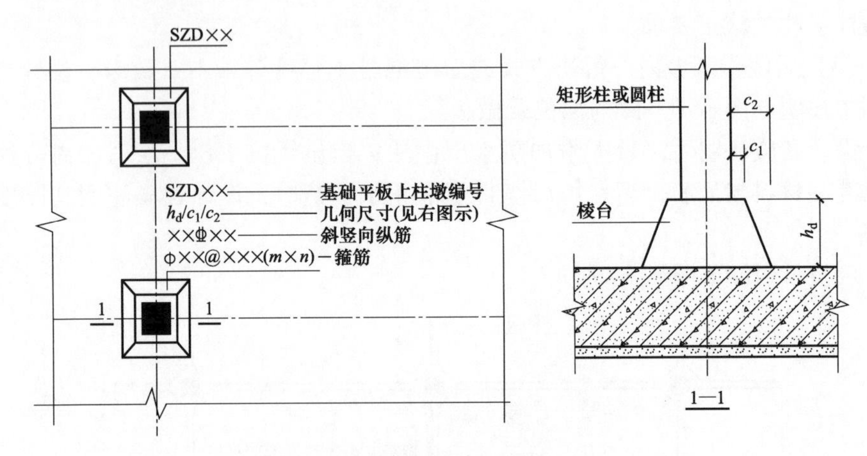

图 2-58　棱台形上柱墩引注图示

棱柱形上柱墩（$c_1 = c_2$）引注如图 2-59 所示。

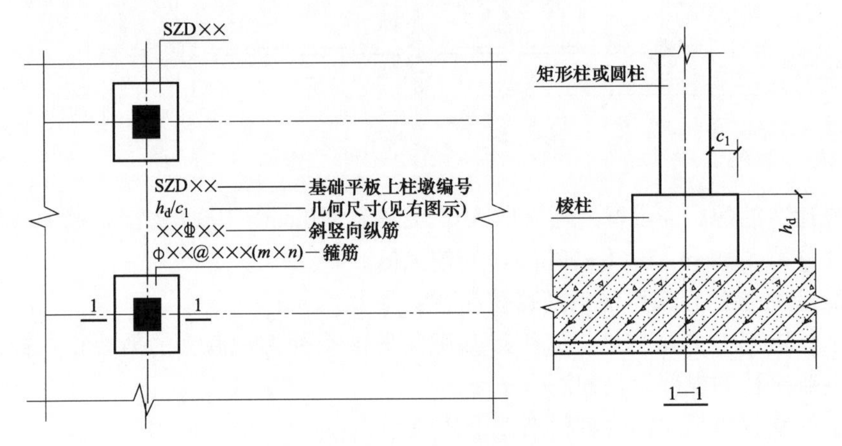

图 2-59　棱柱形上柱墩引注图示

4. 下柱墩的直接引注包括哪些内容？

下柱墩 XZD 是根据平板式筏形基础受剪或受冲切承载力的需要，在柱的所在位置、基础平板底面以下设置的混凝土墩。下柱墩直接引注的内容包括以下各项：

（1）编号。见表 2-10 中的代号和序号。

(2) 几何尺寸。按"柱墩向下凸出基础平板深度 h_d/柱墩顶部出柱投影宽度 c_1/柱墩底部出柱投影宽度 c_2"的顺序注写，其表达形式为 $h_d/c_1/c_2$。

当为倒棱柱形柱墩 $c_1=c_2$ 时，c_2 不注，表达形式为 h_d/c_1。

(3) 配筋。倒棱柱下柱墩，按"X 方向底部纵筋/Y 方向底部纵筋/水平箍筋"的顺序注写（图面从左至右为 X 向，从下至上为 Y 向），其表达形式为 X ⌀××@ ×××/Y ⌀××@ ×××/ϕ××@ ×××；倒棱台下柱墩，其斜侧面由两向纵筋覆盖，不必配置水平箍筋，则其表达形式为 X ⌀××@ ×××/Y ⌀××@ ×××。

倒棱台形下柱墩（$c_1 \neq c_2$）引注见图 2-60。

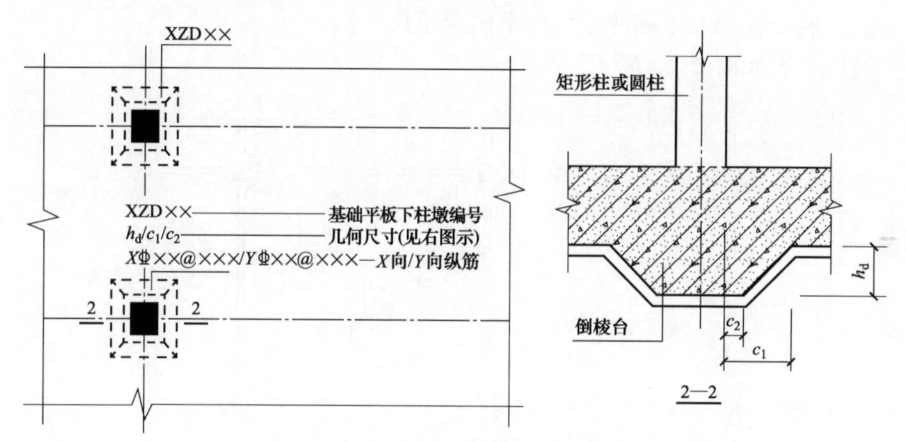

图 2-60　棱台形下柱墩引注图示

倒棱柱形下柱墩（$c_1=c_2$）引注如图 2-61 所示。

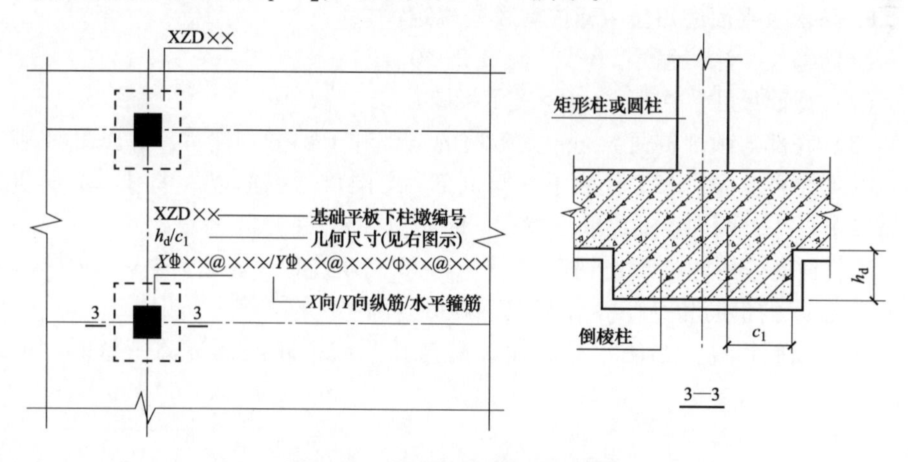

图 2-61　棱柱形下柱墩引注图示

5. 基坑的直接引注包括哪些内容?

基坑，有时称作集水坑，常用于地下室底板（筏形基础的基础平板）上或蓄水池的底板上，它形成一个低于地面的矩形或圆形的容积，其作用是把地面上的积水向低凹处集中，以便于采用水泵将水排出。

（1）编号。见表 2-10 中代号和序号。

（2）几何尺寸。按“基坑深度 h_k/基坑平面尺寸 $x×y$”的顺序注写，其表达形式为：$h_k/x×y$。x 为 X 向基坑宽度，y 为 Y 向基坑宽度（图面从左至右为 X 向，从下至上为 Y 向）。

在平面布置图上应标注基坑的平面定位尺寸。

基坑引注如图 2-62 所示。

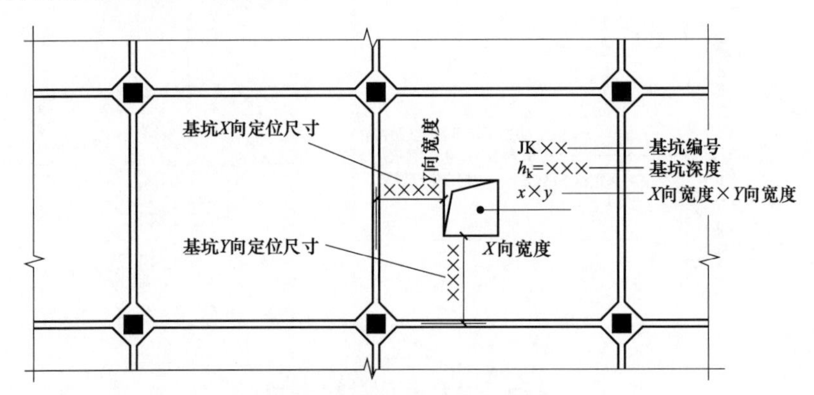

图 2-62　基坑引注图示

6. 防水板平面注写集中标注有哪些规定?

（1）编号。注写编号 FBPB，见表 2-10。

（2）截面尺寸。注写 h=×××表示板厚。

（3）底部与顶部贯通纵筋。按板块的下部和上部分别注写，并以 B 代表下部，以 T 代表上部，B&T 代表下部与上部；X 向贯通纵筋以 X 打头，Y 向贯通纵筋以 Y 打头，两向贯通纵筋配置相同时则以 X&Y 打头。

当贯通筋采用两种规格钢筋“隔一布一”方式时，表达为Φ xx/yy@ ×××，表示直径 xx 的钢筋和直径 yy 的钢筋间距分别为×××的 2 倍。

（4）底面标高。当防水板底面标高与独基或条基底面标高一致时，可以不注。

3 柱构件平法钢筋识图与算量

柱，是工程结构中主要承受压力，有时也同时承受弯矩的垂直构件，用以支承梁、桁架、楼板等。本章主要介绍柱钢筋的平法识图及其构造要点，通过简要的例子说明柱钢筋的计算方法。

3.1 柱构件平法识图

1. 柱平法施工图有哪些表示方法?

柱平法施工图是在柱平面布置图上采用列表注写方式或截面注写方式表达。

柱平面布置图，可采用适当比例单独绘制，也可与剪力墙平面布置图合并绘制（剪力墙结构施工图制图规则见第5章）。

在柱平法施工图中，应按规定注明各结构层的楼面标高、结构层高及相应的结构层号，尚应注明上部结构嵌固部位位置。

上部结构嵌固部位的注写如下：

（1）框架柱嵌固部位在基础顶面上，无须注明。

（2）框架柱嵌固部位不在基础顶面时，在层高表嵌固部位标高下使用双细线注明，并在层高表下注明上部结构嵌固部位标高。

（3）框架柱嵌固部位不在地下室顶板，但仍需考虑地下室顶板对上部结构实际存在嵌固作用时，可在层高表地下室顶板标高下使用双虚线注明，此时首层柱端箍筋加密区长度范围及纵筋连接位置均按嵌固部位要求设置。

2. 什么是柱构件的列表注写方式?

列表注写方式，是指在柱平面布置图上（一般只需采用适当比例绘制一张柱平面布置图，包括框架柱、框支柱、梁上柱和剪力墙上柱），分别在同一编号的柱中选择一个（有时需要选择几个）截面标注几何参数代号；在柱表中注写柱编号、柱段起止标高、几何尺寸（含柱截面对轴线的偏心情况）与配筋的具体数值，并配以各种柱截面形状及其箍筋类型图的方式，来表达柱平法施工图(图3-1)。

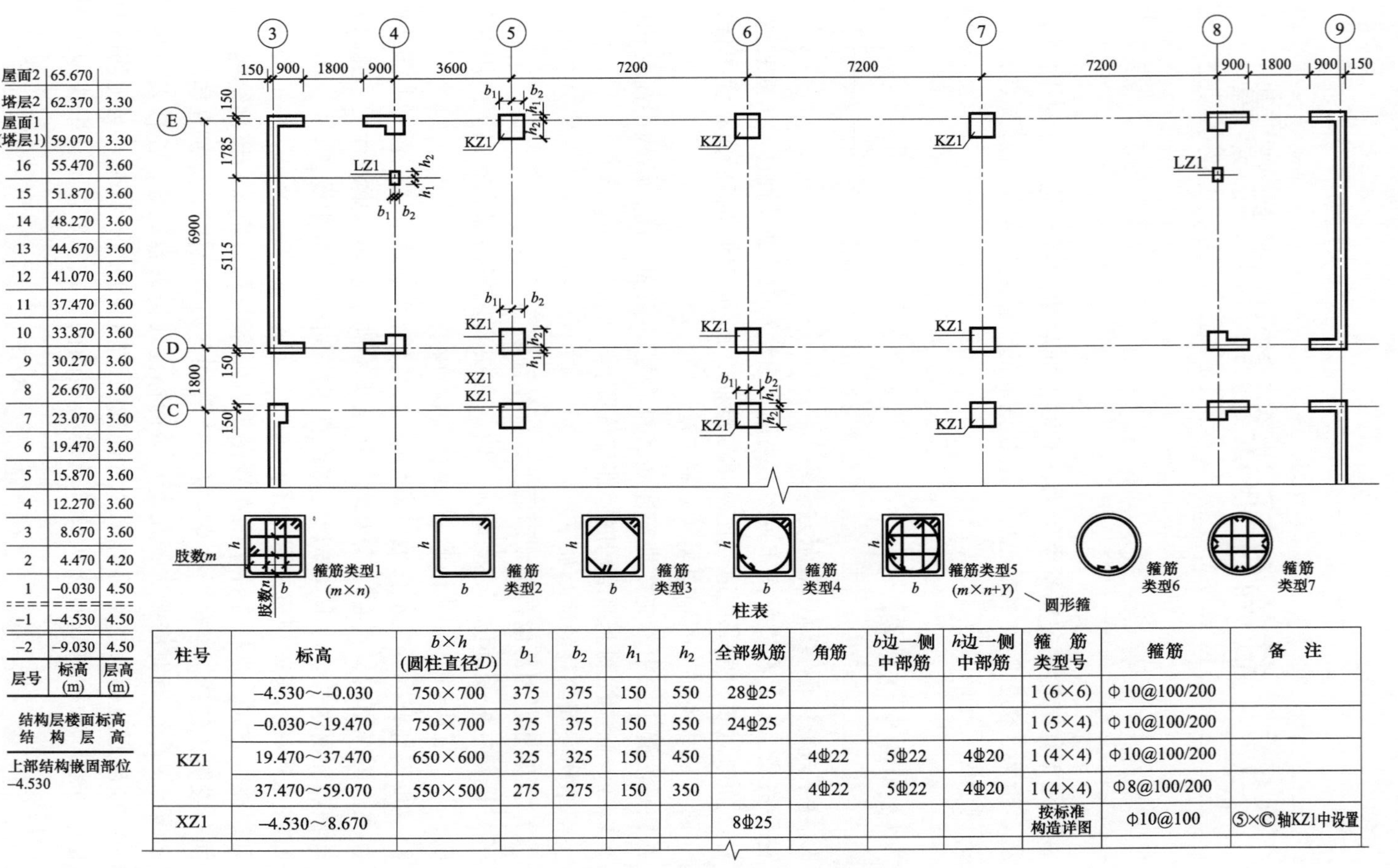

层号	标高(m)	层高(m)
屋面2	65.670	
塔层2	62.370	3.30
屋面1(塔层1)	59.070	3.30
16	55.470	3.60
15	51.870	3.60
14	48.270	3.60
13	44.670	3.60
12	41.070	3.60
11	37.470	3.60
10	33.870	3.60
9	30.270	3.60
8	26.670	3.60
7	23.070	3.60
6	19.470	3.60
5	15.870	3.60
4	12.270	3.60
3	8.670	3.60
2	4.470	4.20
1	-0.030	4.50
-1	-4.530	4.50
-2	-9.030	4.50

结构层楼面标高
结构层高

上部结构嵌固部位
-4.530

柱表

柱号	标高	b×h(圆柱直径D)	b_1	b_2	h_1	h_2	全部纵筋	角筋	b边一侧中部筋	h边一侧中部筋	箍筋类型号	箍筋	备注
KZ1	-4.530～-0.030	750×700	375	375	150	550	28Φ25				1 (6×6)	Φ10@100/200	
	-0.030～19.470	750×700	375	375	150	550	24Φ25				1 (5×4)	Φ10@100/200	
	19.470～37.470	650×600	325	325	150	450		4Φ22	5Φ22	4Φ20	1 (4×4)	Φ10@100/200	
	37.470～59.070	550×500	275	275	150	350		4Φ22	5Φ22	4Φ20	1 (4×4)	Φ8@100/200	
XZ1	-4.530～8.670						8Φ25				按标准构造详图	Φ10@100	⑤×Ⓒ轴KZ1中设置

图 3-1　柱列表注写方式示例

3. 柱表注写包括哪些内容？

（1）柱编号。柱编号由类型代号和序号组成，应符合表 3-1 的规定。

（2）柱段起止标高。自柱根部往上以变截面位置或截面未变但配筋改变处为界分段注写。

框架柱和转换柱的根部标高指基础顶面标高；芯柱的根部标高指根据结构实际需要而定的起始位置标高；梁上柱的根部标高指梁顶面标高；剪力墙上柱的根部标高为墙顶面标高。

表 3-1 柱编号

柱类型	代号	序号
框架柱	KZ	××
转换柱	ZHZ	××
芯柱	XZ	××
梁上柱	LZ	××
剪力墙上柱	QZ	××

（3）几何尺寸。

1）矩形柱。注写柱截面尺寸 $b \times h$ 及与轴线关系的几何参数代号 b_1、b_2 和 h_1、h_2 的具体数值，需对应于各段柱分别注写。其中 $b=b_1+b_2$，$h=h_1+h_2$。当截面的某一边收缩变化至与轴线重合或偏到轴线的另一侧时，b_1、b_2、h_1、h_2 中的某项为零或为负值。

2）圆柱。对于圆柱，表中 $b \times h$ 一栏改用在圆柱直径数字前加 d 表示。为表达简单，圆柱截面与轴线的关系也用 b_1、b_2 和 h_1、h_2 表示，并使 $d=b_1+b_2=h_1+h_2$。

3）芯柱。对于芯柱，根据结构需要，可以在某些框架柱的一定高度范围内，在其内部的中心位置设置（分别引注其柱编号）。芯柱中心应与柱中心重合，并标注其截面尺寸，按《16G101-1》标准构造详图施工；当设计者采用与构造详图不同的做法时，应另行注明。芯柱定位随框架柱，不需要注写其与轴线的几何关系。

（4）柱纵筋。当柱纵筋直径相同，各边根数也相同时（包括矩形柱、圆柱和芯柱），将纵筋注写在“全部纵筋”一栏中；除此之外，柱纵筋分角筋、截面 b 边中部筋和 h 边中部筋三项分别注写（采用对称配筋的矩形截面柱，可仅注写一侧中部筋，对称边省略不注；对于采用非对称配筋的矩形截面柱，必须每侧均注写中部筋）。

（5）箍筋。在箍筋类型栏内注写箍筋的类型号与肢数。

具体工程所设计的各种箍筋类型图以及箍筋复合的具体方式，需画在表的上部或图中的适当位置，并在其上标注与表中相对应的 b、h 和类型号。

注：确定箍筋肢数时要满足对柱纵筋“隔一拉一”以及箍筋肢距的要求。

常见箍筋类型号所对应的箍筋形状如图 3-2 所示。

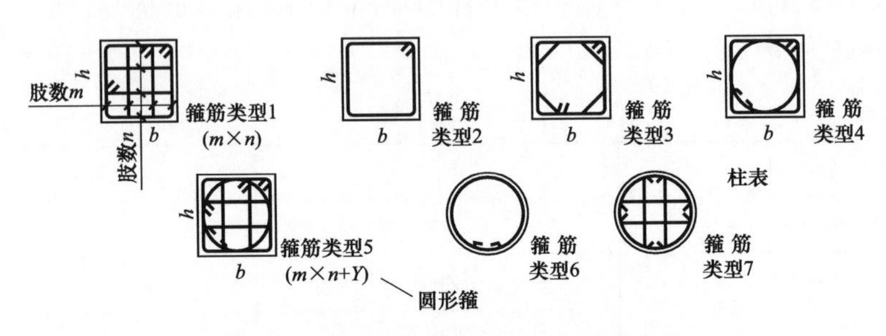

图 3-2　箍筋类型号及所对应的箍筋形状

（6）柱箍筋。注写柱箍筋，包括箍筋级别、直径与间距。

用斜线“/”区分柱端箍筋加密区与柱身非加密区长度范围内箍筋的不同间距。施工人员需根据标准构造详图的规定，在规定的几种长度值中取其最大者作为加密区长度。当框架节点核心区内箍筋与柱端箍筋设置不同时，应在括号中注明核心区箍筋直径及间距。

当箍筋沿柱全高为一种间距时，则不使用“/”线。

当圆柱采用螺旋箍筋时，需在箍筋前加“L”。

4. 柱构件如何用截面注写方式表达?

截面注写方式是在柱平面布置图的柱截面上，分别在同一编号的柱中选择一个截面，以直接注写截面尺寸和配筋具体数值的方式来表达柱平法施工图。

柱截面注写方式如图 3-3 所示。

截面注写方式中，若某柱带有芯柱，则直接在截面注写中，注写芯柱编号及起止标高（图 3-4）。芯柱的构造尺寸如图 3-5 所示。

对除芯柱之外的所有柱截面进行编号，从相同编号的柱中选择一个截面，按另一种比例原位放大绘制柱截面配筋图，并在各配筋图上继其编号后再注写截面尺寸 $b×h$、角筋或全部纵筋（当纵筋采用一种直径且图示能够清楚时）、箍筋的具体数值，以及在柱截面配筋图上标注柱截面与轴线关系 b_1、b_2、h_1、h_2 的具体数值。

当纵筋采用两种直径时，需再注写截面各边中部筋的具体数值（对于采用对称配筋的矩形截面柱，可仅在一侧注写中部筋，对称边省略不注）。

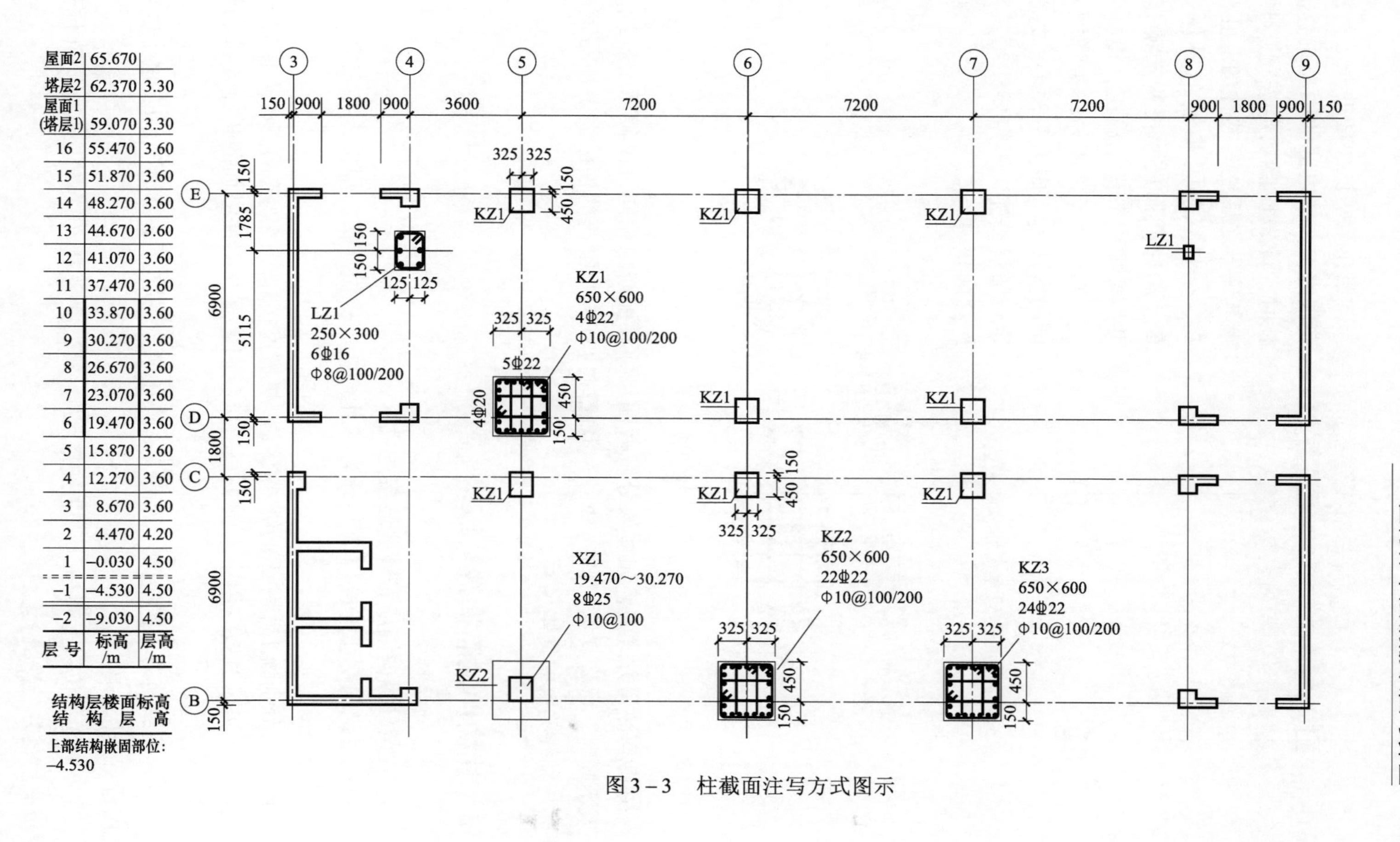

层号	标高/m	层高/m
屋面2	65.670	
塔层2	62.370	3.30
屋面1(塔层1)	59.070	3.30
16	55.470	3.60
15	51.870	3.60
14	48.270	3.60
13	44.670	3.60
12	41.070	3.60
11	37.470	3.60
10	33.870	3.60
9	30.270	3.60
8	26.670	3.60
7	23.070	3.60
6	19.470	3.60
5	15.870	3.60
4	12.270	3.60
3	8.670	3.60
2	4.470	4.20
1	-0.030	4.50
-1	-4.530	4.50
-2	-9.030	4.50

结构层楼面标高
结构层高

图3－3 柱截面注写方式图示

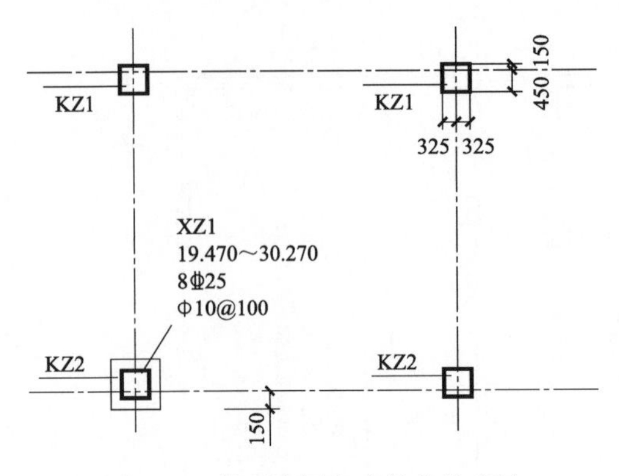

图 3-4 截面注写方式的芯柱表达

当在某些框架柱的一定高度范围内，在其内部的中心设置芯柱时，首先按照规定进行编号，继其编号之后注写芯柱的起止标高、全部纵筋及箍筋的具体数值，芯柱截面尺寸按构造确定，并按标准构造详图施工，设计不注；当设计者采用与构造详图不同的做法时，应另行注明。芯柱定位随框架柱，不需要注写其与轴线的几何关系。

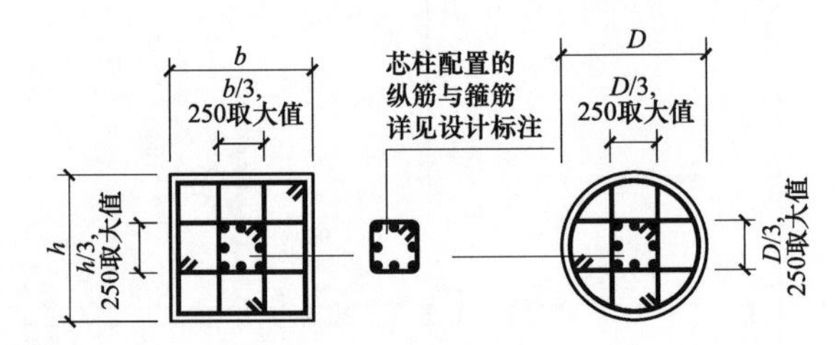

图 3-5 芯柱构造

在截面注写方式中，如柱的分段截面尺寸和配筋均相同，仅截面与轴线的关系不同时，可将其编为同一柱号。但此时应在未画配筋的柱截面上注写该柱截面与轴线关系的具体尺寸。

3.2 柱构件钢筋构造与算量

1. 框架柱纵向钢筋有哪些连接方式？

框架柱纵向钢筋连接构造共分为绑扎搭接、机械连接、焊接连接三种连接方式（图 3-6）。

图 3-6 分别画出了柱纵筋绑扎搭接、机械连接和焊接连接的三种连接方式，绑扎搭接在实际工程应用中不常见，所以我们着重介绍柱纵筋的机械连接和焊接连接。

（1）柱纵筋的非连接区。所谓“非连接区”，就是柱纵筋不允许在这个区域之内进行连接。

1）嵌固部位以上有一个“非连接区”，其长度为 $H_n/3$（H_n是从嵌固部位到顶板梁底的柱的净高）。

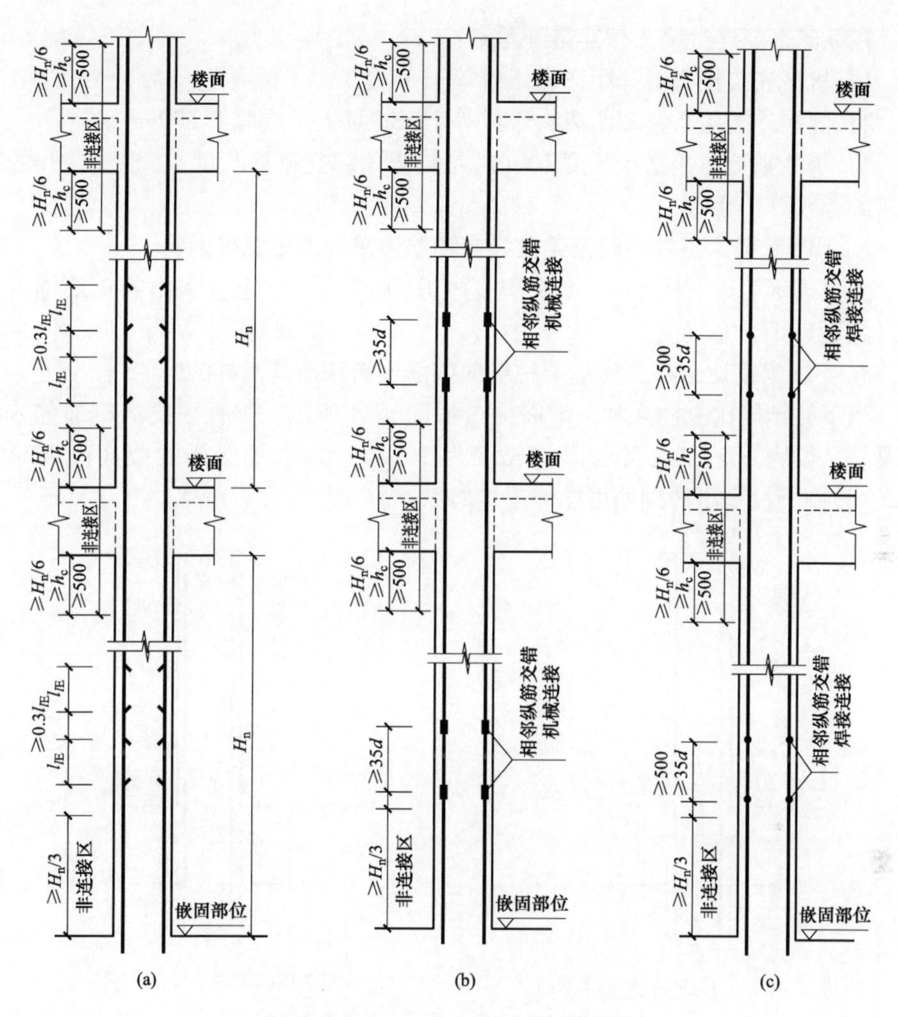

图 3-6 框架柱纵向钢筋连接构造

（a）绑扎搭接；（b）机械连接；（c）焊接连接

2）楼层梁上下部位的范围形成一个“非连接区”，其长度包括三个部分：梁底以下部分、梁中部分和梁顶以上部分。

a. 梁底以下部分的非连接区长度大于或等于 max（H_n/6，h_c，500）（H_n是所在楼层的柱净高；h_c为柱截面长边尺寸，圆柱为截面直径）。

b. 梁中部分的非连接区长度=梁的截面高度。

c. 梁顶以上部分的非连接区长度大于或等于 max（H_n/6，h_c，500）（H_n是上一楼层的柱净高；h_c为柱截面长边尺寸，圆柱为截面直径）。

（2）柱相邻纵向钢筋连接接头要相互错开，在同一截面内钢筋接头面积百分率应不大于 50%。

柱纵向钢筋连接接头相互错开距离：

1）机械连接接头错开距离大于或等于 $35d$。

2）焊接连接接头错开距离大于或等于 $35d$ 且大于或等于 500mm。

3）绑扎搭接连接搭接长度 l_{lE}（l_{lE}是抗震的绑扎搭接长度），接头错开的净距离大于或等于 $0.3l_{lE}$。

2. 上柱钢筋比下柱多时框架柱纵向钢筋连接构造是怎样的？

当上柱钢筋比下柱多时，钢筋构造如图 3-7 所示，上柱多出的钢筋锚入下柱（楼面以下）$1.2l_{aE}$。

3. 下柱钢筋比上柱多时框架柱纵向钢筋连接构造是怎样的？

当下柱钢筋比上柱多时，钢筋构造如图 3-8 所示，下柱多出的钢筋伸入楼层梁，从梁底算起伸入楼层梁的长度为 $1.2l_{aE}$。如果楼层梁的截面高度小于 $1.2l_{aE}$，则下柱多出的钢筋可能伸出楼面以上。

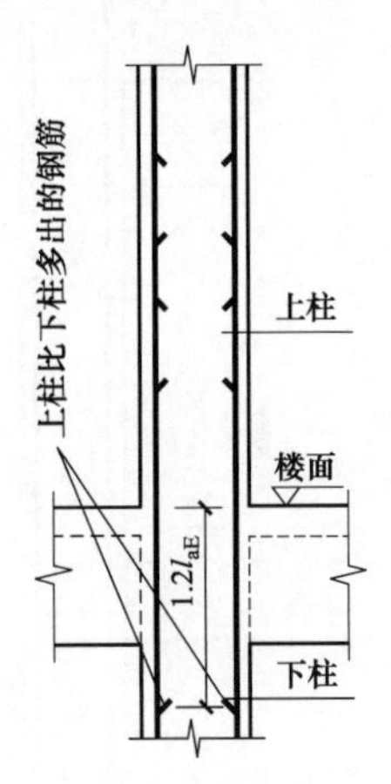

图 3-7　上柱钢筋比下柱多

注：计算 l_{aE}的数值时，按上柱的钢筋直径计算。

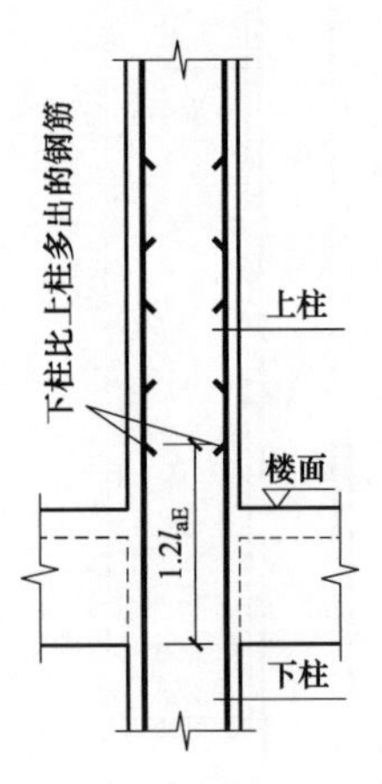

图 3-8　下柱钢筋比上柱多

注：计算 l_{aE}的数值时，按下柱的钢筋直径计算。

4. 上柱钢筋直径比下柱大时框架柱纵向钢筋连接构造是怎样的？

当上柱钢筋直径比下柱大时，钢筋构造如图 3-9 所示，上下柱纵筋的连接不在楼面以上连接，而改在下柱内进行连接。

5. 下柱钢筋直径比上柱大时框架柱纵向钢筋连接构造是怎样的？

当下柱钢筋直径比上柱大时，钢筋构造如图 3-10 所示，上下柱纵筋的连接不在楼层梁以下连接，而改在上柱内进行连接。

6. 框架柱边柱和角柱柱顶纵向钢筋构造有哪些做法？

框架柱边柱和角柱柱顶纵向钢筋构造有五个节点构造，如图 3-11 所示。

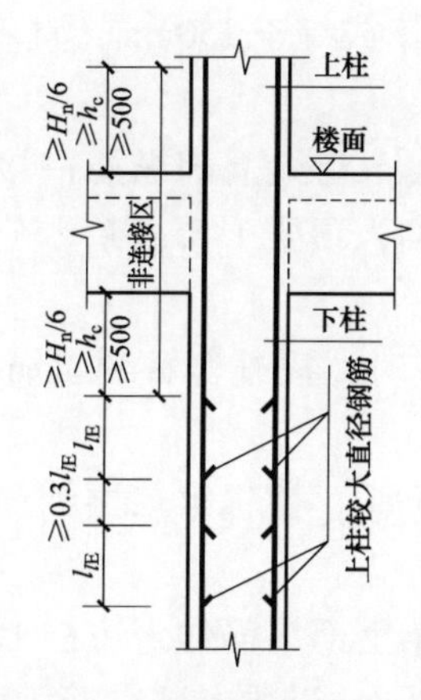

图 3-9　上柱钢筋直径比下柱大

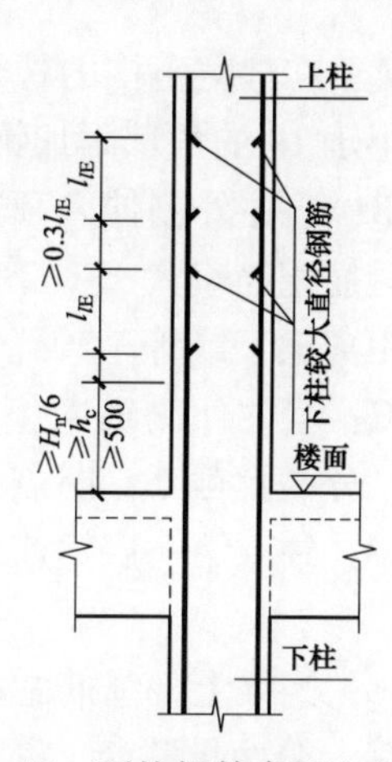

图 3-10　下柱钢筋直径比上柱大

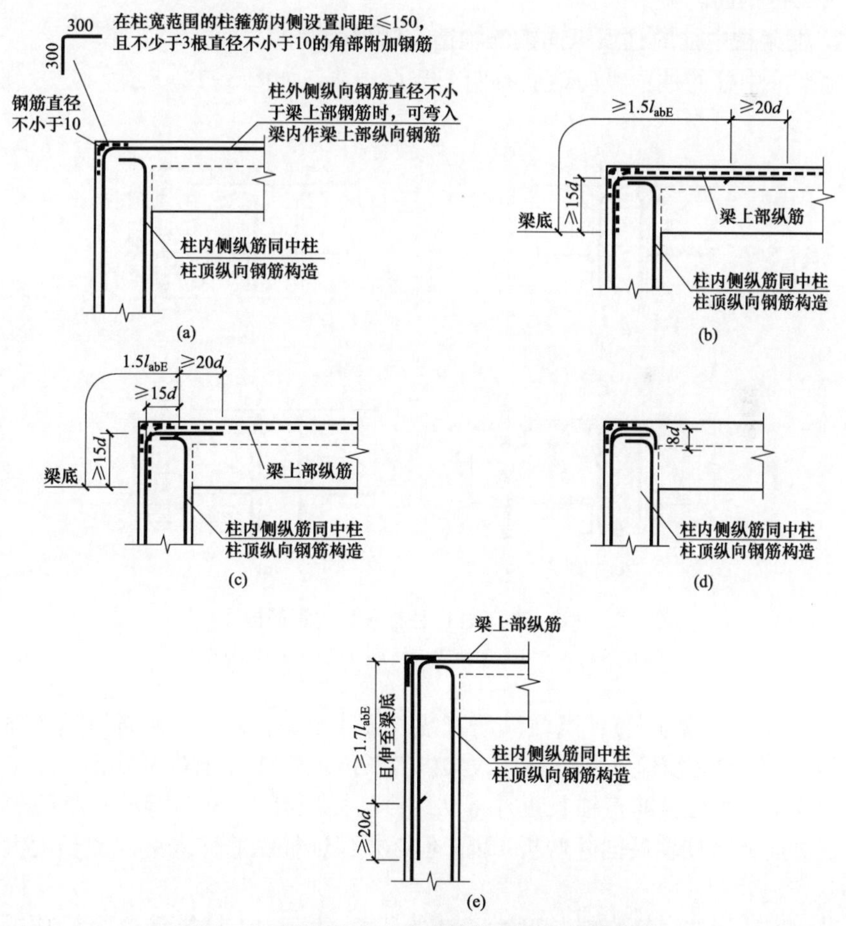

图 3-11　框架柱边柱和角柱柱顶纵向钢筋构造

（a）节点 A；（b）节点 B；（c）节点 C；（d）节点 D；（e）节点 E

节点 A：在柱宽范围的柱箍筋内侧设置间距小于或等于 150mm，且不少于 3 根直径不小于 10 的角部附加钢筋。

节点 B：边柱外侧伸入顶梁大于或等于 $1.5l_{abE}$，与梁上部纵筋搭接。当柱外侧纵向钢筋配筋率大于 1.2%时，柱外侧柱纵筋伸入顶梁 $1.5l_{abE}$后，分两批截断，断点距离大于或等于$20d$。

节点 C：当柱外侧纵向钢筋配筋率大于 1.2%时，柱外侧柱纵筋伸入顶梁 $1.5l_{abE}$后，分两批截断，断点距离大于或等于 $20d$。

节点 D：柱顶第一层钢筋伸至柱内边向下弯折 $8d$；柱顶第二层钢筋伸至柱内边。

节点 E：当梁上部纵筋配筋率大于 1.2%时，梁上部纵筋伸入边柱 $1.7l_{abE}$且伸至梁底后，分两批截断，断点距离大于或等于 $20d$。当梁上部纵筋为两排时，先断第二排钢筋。

7. 框架柱中柱的柱顶纵向钢筋构造有哪些做法?

框架柱中柱的柱顶纵向钢筋有四个节点构造，如图 3-12 所示。

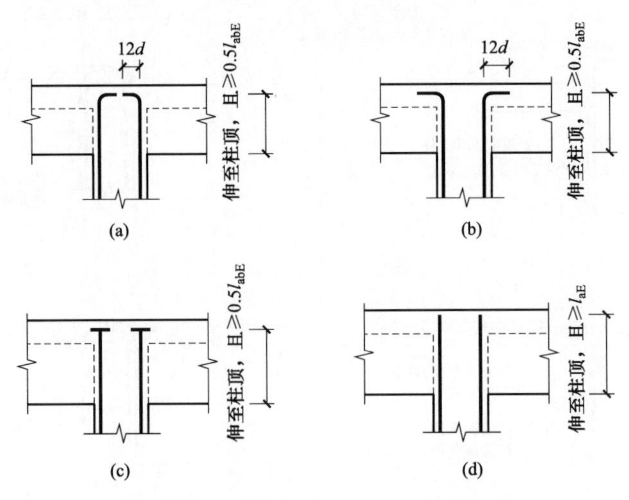

图 3-12　框架柱中柱柱顶纵向钢筋构造

（a）节点 A；（b）节点 B；（c）节点 C；（d）节点 D

节点 A（首选方案）：当柱纵筋直锚长度小于 l_{abE}时，柱纵筋伸至柱顶后向内弯折 $12d$，但必须保证柱纵筋伸入梁内的长度大于或等于 $0.5l_{abE}$。

节点 B：当柱纵筋直锚长度小于 l_{abE}，且柱顶有不小于 100mm 厚的现浇板时，柱纵筋伸至柱顶后向外弯折 $12d$，但必须保证柱纵筋伸入梁内的长度大于或等于 $0.5l_{abE}$。

节点 C：当柱纵筋直锚长度大于或等于 $0.5l_{abE}$时，柱纵筋伸至梁顶后，端头加锚头（锚板）。

节点 D：当柱纵筋直锚长度大于或等于 l_{abE} 时，可以直锚伸至柱顶。

8. 框架柱变截面位置纵向钢筋构造有哪些做法？

框架柱变截面位置纵向钢筋构造如图 3-13 所示。

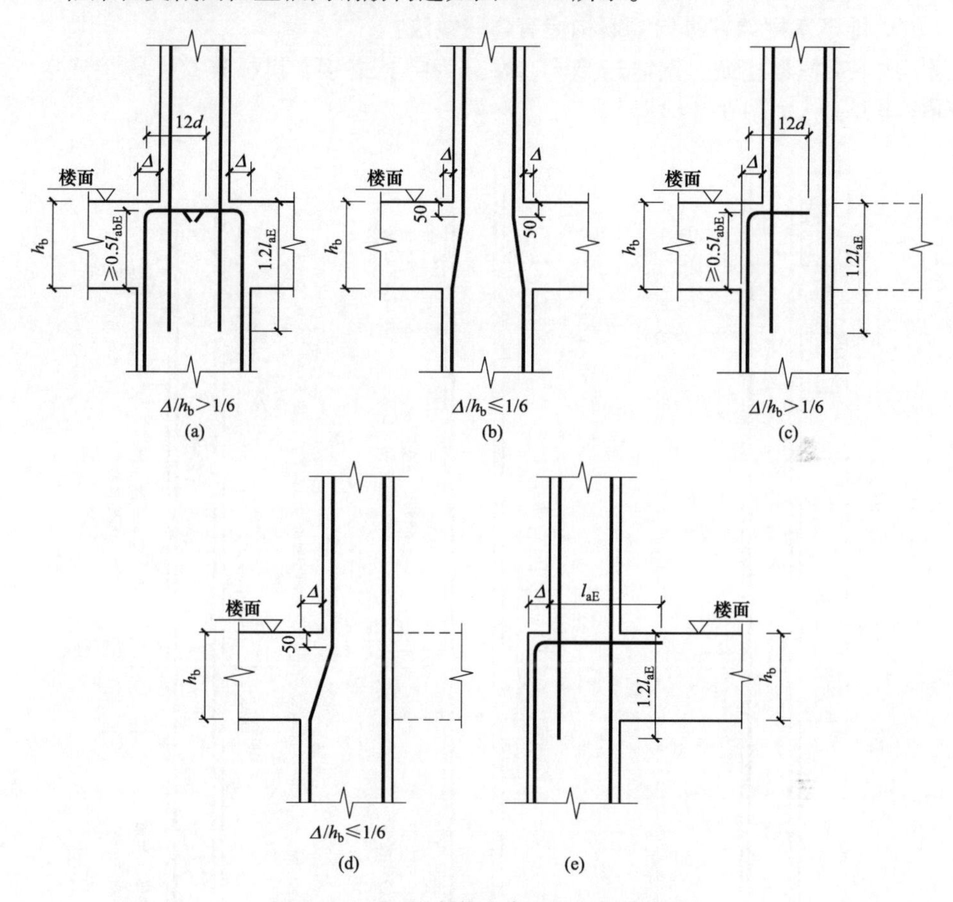

图 3-13　KZ 柱变截面位置纵向钢筋构造

仔细看这五个图，可以发现："楼面以上部分"是描述上层柱纵筋与下柱纵筋的连接，与"变截面构造"的关系不大，而变截面的主要变化在于"楼面以下部分"。由此我们可以得出五个图的构造要点，这里的 Δ 是上下柱同向侧面错台的宽度，h_b 是框架梁的截面高度。

（1）图 3-13（a）：下层柱纵筋断开，上层柱纵筋伸入下层；下层柱纵筋伸至该层顶 $12d$；上层柱纵筋伸入下层 $1.2l_{aE}$。

（2）图 3-13（b）：下层柱纵筋斜弯连续伸入上层，不断开。

（3）图 3-13（c）：下层柱纵筋断开，上层柱纵筋伸入下层；下层柱纵筋伸至该层顶 $12d$；上层柱纵筋伸入下层 $1.2l_{aE}$。

（4）图 3-13（d）：下层柱纵筋斜弯连续伸入上层，不断开。

（5）图 3-13（e）：下层柱纵筋断开，上层柱纵筋伸入下层；下层柱纵筋伸至该层顶 l_{aE}；上层柱纵筋伸入下层 $1.2l_{aE}$。

9. 地下室框架柱纵向钢筋构造有哪些做法?

地下室框架柱纵向钢筋连接构造共分为绑扎搭接、机械连接、焊接连接三种连接方式，如图 3-14 所示。

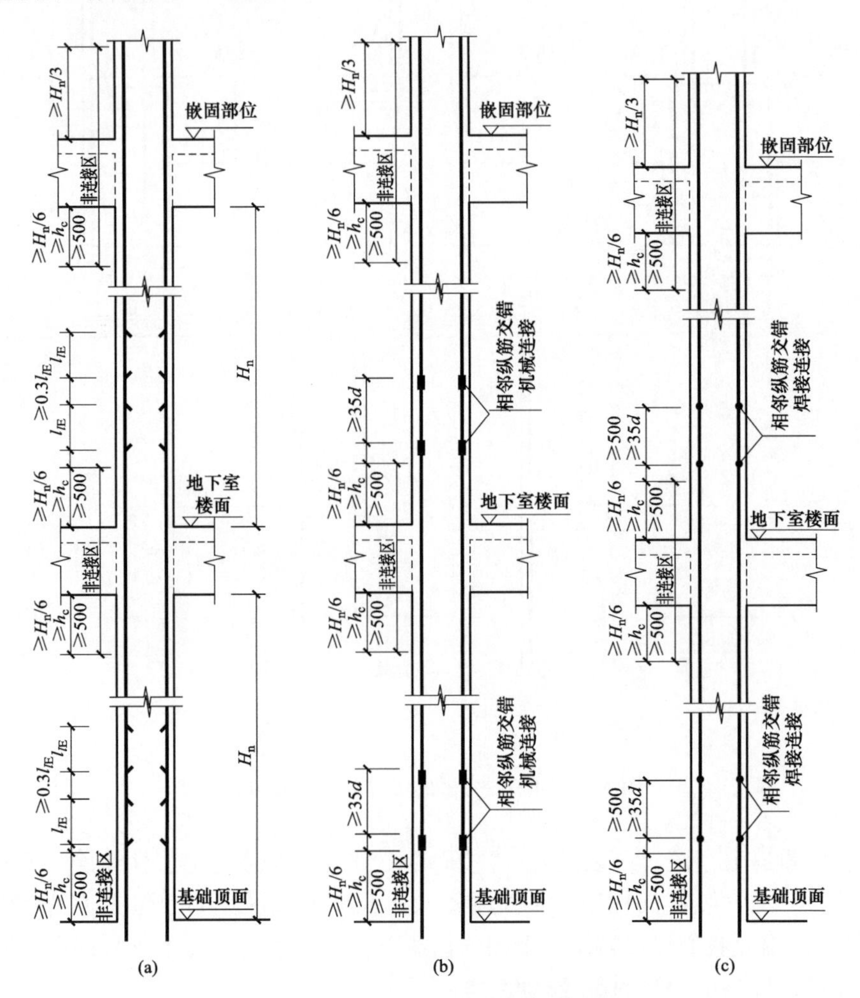

图 3-14　地下室 KZ 纵向钢筋连接构造

（a）绑扎搭接；（b）机械连接；（c）焊接连接

（1）柱纵筋的非连接区。

1）基础顶面以上有一个“非连接区”，其长度大于或等于 max（$H_n/6$，h_c，500）（H_n是从基础顶面到顶板梁底的柱的净高；h_c为柱截面长边尺寸，圆柱为截面直径）。

2）地下室楼层梁上下部所围范围形成一个“非连接区”，其长度包括三个部分：梁底以下部分、梁中部分和梁顶以上部分。

a. 梁底以下部分的非连接区长度大于或等于 max（$H_n/6$，h_c，500）（H_n是所在楼层的柱净高；h_c为柱截面长边尺寸，圆柱为截面直径）。

b. 梁中部分的非连接区长度等于梁的截面高度。

c. 梁顶以上部分的非连接区长度大于或等于 max（$H_n/6$，h_c，500）（H_n是上一楼层的柱净高；h_c为柱截面长边尺寸，圆柱为截面直径）。

3）嵌固部位上下部范围内形成一个“非连接区”，其长度包括三个部分：梁底以下部分、梁中部分和梁顶以上部分。

a. 嵌固部位梁以下部分的非连接区长度大于或等于 max（$H_n/6$，h_c，500）（H_n是所在楼层的柱净高；h_c为柱截面长边尺寸，圆柱为截面直径）。

b. 嵌固部位梁中部分的非连接区长度等于梁的截面高度。

c. 嵌固部位梁以上部分的非连接区长度大于或等于 $H_n/3$（H_n是上一楼层的柱净高）。

（2）柱相邻纵向钢筋连接接头要相互错开。

柱相邻纵向钢筋连接接头相互错开，在同一截面内钢筋接头面积百分率不应大于 50%。

柱纵向钢筋连接接头相互错开距离：

1）机械连接接头错开距离大于或等于 35d。

2）焊接连接接头错开距离大于或等于 35d 且大于或等于 500mm。

3）绑扎搭接连接搭接长度 l_{lE}（l_{lE}是抗震的绑扎搭接长度），接头错开的静距离大于或等于 0. 3l_{lE}。

10. 剪力墙上柱纵向钢筋构造是怎样的？

首先，我们必须先认识一下“剪力墙上柱”的性质，它是一种结构转换层，即其上层为柱，其下层为剪力墙，它与下层剪力墙有两种锚固构造，如图 3-15 所示。

第一种锚固方法如图 3-15（a）所示，就是把上层框架柱的全部纵筋向下伸至下层剪力墙的楼面上，也就是与下层剪力墙重叠一个楼层。

第二种锚固方法如图 3-15（b）所示，与第一种锚固方法不同，不是与下层剪力墙重叠一个楼层，而是指在下层剪力墙的上端进行锚固。其做法是：锚入下层剪力墙上部，其直锚长度为 1. 2l_{aE}，弯直钩 150。在墙顶面标高以下锚固范围内的柱箍筋按上柱非加密区箍筋要求设置。

11. 梁上柱纵向钢筋构造是怎样的？

梁上柱，顾名思义，是以梁作为它的“基础”，它在梁上的锚固构造如图 3-16

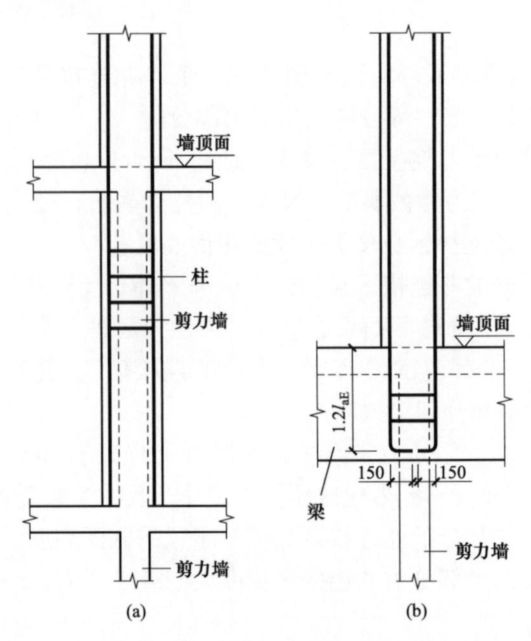

图 3-15 剪力墙上柱纵筋构造

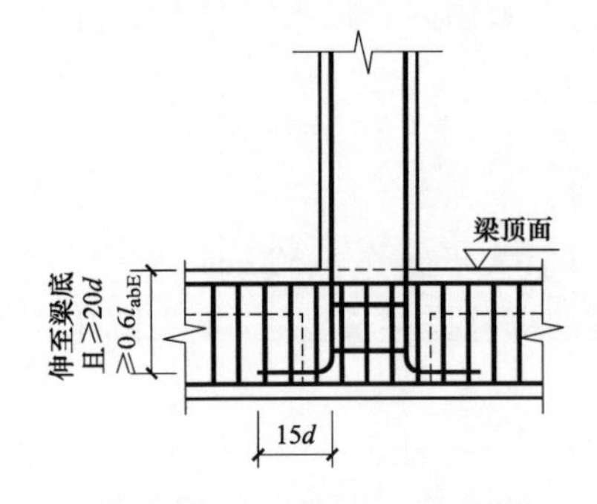

图 3-16 梁上柱 LZ 纵筋构造

所示，其构造要点是：梁上柱纵筋伸至梁底并弯直钩 15d，要求直锚长度伸至梁底，且≥20d，≥0.6l_{abE}；柱插筋在梁内的部分只需设置两道柱箍筋（其作用是固定柱箍筋）。

12. 框架柱、剪力墙上柱、梁上柱的箍筋加密区范围是怎样规定的？

如图 3-17 所示简单来讲就是以下几点：

（1）底层柱根加密区：≥H_n/3（H_n是从基础顶面到顶板梁底的柱的净高）。

（2）楼板梁上下部位的箍筋加密区长度由以下三部分组成：

1）梁底以下部分：≥max（H_n/6，h_c，500）（H_n是当前楼层的柱净高；h_c为柱截面长边尺寸，圆柱为截面直径）。

2）楼板顶面以上部分：≥max（H_n/6，h_c，500）（H_n是上一层的柱净高；h_c为柱截面长边尺寸，圆柱为截面直径）。

3）梁截面高度。

（3）箍筋加密区直到柱顶。底层刚性地面上下的箍筋加密区构造如图 3-18 所示。

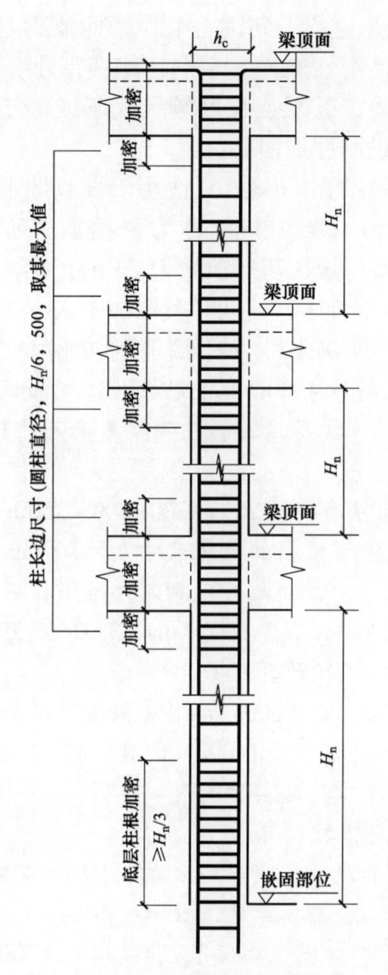

图 3-17　箍筋加密区范围

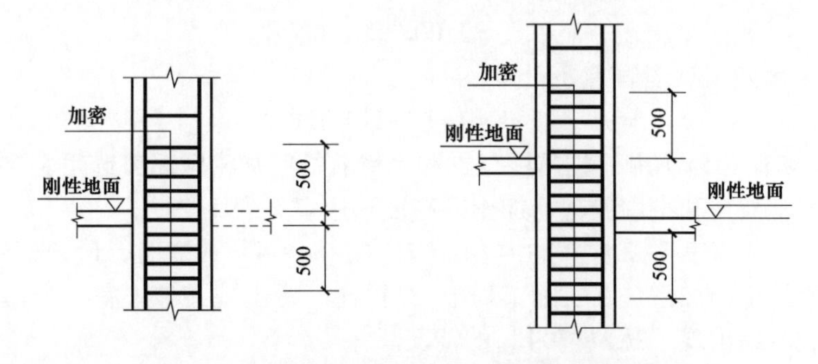

图 3-18　底层刚性地面上下的箍筋加密区构造

16G101-1 图集中给出这样一句话“底层刚性地面上下各加密 500”，要理解这句话，先要认识什么是刚性地面。横向压缩变形小，竖向比较坚硬的地面属于刚性地面，如岩板地面。混凝土强度等级大于或等于 C20，厚度大于或等于 200mm 的混凝土地面也是刚性地面。

“底层刚性地面上下各加密 500”只适用于没有地下室或架空层的建筑，因为有地下室时，底层（即一层）只能称为“楼面”而非“地面”。其次，若“地面”的标高（±0.000）落在基础顶面 $H_n/3$ 的范围内，则这个上下 500 的加密区就与 $H_n/3$ 的加密区重合了，这两种箍筋加密区不必重复设置。

下面，通过一些计算实例来说明框架柱箍筋的算量方法。

【例 3-1】楼层的层高为 4.20m，框架柱 KZ1 的截面尺寸为 700mm×650mm，箍筋标注为Φ10@100/200，该层顶板的框架梁截面尺寸为 300mm×700mm。求该楼层的框架柱箍筋根数。

【解】（1）本层楼的柱净高为 $H_n=4200-700=3500(\text{mm})$

框架柱截面长边尺寸 $h_c=700\text{mm}$

$H_n/h_c=3500/700=5>4$，由此可以判断该框架柱不是“短柱”。

加密区长度 $=\max(H_n/6, h_c, 500)=\max(3500/6, 700, 500)=700(\text{mm})$

（2）上部加密区箍筋根数计算

加密区长度 $=\max(H_n/6, h_c, 500)+h_b$（框架梁高度）$=700+700=1400(\text{mm})$

根数 $=1400/100=14$（根）

所以上部加密区实际长度 $=14\times100=1400(\text{mm})$

（3）下部加密区箍筋根数计算

加密区长度 $=\max(H_n/6, h_c, 500)=700(\text{mm})$

根数 $=700/100=7$（根）

所以下部加密区实际长度 $=7\times100=700(\text{mm})$

（4）中间非加密区箍筋根数计算

非加密区长度 $=4200-1400-700=2100(\text{mm})$

根数 $=2100/200=11$（根）

（5）本层 KZ1 箍筋根数计算

根数 $=14+7+11=32$（根）

13. 如何正确使用“抗震框架柱和小墙肢箍筋加密区高度选用表”？

抗震框架柱和小墙肢箍筋加密区高度选用表见表 3-2。

首先，先看表 3-2 注 2 的内容，当“$H_n/h_c\leqslant4$”成立时，该框架柱为短柱，其箍筋沿柱全高加密。在实际工程中，“短柱”常出现在地下室，当地下室层高较小时，容易出现“$H_n/h_c\leqslant4$”的情况。

其次，可以看出，表格中用阶梯状的粗黑线将表格划分成四个区域，这又该如何理解呢？联系前面的“箍筋加密区”知识可以看出四个区域分别为：

表 3-2 **抗震框架柱和小墙肢箍筋加密区高度选用表** （单位：mm）

柱净高 H_n/mm	柱截面长边尺寸 h_c 或圆柱直径 D																		
	400	450	500	550	600	650	700	750	800	850	900	950	1000	1050	1100	1150	1200	1250	1300
1500																			
1800	500																		
2100	500	500	500																
2400	500	500	500	550															
2700	500	500	500	550	600	650							箍筋全高加密						
3000	500	500	500	550	600	650	700												
3300	550	550	550	550	600	650	700	750	800										
3600	600	600	600	600	600	650	700	750	800	850									
3900	650	650	650	650	650	650	700	750	800	850	900	950							
4200	700	700	700	700	700	700	700	750	800	850	900	950	1000						
4500	750	750	750	750	750	750	750	750	800	850	900	950	1000	1050	1100				
4800	800	800	800	800	800	800	800	800	800	850	900	950	1000	1050	1100	1150			
5100	850	850	850	850	850	850	850	850	850	850	900	950	1000	1050	1100	1150	1200	1250	
5400	900	900	900	900	900	900	900	900	900	900	900	950	1000	1050	1100	1150	1200	1250	1300
5700	950	950	950	950	950	950	950	950	950	950	950	950	1000	1050	1100	1150	1200	1250	1300
6000	1000	1000	1000	1000	1000	1000	1000	1000	1000	1000	1000	1000	1000	1050	1100	1150	1200	1250	1300
6300	1050	1050	1050	1050	1050	1050	1050	1050	1050	1050	1050	1050	1050	1050	1100	1150	1200	1250	1300
6600	1100	1100	1100	1100	1100	1100	1100	1100	1100	1100	1100	1100	1100	1100	1100	1150	1200	1250	1300
6900	1150	1150	1150	1150	1150	1150	1150	1150	1150	1150	1150	1150	1150	1150	1150	1150	1200	1250	1300
7200	1200	1200	1200	1200	1200	1200	1200	1200	1200	1200	1200	1200	1200	1200	1200	1200	1200	1250	1300

注：1. 表内数值未包括框架嵌固部位柱根箍筋加密区范围。

2. 柱净高（包括因嵌砌填充墙等形成的柱净高）与柱截面长边尺寸（圆柱为截面直径）的比值 $H_n/h_c \leq 4$ 时，箍筋沿柱全高加密。

3. 小墙肢即墙肢长度不大于墙厚 4 倍的剪力墙。矩形小墙肢的厚度不大于 300mm 时，箍筋全高加密。

（1）右上角的空白区域，即箍筋全高加密区——为“短柱区”（$H_n/h_c \leqslant 4$）。

（2）对角线上半区域，即箍筋加密区高度均为500mm的区域——箍筋加密区长度max（$H_n/6$，h_c，500）= 500（mm）。

（3）对角线下半区域，即箍筋加密区高度均为h_c的区域——箍筋加密区长度max（$H_n/6$，h_c，500）= h_c。

（4）左下角区域，即箍筋加密区高度均为$H_n/6$的区域——箍筋加密区长度max（$H_n/6$，h_c，500）= $H_n/6$。

14. 框架柱的复合箍筋应如何设置？

首先，矩形箍筋复合方式如图3-19所示列出了矩形箍筋的复合方式。

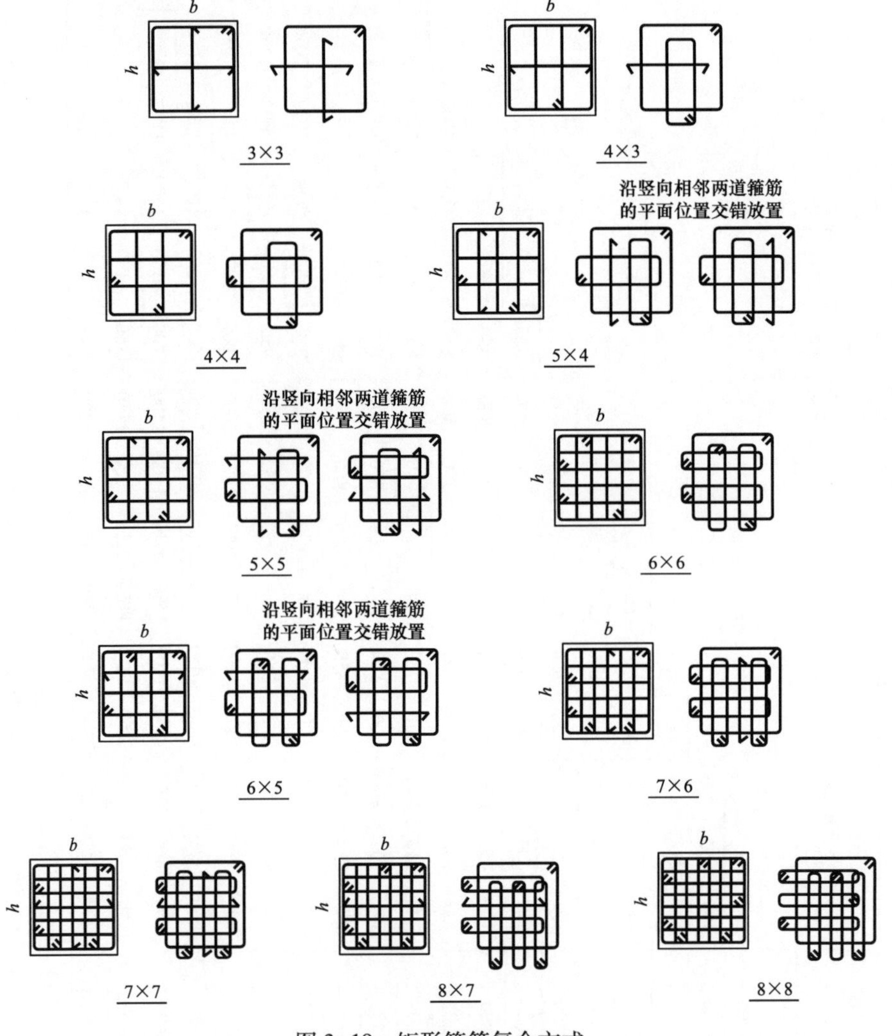

图3-19 矩形箍筋复合方式

根据构造要求，当柱截面短边尺寸大于400mm，且各边纵向钢筋多于3根时，或当截面短边尺寸不大于400mm，但各边纵向钢筋多于4根时，应设置复合箍筋。

设置复合箍筋要遵循下列原则：

（1）大箍套小箍。矩形柱的箍筋，都是采用“大箍套小箍”的方式。若为偶数肢数，则用几个两肢“小箍”来组合；若为奇数肢数，则用几个两肢“小箍”再加上一个“拉筋”来组合。

（2）内箍或拉筋的设置要满足“隔一拉一”。设置内箍的肢或拉筋时，要满足对柱纵筋至少“隔一拉一”的要求。这就是说，不允许存在两根相邻的柱纵筋同时没有钩住箍筋的肢或拉筋的现象。

（3）“对称性”原则。柱 b 边上箍筋的肢筋或拉筋都应该在 b 边上对称分布。同时，柱 h 边上箍筋的肢筋或拉筋都应该在 h 边上对称分布。

（4）“内箍水平段最短”原则。在考虑内箍的布置方案时，应该使内箍的水平段尽可能短（其目的是使内箍与外箍重合的长度为最短）。

（5）内箍尽量做成标准格式。当柱复合箍筋存在多个内箍时，只要条件许可，这些内箍都尽量做成标准的格式，即“等宽度”的形式，以便于施工。

（6）施工时，纵横方向的内箍（小箍）要贴近大箍（外箍），放置柱复合箍筋在绑扎时，以大箍为基准；或者纵向的小箍放在大箍上面，横向的小箍放在大箍下面；或者纵向的小箍放在大箍下面，横向的小箍放在大箍上面。

4 梁构件平法钢筋识图与算量

梁，是指在建筑工程中，一般承受的外力以横向力为主，且杆件变形以弯曲为主要变形的杆件。本章主要介绍平法梁识图的基本知识，包括各种梁的集中标注和原位标注，通过识图知识并结合钢筋构造熟悉梁的主要节点构造等内容。

梁平法施工图是在梁平面布置图上采用平面注写或截面注写方式表达。

梁平面布置图应分别按梁的不同结构层（标准层），将全部梁和与其相关联的柱、墙、板一起采用适当比例绘制。

在梁平法施工图中，应按规定注明各结构层的顶面标高及相应的结构层号。

轴线未居中的梁应标注其偏心定位尺寸（贴柱边的梁可不注）。

4.1 梁平法钢筋识图

1. 什么是梁的平面注写方式？

梁的平面注写方式是在梁平面布置图上，分别从不同编号的梁中各选一根梁，在其上注写截面尺寸及配筋具体数值的方式来表达梁平法施工图。

平面注写包括集中标注与原位标注，集中标注表达梁的通用数值，原位标注表达梁的特殊数值。当集中标注中的某项数值不适用于梁的某部位时，则将该项数值原位标注，施工时，原位标注取值优先（图 4-1）。

2. 梁构件如何进行编号？

梁编号由梁类型代号、序号、跨数及有无悬挑代号 12 项组成，表达形式见表 4-1。

表 4-1　　梁　编　号

梁类型	代号	序号	跨数及是否带有悬挑
楼层框架梁	KL	××	(××)、(××A) 或 (××B)
楼层框架扁梁	KBL	××	(××)、(××A) 或 (××B)
屋面框架梁	WKL	××	(××)、(××A) 或 (××B)

续表

梁类型	代号	序号	跨数及是否带有悬挑
非框架梁	L	××	(××)、(××A) 或 (××B)
托柱转换梁	TZL	××	(××)、(××A) 或 (××B)
框支梁	KZL	××	(××)、(××A) 或 (××B)
悬挑梁	XL	××	
井字梁	JZL	××	(××)、(××A) 或 (××B)

注：1. (××A) 为一端有悬挑，(××B) 为两端有悬挑，悬挑不计入跨数。井字梁的跨数见有关内容。

2. 楼层框架扁梁节点核心区代号 KBH。

3. 非框架梁 L、井字梁 JZL 表示端支座为铰接；当非框架梁 L、井字梁 JZL 端支座上部纵筋为充分利用钢筋的抗拉强度时，在梁代号后加“g”。

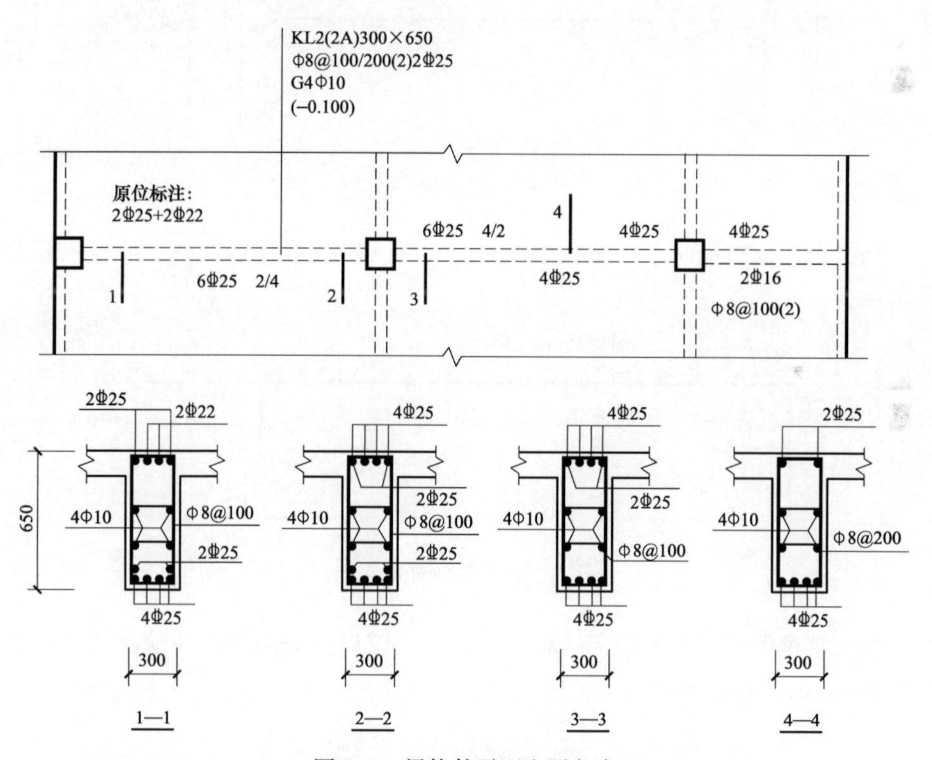

图 4-1 梁构件平面注写方式

注：本图四个梁截面是采用传统表示方法绘制，用于对比按平面注写方式表达的同样内容。实际采用平面注写方式表达时，不需绘制梁截面配筋图和图 4-1 中的相应截面号。

3. 什么情况下两个梁可以采用同一编号？

两个梁编成同一编号的条件是：① 两个梁的跨数相同，而且对应跨的跨度和支座情况相同。② 两个梁在各跨的截面尺寸对应相同。③ 两个梁的配筋相同（集中标注和原位标注相同）。

相同尺寸和配筋的梁，在平面图上布置的位置（轴线正中或轴线偏中）不同，不影响梁的编号。

4. 梁的集中标注包括哪些内容?

（1）梁编号。梁编号为必注值，表达形式见表 4-1。

（2）梁截面尺寸。截面尺寸的标注方法如下：

等截面梁用 $b \times h$ 表示；竖向加腋梁用 $b \times h$ $Yc_1 \times c_2$表示，其中 c_1表示腋长，c_2表示腋高，如图 4-2 所示。

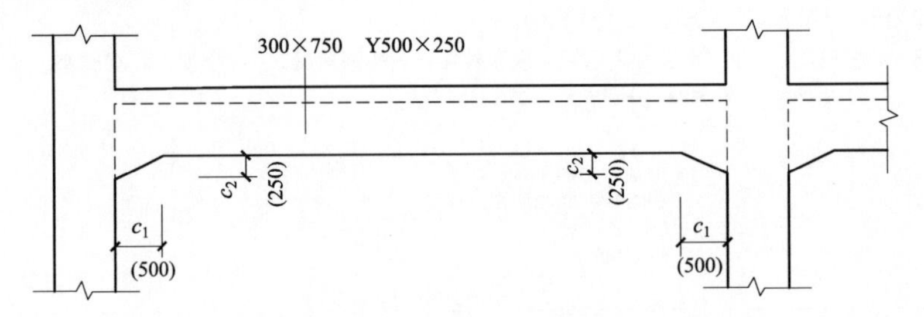

图 4-2 竖向加腋梁标注

当为水平加腋梁时，用 $b \times h$ $PYc_1 \times c_2$表示，其中 c_1表示腋长，c_2表示腋宽，见图 4-3。

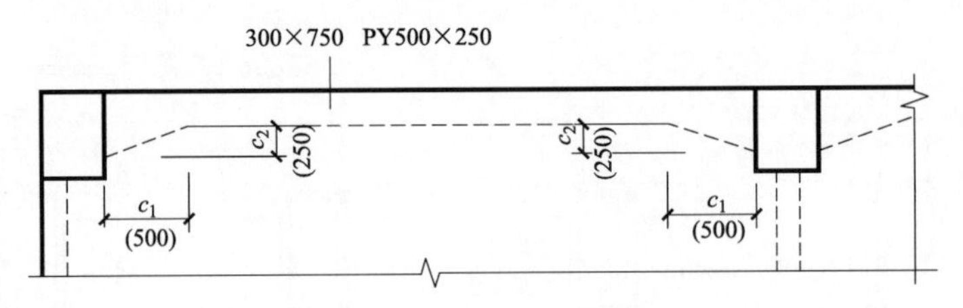

图 4-3 水平加腋梁标注

当有悬挑梁且根部和端部的高度不同时，用斜线分隔根部与端部的高度值，即为 $b \times h_1/h_2$，见图 4-4。

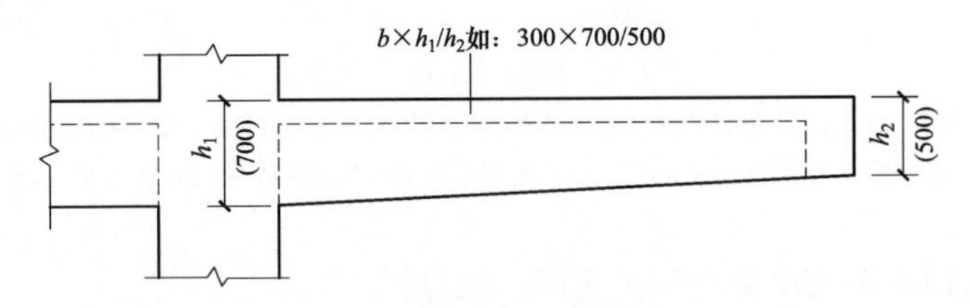

图 4-4 悬挑梁不等高截面标注

（3）梁箍筋。包括钢筋级别、直径、加密区与非加密区间距及肢数，该项为必注值。箍筋加密区与非加密区的不同间距及肢数需用斜线“/”分隔；当梁箍筋为同一种间距及肢数时，则不需用斜线；当加密区与非加密区的箍筋肢数相同时，则将肢数注写一次；箍筋肢数应写在括号内。加密区范围见相应抗震等级的标准构造详图。

非框架梁、悬挑梁、井字梁采用不同的箍筋间距及肢数时，也用斜线“/”将其分隔开来。注写时，先注写梁支座端部的箍筋（包括箍筋的箍数、钢筋级别、直径、间距与肢数），在斜线后注写梁跨中部分的箍筋间距及肢数。

（4）梁上部通长筋或架立筋。梁构件的上部通长筋或架立筋配置（通长筋可为相同或不同直径采用搭接连接、机械连接或焊接的钢筋），所注规格与根数应根据结构受力要求及箍筋肢数等构造要求而定。当同排纵筋中既有通长筋又有架立筋时，应用加号“+”将通长筋和架立筋相联。注写时需将角部纵筋写在加号的前面，架立筋写在加号后面的括号内，以示不同直径及与通长筋的区别。当全部采用架立筋时，则将其写入括号内。

当梁的上部纵筋和下部纵筋为全跨相同，且多数跨配筋相同时，此项可加注下部纵筋的配筋值，用分号“；”将上部与下部纵筋的配筋值分隔开来表达。少数跨不同者，则将该项数值原位标注。

（5）梁侧面纵向构造钢筋或受扭钢筋配置。当梁腹板高度 $h_w \geqslant 450$mm 时，需配置纵向构造钢筋，所注规格与根数应符合规范规定。此项注写值以大写字母 G 打头，接续注写设置在梁两个侧面的总配筋值，且对称配置。

当梁侧面需配置受扭纵向钢筋时，此项注写值以大写字母 N 打头，接续注写配置在梁两个侧面的总配筋值，且对称配置。受扭纵向钢筋应满足梁侧面纵向构造钢筋的间距要求，且不再重复配置纵向构造钢筋。

当为梁侧面构造钢筋时，其搭接与锚固长度可取为 $15d$。当为梁侧面受扭纵向钢筋时，其搭接长度为 l_l或 l_{lE}，锚固长度为 l_a或 l_{aE}；其锚固方式同框架梁下部纵筋。

（6）梁顶面标高高差。梁顶面标高高差指相对于结构层楼面标高的高差值，对于位于结构夹层的梁，则指相对于结构夹层楼面标高的高差。有高差时，需将其写入括号内，无高差时不注。

当某梁的顶面高于所在结构层的楼面标高时，其标高高差为正值，反之为负值。

5. 梁的“构造钢筋”和“抗扭钢筋”有什么异同？

（1）“构造钢筋”和“抗扭钢筋”都是梁的侧面纵向钢筋，通常把它们称为“腰筋”。所以，就其在梁上的位置来说，是相同的。其构造上的规定，正如16G101-1 图集第 90 页中所规定的，在梁的侧面进行“等间距”的布置，对于

“构造钢筋”和“抗扭钢筋”来说也是相同的。

“构造钢筋”和“抗扭钢筋”都要用到“拉筋”，并且关于“拉筋”的规格和间距的规定也是相同的。即：当梁宽小于或等于350mm时，拉筋直径为6mm；当梁宽大于350mm时，拉筋直径为8mm。拉筋间距为非加密区箍筋间距的两倍。当设有多排拉筋时，上下两排拉筋竖向错开设置。

在这里需要说明一下，上述的“拉筋间距为非加密区箍筋间距的两倍”，只是给出一个计算拉筋间距的算法。例如，梁箍筋的标注为Φ8@100/200（2），可以看出，非加密区箍筋间距为200mm，则拉筋间距为200×2=400(mm)。但是有些人却提出“拉筋在加密区按加密区箍筋间距的两倍，在非加密区按非加密区箍筋间距的两倍”，这是错误的理解。

不过，在前面的叙述中可以明确一点，就是“拉筋的规格和间距”在施工图样上是不给出的，需要施工人员自己来计算。

（2）“构造钢筋”和“抗扭钢筋”的不同点。

1）“构造钢筋”纯粹是按构造设置，不必进行力学计算。

《混凝土结构设计规范（2015年版）》（GB 50010—2010）9.2.13条指出：当梁的腹板高度 $h_w \geqslant 450$mm时，在梁的两个侧面应沿高度配置纵向构造钢筋，每侧纵向构造钢筋（不包括梁上、下部受力钢筋及架立钢筋）的间距不宜大于200mm，截面面积不应小于腹板截面面积（bh_w）的0.1%，但当梁宽较大时可以适当放松。

上述规范中的规定，与16G101-1图集是基本一致的。之所以说是“基本”一致，就是说还有“不一致”的地方，那就是关于 h_w 的规定。

《混凝土结构设计规范（2015年版）》（GB 50010—2010）第6.3.1条规定 h_w 为截面的腹板高度：对矩形截面，取有效高度；对T形截面，取有效高度减去翼缘高度；对I形截面，取腹板净高。

在16G101-1图集第90页的图中，把 h_w 标定为矩形截面的全梁高度，这与“有效高度”是有点儿差距的。

按道理，当标准图集与规范发生矛盾时，应该以规范为准，因为标准图集应该是规范的具体体现。不过，这是设计上需要注意的问题。对于施工部门来说，构造钢筋的规格和根数是由设计师在结构平面图上给出的，施工部门只要照图施工就行。

当设计图样漏标注构造钢筋的时候，施工人员只能向设计师咨询构造钢筋的规格和根数，而不能对构造钢筋进行自行设计。因为，在16G101-1图集第90页中并没有给出构造钢筋的规格和根数。

因为构造钢筋不考虑其受力计算，所以，梁侧面纵向构造钢筋的搭接长度和锚固长度可取为 $15d$。

2）“抗扭钢筋”是需要设计人员进行抗扭计算才能确定其钢筋规格和根数的。

16G101-1图集对梁的侧面抗扭钢筋提出了明确的要求：

a. 梁侧面抗扭纵向钢筋的锚固长度和方式同框架梁下部纵筋。

这句话的解释是：对于端支座来说，梁的抗扭纵筋要伸到柱外侧纵筋的内侧，再弯15d的直钩，并且保证其直锚水平段长度大于或等于0.4l_{aE}；对于中间支座来说，梁的抗扭纵筋要锚入支座大于或等于l_{aE}，并且超过柱中心线5d。

b. 梁侧面抗扭纵向钢筋其搭接长度为l_l或l_{lE}。

c. 梁的抗扭箍筋要做成封闭式，当梁箍筋为多肢箍时，要做成“大箍套小箍”的形式。

对抗扭构件的箍筋有比较严格的要求。《混凝土结构设计规范（2015年版）》（GB 50010—2010）第9.2.10条指出：受扭所需的箍筋应做成封闭式，且应沿截面周边布置；当采用复合箍筋时，位于截面内部的箍筋不应计入受扭所需的箍筋面积；受扭所需箍筋的末端应做成135°弯钩，弯钩端头平直段长度不应小于10d（d为箍筋直径）。

对于施工人员来说，一个梁的侧面纵筋是构造钢筋还是抗扭钢筋，完全由设计师来给定。“G”打头的钢筋就是构造钢筋，“N”打头的钢筋就是抗扭钢筋。

6. 梁的原位标注包括哪些内容？

（1）梁支座上部纵筋。梁支座上部纵筋是指标注该部位含通长筋在内的所有纵筋。

1）当上部纵筋多于一排时，用斜线“/”将各排纵筋自上而下分开。

2）当同排纵筋有两种直径时，用“+”将两种直径的纵筋相联，注写时角筋写在前面。

3）当梁中间支座两边的上部纵筋不同时，须在支座两边分别标注；当梁中间支座两边的上部纵筋相同时，可仅在支座的一边标注配筋值，另一边省去不注，如图4-5所示。

（2）梁下部纵筋。

1）当下部纵筋多于一排时，用斜线“/”将各排纵筋自上而下分开。

2）当同排纵筋有两种直径时，用加号“+”将两种直径的纵筋相联，注写时角筋写在前面。

3）当梁下部纵筋不全部伸入支座时，将梁支座下部纵筋减少的数量写在括号内。

4）当梁的集中标注中已分别注写了梁上部和下部均为通长的纵筋值时，则不需在梁下部重复做原位标注。

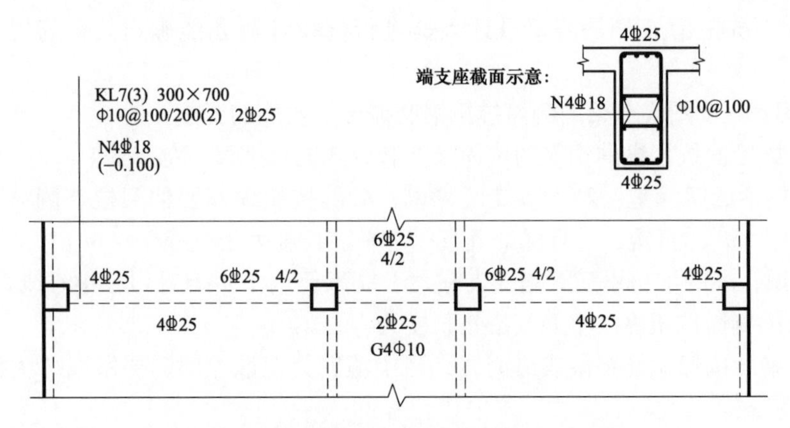

图 4-5 梁中间支座两边的上部纵筋不同注写方式

5）当梁设置竖向加腋时，加腋部位下部斜纵筋应在支座下部以 *Y* 打头注写在括号内（图 4-6），本书中框架梁竖向加腋结构适用于加腋部位参与框架梁计算，其他情况设计者应另行给出构造。当梁设置水平加腋时，水平加腋内上、下部斜纵筋应在加腋支座上部以 *Y* 打头注写在括号内，上下部斜纵筋之间用“/”分隔（图 4-7）。

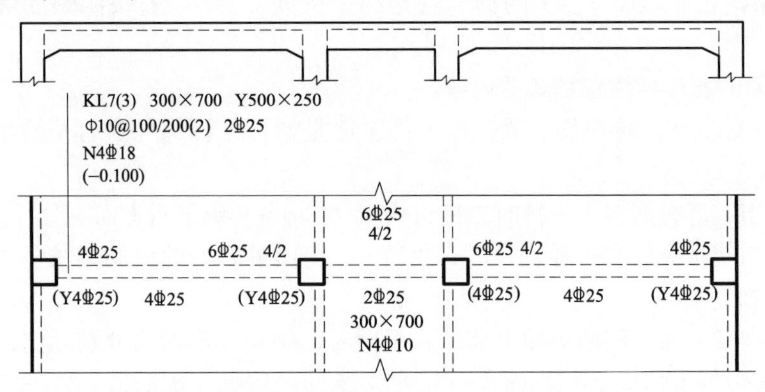

图 4-6 梁加腋平面注写方式

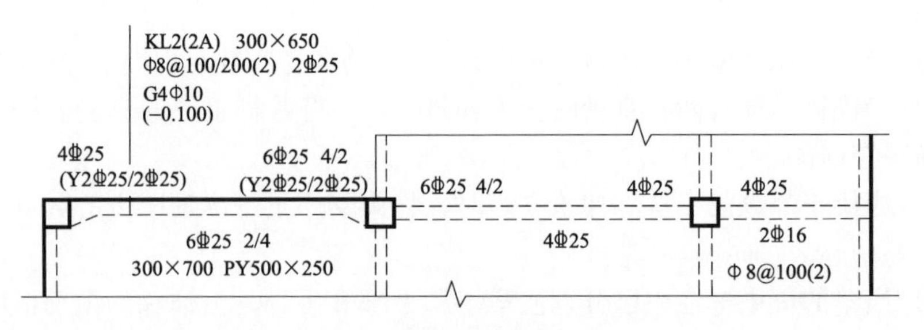

图 4-7 梁水平加腋平面注写方式

（3）修正内容。当在梁上集中标注的内容（即梁截面尺寸、箍筋、上部通长筋或架立筋，梁侧面纵向构造钢筋或受扭纵向钢筋，以及梁顶面标高高差中的某一项或几项数值）不适用于某跨或某悬挑部分时，则将其不同数值原位标注在该跨或该悬挑部位，施工时应按原位标注数值取用。

当在多跨梁的集中标注中已注明加腋，而该梁某跨的根部却不需要加腋时，则应在该跨原位标注等截面的 $b \times h$，以修正集中标注中的加腋信息（图 4-6）。

（4）附加箍筋或吊筋。平法标注是将其直接画在平面图中的主梁上，用线引注总配筋值（附加箍筋的肢数注在括号内）（图 4-8）。当多数附加箍筋或吊筋相同时，可在梁平法施工图上统一注明，少数与统一注明值不同时，再原位引注。

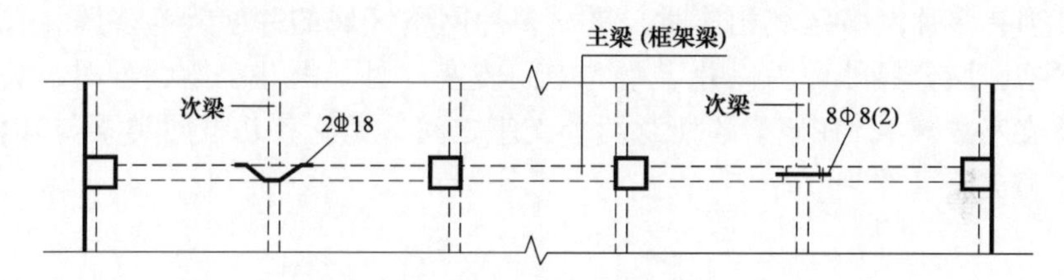

图 4-8 附加箍筋和吊筋的画法示例

7. 框架扁梁注写规则有哪些？

（1）框架扁梁注写规则同框架梁，对于上部纵筋和下部纵筋，尚需注明未穿过柱截面的纵向受力钢筋根数（图 4-9）。

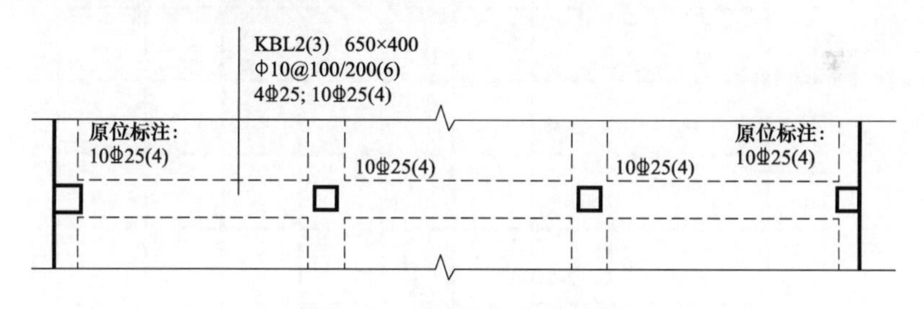

图 4-9 平面注写方式示例

（2）框架扁梁节点核心区代号为 KBH，包括柱内核心区和柱外核心区两部分。框架扁梁节点核心区钢筋注写包括柱外核心区竖向拉筋及节点核心区附加纵向钢筋，端支座节点核心区尚需注写附加 U 形箍筋。

柱内核心区箍筋见框架柱箍筋。

柱外核心区竖向拉筋，注写其钢筋级别与直径；端支座柱外核心区尚需注写附加 U 形箍筋的钢筋级别、直径及根数。

框架扁梁节点核心区附加纵向钢筋以大写字母“F”打头，注写其设置方向

（X 向或 Y 向）、层数、每层的钢筋根数、钢筋级别、直径及未穿过柱截面的纵向受力钢筋根数。

8. 井字梁如何用平法注写方式表示？

井字梁通常由非框架梁构成，并以框架梁为支座（特殊情况下以专门设置的非框架大梁为支座）。在此情况下，为明确区分井字梁与作为井字梁支座的梁，井字梁用单粗虚线表示（当井字梁顶面高出板面时可用单粗实线表示），作为井字梁支座的梁用双细虚线表示（当梁顶面高出板面时可用双细实线表示）。

井字梁是指在同一矩形平面内相互正交所组成的结构构件，井字梁所分布范围称为“矩形平面网格区域”（简称“网格区域”）。当在结构平面布置中仅有由四根框架梁框起的一片网格区域时，所有在该区域相互正交的井字梁均为单跨；当有多片网格区域相连时，贯通多片网格区域的井字梁为多跨，且相邻两片网格区域分界处即为该井字梁的中间支座。对某根井字梁编号时，其跨数为其总支座数减 1；在该梁的任意两个支座之间，无论有几根同类梁与其相交，均不作为支座（图 4-10）。

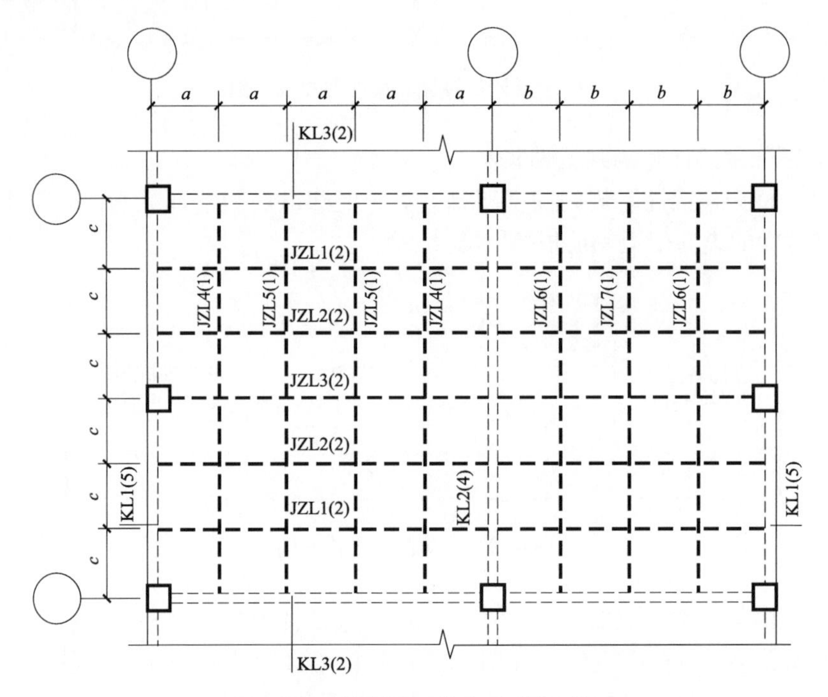

图 4-10 井字梁矩形平面网格区域

9. 梁的截面注写方式包括哪些内容？

截面注写方式是指在分标准层绘制的梁平面布置图上，分别在不同编号的梁中各选择一根梁用剖面号引出配筋图，并在其上注写截面尺寸和配筋具体数值的方式来表达梁平法施工图，如图 4-11 所示。

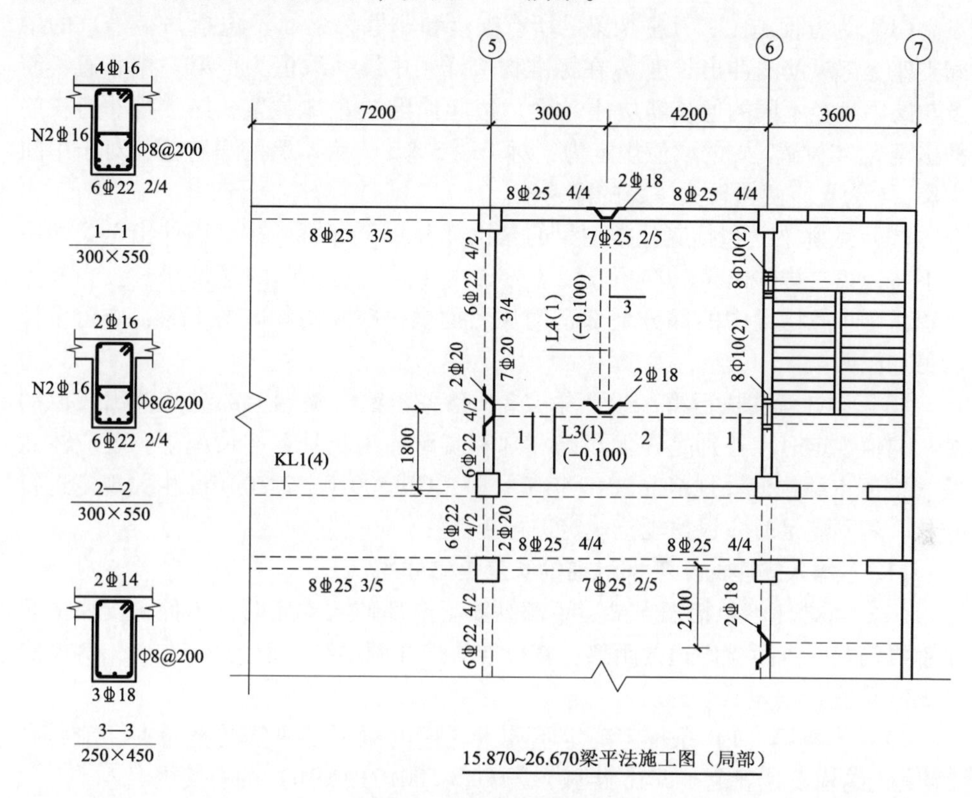

图 4-11　梁截面注写方式

对所有梁进行编号，从相同编号的梁中选择一根梁，先将“单边截面号”画在该梁上，再将截面配筋详图画在本图或其他图上。当某梁的顶面标高与结构层的楼面标高不同时，应继其梁编号后注写梁顶面标高高差（注写规定与平面注写方式相同）。

在截面配筋详图上注写截面尺寸 $b×h$、上部筋、下部筋、侧面构造筋或受扭筋以及箍筋的具体数值时，其表达形式与平面注写方式相同。

对于框架扁梁尚需在截面详图上注写未穿过柱截面的纵向受力筋根数。对于框架扁梁节点核心区附加钢筋，需采用平、剖面图表达节点核心区附加纵向钢筋、柱外核心区全部竖向拉筋以及端支座附加 U 形箍筋，注写其具体数值。

截面注写方式既可以单独使用，也可与平面注写方式结合使用。

在梁平法施工图的平面图中，当局部区域的梁布置过密时，除了采用截面注写方式表达外，也可将加密区用虚线框出，适当放大比例后再用平面注写方式表示。当表达异形截面梁的尺寸与配筋时，用截面注写方式相对比较方便。

10. 梁支座上部纵筋的长度是怎样的?

（1）为方便施工，凡框架梁的所有支座和非框架梁（不包括井字梁）的中间支座上部纵筋的伸出长度 a_0 在标准构造详图中统一取值为：第一排非通长筋及与跨中直径不同的通长筋从柱（梁）边起伸出至 $l_n/3$ 位置；第二排非通长筋伸出至 $l_n/4$ 位置。l_n 的取值规定为：对于端支座，l_n 为本跨的净跨值；对于中间支座，l_n 为支座两边较大一跨的净跨值。

（2）悬挑梁（包括其他类型梁的悬挑部分）上部第一排纵筋伸出至梁端头并下弯，第二排伸出至 $3l/4$ 位置，l 为自柱（梁）边算起的悬挑净长。当具体工程需要将悬挑梁中的部分上部钢筋从悬挑梁根部开始斜向弯下时，应由设计者另加注明。

（3）设计者在执行第（1）、第（2）条关于梁支座端上部纵筋伸出长度的统一取值规定时，特别是在大小跨相邻和端跨外为长悬臂的情况下，还应注意按《混凝土结构设计规范（2015 年版）》（GB 50010—2010）的相关规定进行校核，若不满足时应根据规范规定进行变更。

11. 不伸入支座的梁下部纵筋的长度是怎样的?

（1）当梁（不包括框支梁）下部纵筋不全部伸入支座时，不伸入支座的梁下部纵筋截断点距支座边的距离，在标准构造详图中统一取为 $0.1l_{ni}$（l_{ni} 为本跨梁的净跨值）。

（2）当按第（1）条规定确定不伸入支座的梁下部纵筋的数量时，应符合《混凝土结构设计规范（2015 年版）》（GB 50010—2010）的有关规定。

4.2　梁构件钢筋构造及算量

1. 楼层框架梁纵向钢筋构造包括哪些?

楼层框架梁纵向钢筋构造如图 4-12 所示。

（1）框架梁上部纵筋。框架梁上部纵筋包括：上部通长筋，支座上部纵向钢筋（即支座负筋）和架立筋。这里所介绍的内容同样适用于屋面框架梁。

1）框架梁上部通长筋。根据《建筑抗震设计规范》（GB 50011—2010）第 6.3.4 条规定：梁端纵向钢筋的配筋率不宜大于 2.5%。沿梁全长顶面、底面的配筋，一、二级不应少于 $2\phi14$，且分别不应少于梁顶面、地面两端纵向配筋中较大截面面积的 1/4；三、四级不应少于 $2\phi12$。16G101-1 图集第 4.2.3 条指出：通长筋可为相同或不同直径采用搭接连接、机械连接或焊接的钢筋。由此可得出以下结论：

a. 上部通长筋的直径可以小于支座负筋，这时，处于跨中上部通长筋就在支座负筋的分界处（$l_n/3$ 处），与支座负筋进行连接，根据这一点，可以计算出

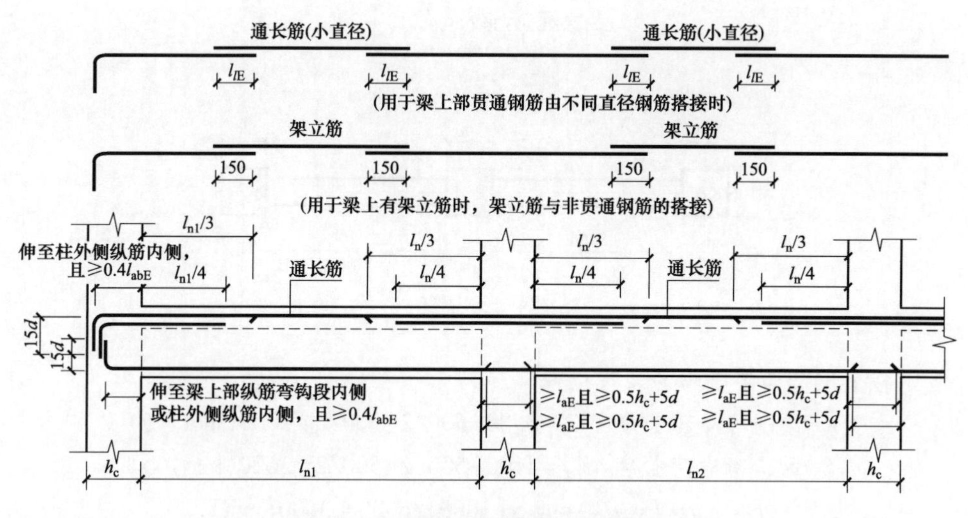

图 4-12　楼层框架梁纵向钢筋构造

上部通长筋的长度。

b. 上部通长筋与支座负筋的直径相等时，上部通长筋可以在 $l_n/3$ 的范围内进行连接，这时，上部通长筋的长度可以按贯通筋计算。

2）支座负筋的延伸长度。支座负筋的延伸长度在不同部位是有差别的。

在端支座部位，框架梁端支座负筋的延伸长度为：第一排支座负筋从柱边开始延伸至 $l_{n1}/3$ 位置；第二排支座负筋从柱边开始延伸至 $l_{n1}/4$ 位置。其中 l_{n1} 是边跨的净跨长度。

在中间支座部位，框架梁支座负筋的延伸长度为：第一排支座负筋从柱边开始延伸至 $l_{n1}/3$ 位置；第二排支座负筋从柱边开始延伸至 $l_{n1}/4$ 位置。其中 l_n 是支座两边的净跨长度 l_{n1} 和 l_{n2} 的最大值。

3）框架梁架立筋构造。架立筋是梁的一种纵向构造钢筋。当梁顶面箍筋转角处无纵向受力钢筋时，应设置架立筋。架立筋的作用是形成钢筋骨架和承受温度收缩应力。

那架立筋又该如何进行计算呢？由图 4-12 可以看出，当设有架立筋时，架立筋与非贯通钢筋的搭接长度为 150mm，因此，可得出架立筋的长度是逐跨计算的，每跨梁的架立筋长度为

架立筋的长度=梁的净跨长度-两端支座负筋的延伸长度+150×2

当梁为“等跨梁”时，

$$架立筋的长度=l_n/3+150\times2$$

【例 4-1】框架梁 KL2 为两跨梁，如图 4-13 所示。混凝土强度等级 C25，二级抗震等级。计算 KL2 的架立筋。

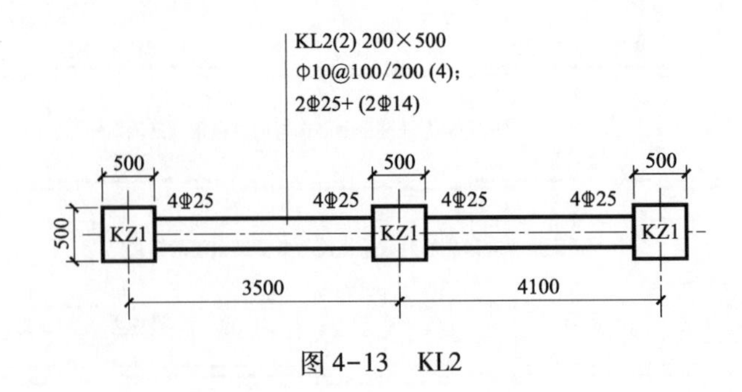

图 4-13 KL2

【解】 KL2 为不等跨的多跨框架梁。

$$第一跨净跨长度=l_{n1}=3500-500/2-500/2=3000(mm)$$

$$第二跨净跨长度=l_{n2}=4100-500/2-500/2=3600(mm)$$

$$l_n=\max(l_{n1},l_{n2})=\max(3000,3600)=3600(mm)$$

第一跨左支座负筋伸出长度为 $l_{n1}/3$，右支座负筋伸出长度为 $l_n/3$，所以，第一跨架立筋长度为

$$架立筋长度=l_{n1}-l_{n1}/3-l_n/3+150\times2$$
$$=3000-3000/3-3600/3+150\times2=830(mm)$$

第二跨左支座负筋伸出长度为 $l_n/3$，右支座负筋伸出长度为 $l_{n2}/3$，所以，第二跨架立筋长度为

$$架立筋长度=l_{n2}-l_n/3-l_{n2}/3+150\times2$$
$$=3600-3600/3-3600/3+150\times2=1500(mm)$$

从钢筋的集中标注可以看出 KL2 为四肢箍，由于设置了上部通长筋位于梁箍筋的角部，所以在箍筋的中间要设置两根架立筋，因此

每跨的架立筋根数=箍筋的肢数-上部通长筋根数=4-2=2(根)

（2）框架梁下部纵筋构造。框架梁下部纵筋的配筋范式基本上是“按跨布置”，即在中间支座锚固。框架梁下部纵筋不能在下部跨中连接，因为，下部跨中是正弯矩最大的地方；框架梁下部纵筋不能在支座内连接，同样，在梁柱交叉节点内，是梁纵筋的非连接区。所以，框架梁下部纵筋在中间支座内，只能进行锚固，而不能进行钢筋连接。

（3）框架梁中间支座纵向钢筋构造。框架梁中间支座纵向钢筋构造共有三种情况，如图 4-14 所示。

简单介绍一下中间支座纵向钢筋构造的构造要点：

如图 4-14（a）所示，当 $\Delta_h/(h_c-50)>1/6$ 时，上部通长筋断开；如图 4-14（b）所示，当 $\Delta_h/(h_c-50)\leqslant1/6$ 时，上部通长筋斜弯通过；如图 4-14（c）所示，当支座两边梁宽不同或错开布置时，将无法直通的纵筋弯锚入柱内；

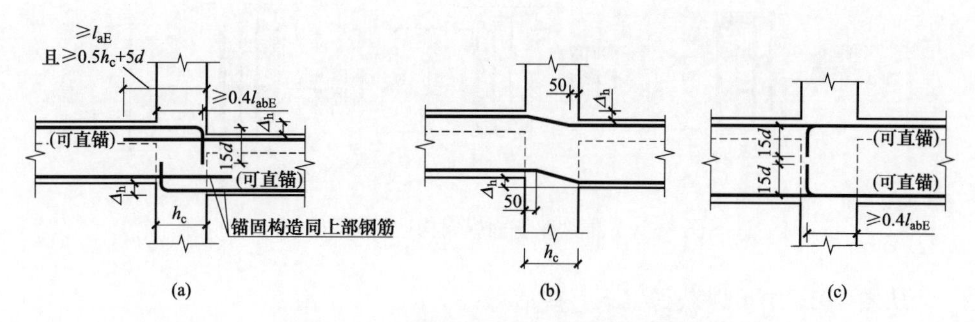

图 4-14 框架梁中间支座纵向钢筋构造

(a) Δ_h/(h_c-50)>1/6;(b) Δ_h/(h_c-50)≤1/6;(c) 支座两边梁不同

或当支座两边纵筋根数不同时，可将多出的纵筋弯锚入柱内。

(4) 框架梁端支座节点构造。这里所讲的端支座节点构造仅适用于“楼层框架梁”，至于“屋面框架梁”端支座节点构造我们将在之后进行讲述。

框架梁端支座节点构造如图 4-15 所示。

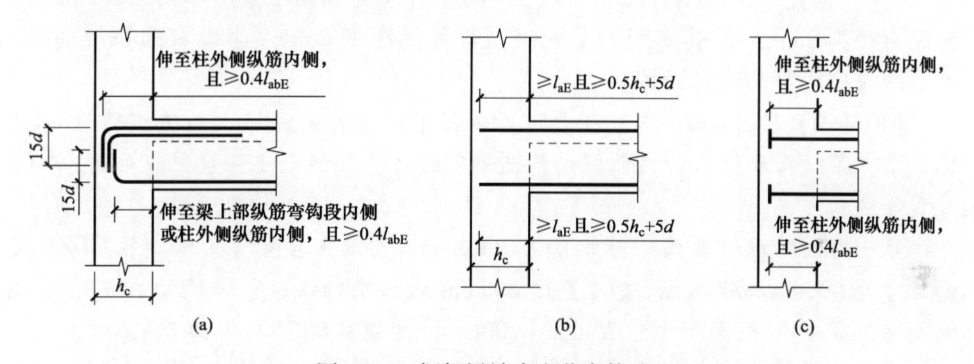

图 4-15 框架梁端支座节点构造

(a) 端支座弯锚；(b) 端支座直锚；(c) 端支座加锚头（锚板）锚固

如图 4-15（a）所示，当端支座弯锚时，上部纵筋伸至柱外侧纵筋内侧弯折 15d，下部纵筋伸至梁上部纵筋弯钩段内侧或住外侧纵筋内侧弯折 15d，且直锚水平段均应大于或等于 $0.4l_{abE}$。

如图 4-15（b）所示，当端支座直锚时，上下部纵筋伸入柱内的直锚长度大于或等于l_{aE}且大于或等于 $0.5h_c+5d$。

如图 4-15（c）所示，当端支座加锚头（锚板）锚固时，上下部纵筋伸至柱外侧纵筋内侧，且直锚长度大于或等于 $0.4l_{abE}$。

(5) 框架梁侧面纵筋的构造。框架梁侧面纵向构造钢筋和拉筋构造如图 4-16 所示。

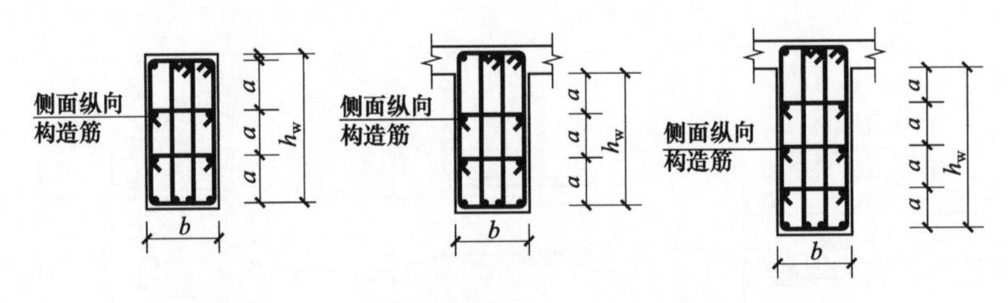

图 4-16 框架梁侧面纵向构造钢筋和拉筋

从图 4-16 中可以获得以下一些信息：

1）当 h_w 大于或等于 450mm 时，在梁的两个侧面应沿高度配置纵向构造钢筋；纵向构造钢筋间距 $a < 200$mm。

2）当梁侧面配有直径不小于构造纵筋的受扭纵筋时，受扭钢筋可以代替构造钢筋。

3）梁侧面构造纵筋的搭接与锚固长度可取 15d。梁侧面受扭纵筋的搭接长度为 l_{lE} 或 l_l，其锚固长度为 l_{aE} 或 l_a，锚固方式同框架梁下部纵筋。

4）当梁宽小于或等于 350mm 时，拉筋直径为 6mm；梁宽大于 350mm 时，拉筋直径为 8mm。拉筋间距为非加密区箍筋间距的 2 倍。当设有多排拉筋时，上下两排拉筋竖向错开设置。

【例 4-2】 在图 4-17 中，可看到 KL1 集中标注的侧面纵向构造钢筋为 G4 Φ 10，求：第一跨和第二跨侧面纵向构造钢筋的尺寸（混凝土强度等级 C25，二级抗震等级）。

第一跨的跨度（轴线一轴线）为 3600mm；左端支座是剪力墙端柱 GDZ1 截面尺寸为 600mm×600mm，支座宽度 600mm 为正中轴线；第一跨的右支座（中间支座）是 KZ1 截面尺寸为 750mm×700mm，支座宽度 750mm 为正中轴线。

第二跨的跨度（轴线一轴线）为 7200mm，第二跨的右支座（中间支座）是 KZ1 截面尺寸为 750mm×700mm，为正中轴线。

【解】（1）计算第一跨的侧面纵向构造钢筋。

KL1 第一跨净跨长度：3600−600/2−750/2＝2925(mm)

第一跨侧面纵向构造钢筋的长度：2925+2×15×10＝3225(mm)（2×15×10 为侧面纵向构造钢筋的锚固长度）

由于该钢筋为 HPB300 钢筋，所以在钢筋的两端设置 180°的小弯钩（这两个小弯钩的展开长度一共为 12.5d）。

所以，钢筋每根长度＝3225+12.5×10＝3350(mm)。

（2）计算第二跨的侧面纵向构造钢筋。

KL1 第二跨的净跨长度＝7200−750/2−750/2＝6450(mm)

所以，第二跨侧面纵向构造钢筋的长度＝6450+2×15×10＝6750(mm)

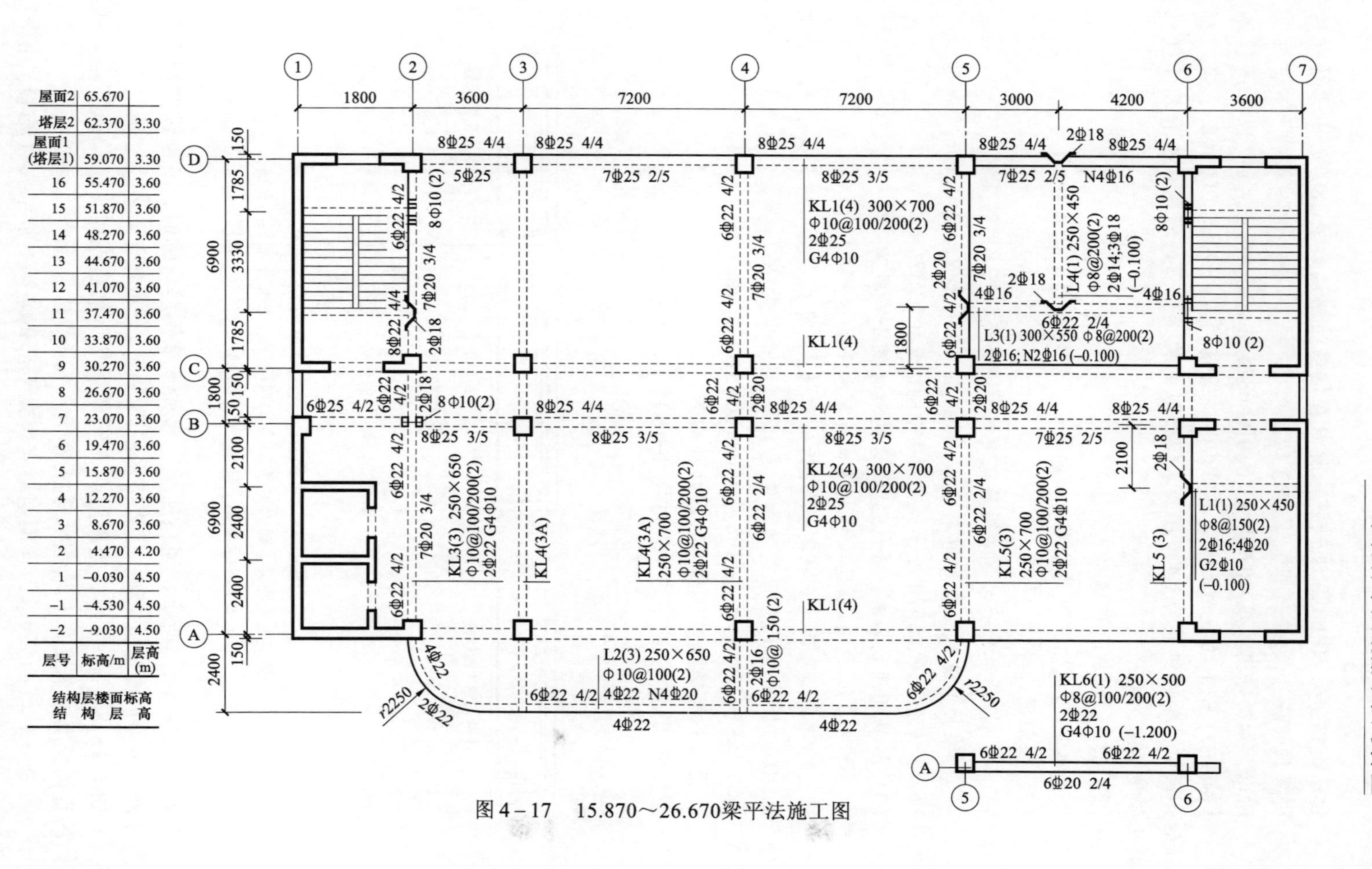

层号	标高/m	层高(m)
屋面2	65.670	
塔层2	62.370	3.30
屋面1(塔层1)	59.070	3.30
16	55.470	3.60
15	51.870	3.60
14	48.270	3.60
13	44.670	3.60
12	41.070	3.60
11	37.470	3.60
10	33.870	3.60
9	30.270	3.60
8	26.670	3.60
7	23.070	3.60
6	19.470	3.60
5	15.870	3.60
4	12.270	3.60
3	8.670	3.60
2	4.470	4.20
1	-0.030	4.50
-1	-4.530	4.50
-2	-9.030	4.50

结构层楼面标高
结构层高

图4-17 15.870~26.670梁平法施工图

由于该钢筋为HPB300级钢筋，所以在钢筋的两端设置180°的小弯钩（这两个小弯钩的展开长度一共为12.5d）。

所以，钢筋每根长度=6750+12.5×10=6875(mm)。

【例4-3】KL1的截面尺寸是300×700，箍筋为Φ10@100/200（2），集中标注的侧面纵向构造钢筋为G4Φ10，求侧面纵向构造钢筋的拉筋规格和尺寸（混凝土强度等级为C25）。

【解】（1）拉筋的规格。

因为KL1的截面宽度为300mm<350mm，所以拉筋直径为6mm。

（2）拉筋的尺寸。

拉筋水平长度=梁箍筋宽度+2×箍筋直径+2×拉筋直径

梁箍筋宽度=梁截面宽度-2×保护层=300-2×25=250(mm)

所以，本例题的拉筋水平长度=250+2×10+2×6=282(mm)。

（3）拉筋的两端各有一个135°的弯钩，弯钩平直段为10d

拉筋的每根长度=拉筋水平长度+26d

注：135°弯钩弯曲增加值是3d（近似取值），有抗震要求的弯钩平直段长度要求为10d，故一个135°弯钩增加值是13d，两个就是26d。

所以，本例题拉筋的每根长度=282+26×6=438(mm)。

2. 屋面框架梁端支座节点有哪几种构造?

屋面框架梁端支座节点构造如图4-18所示。

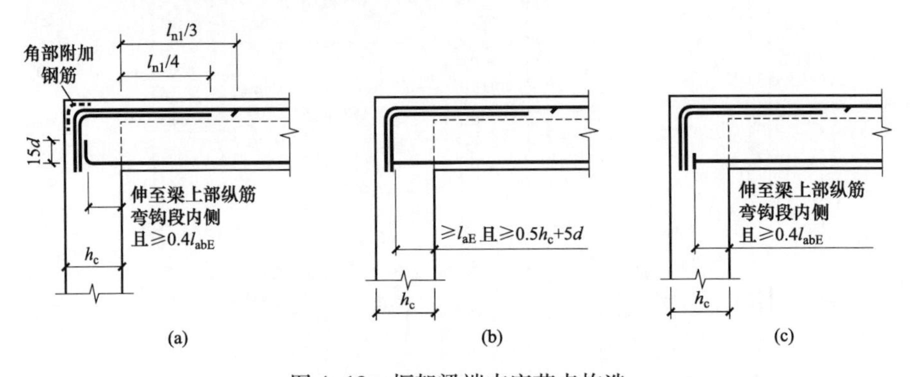

图4-18　框架梁端支座节点构造

（a）顶层端支座梁下部钢筋弯锚；（b）顶层端支座梁下部钢筋直锚；

（c）顶层端支座梁下部钢筋端头加锚头（锚板）锚固

如图4-18（a）所示，当顶层端支座梁下部钢筋弯锚时，下部纵筋都要伸至柱外侧纵筋内侧弯折15d，且直锚水平段均应大于或等于0.4l_{abE}。

如图4-18（b）所示，当顶层端支座梁下部钢筋直锚时，下部纵筋伸入柱内的直锚长度大于或等于l_{aE}且大于或等于0.5h_c+5d。

如图4-18（c）所示，当顶层端支座梁下部钢筋端头加锚头（锚板）锚固时，下部纵筋伸至柱内，且直锚水平段大于或等于 0.4l_{abE}。

3. 框架梁箍筋加密区范围是怎样的?

楼层框架梁、屋面框架梁箍筋加密区范围有两种构造，如图 4-19 所示。

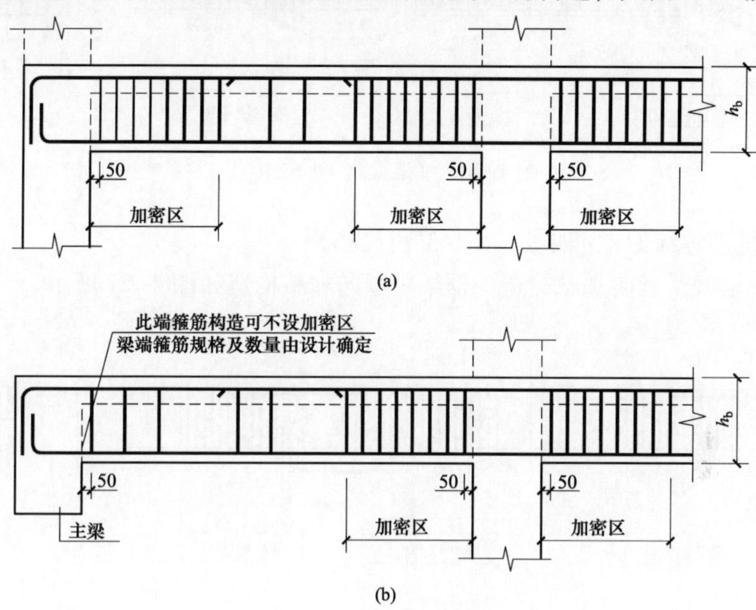

图 4-19 箍筋加密区范围

(1) 梁支座附近设箍筋加密区，当框架梁抗震等级为一级时，加密区长度大于或等于 2.0h_b且大于或等于 500；当框架梁抗震等级为二至四级时，加密区长度大于或等于 2.0h_b且大于或等于 500（h_b为梁截面宽度）。

(2) 第一个箍筋在距支座边缘 50mm 处开始设置。注意在梁柱节点内，框架梁的箍筋不设。

(3) 弧形梁沿中心线展开，箍筋间距沿凸面线量度。

(4) 当箍筋为复合箍时，应采用大箍套小箍的形式。

4. 框架梁加腋构造有哪几种?

框架梁加腋构造可分为水平加腋和竖向加腋两种构造。

(1) 框架梁水平加腋构造。框架梁水平加腋构造如图 4-20 所示。

图 4-20 中，当梁结构平法施工图中，水平加腋部位的配筋设计未给出时，其梁腋上下部斜纵筋（仅设置第一排）直径分别同梁内上下纵筋，水平间距不宜大于 200mm；水平加腋部位侧面纵向构造钢筋的设置及构造要求同抗震楼层框架梁的要求。

图 4-20 中 c_3按下列规定取值：

1) 抗震等级为一级：≥2.0h_b且≥500。

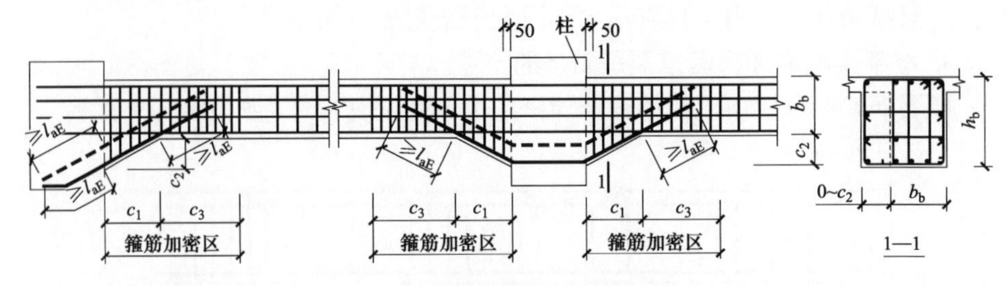

图 4-20　框架梁水平加腋构造

2）抗震等级为二~四级：≥1.5h_b且≥500。

（2）框架梁竖向加腋构造。框架梁竖向加腋构造如图 4-21 所示。

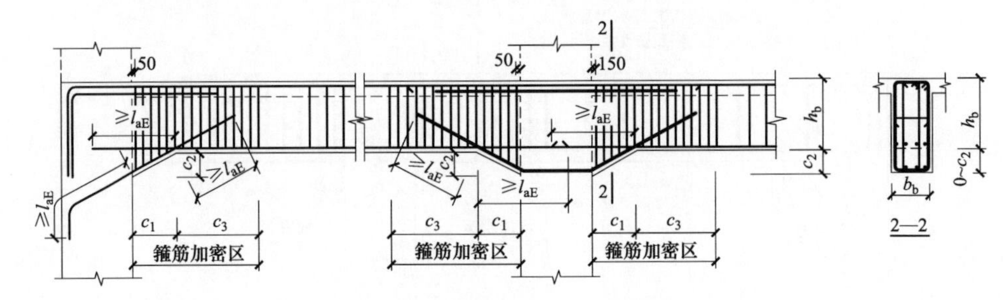

图 4-21　框架梁竖向加腋构造

框架梁竖向加腋构造适用于加腋部分，参与框架梁计算，配筋由设计标注。图 4-21 中 c_3的取值同水平加腋构造。

5. 非框架梁有哪些构造?

非框架梁配筋构造如图 4-22 所示。

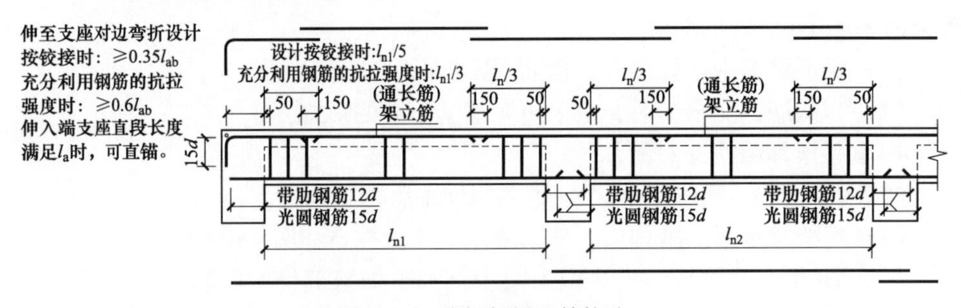

图 4-22　非框架梁配筋构造

（1）非框架梁上部纵筋的延伸长度。

1）非框架梁端支座上部纵筋的延伸长度。设计按铰接时，取 l_{n1}/5；充分利用钢筋的抗拉强度时，取 l_{n1}/3。其中，“设计按铰接时”用于代号为 L 的非框架梁，“充分利用钢筋的抗拉强度时” 用于代号为 Lg 的非框架梁。

2）非框架梁中间支座上部纵筋延伸长度。非框架梁中间支座上部纵筋延伸长度取 $l_n/3$（l_n为相邻左右两跨中跨度较大一跨的净跨值）。

（2）非框架梁纵向钢筋的锚固。

1）非框架梁上部纵筋在端支座的锚固。非框架梁端支座上部纵筋弯锚，弯折段竖向长度为 15d，而弯锚水平段长度为：伸至支座对边弯折，设计按铰接时，取≥0.35l_{ab}，充分利用钢筋的抗拉强度时，取≥0.6l_{ab}；伸入端支座直段长度满足 l_a时，可直锚，如图 4-23 所示。

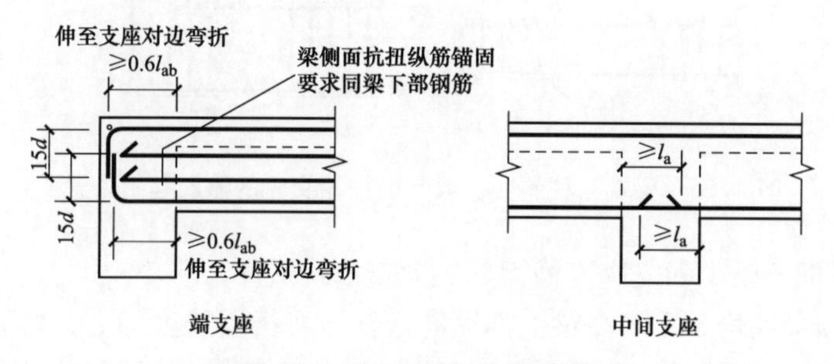

图 4-23 受扭非框架梁纵筋构造

2）下部纵筋在端支座的锚固。当梁中纵筋采用带肋钢筋时，梁下部钢筋的直锚长度为 12d；当梁中纵筋采用光圆钢筋时，梁下部钢筋的直锚长度为 15d；当下部纵筋伸入边支座长度不满足直锚 12d（15d）时，如图 4-24 所示。

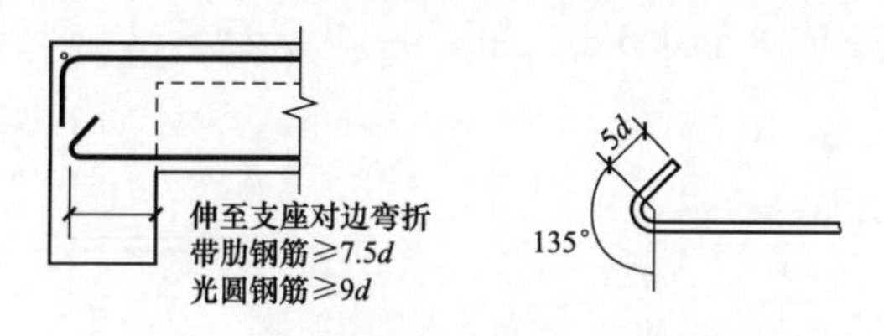

图 4-24 端支座非框架梁下部纵筋弯锚构造

3）下部纵筋在中间支座的锚固。当梁中纵筋采用带肋钢筋时，梁下部钢筋的直锚长度为 12d；当梁中纵筋采用光圆钢筋时，梁下部钢筋的直锚长度为 15d。

（3）非框架梁纵向钢筋的连接。从图 4-22 中可以看出，非框架梁的架立筋搭接长度为 150mm。

（4）非框架梁的箍筋。非框架梁箍筋构造要点主要包括以下几点：

1）没有作为抗震构造要求的箍筋加密区。

2）第一个箍筋在距支座边缘 50mm 处开始设置。

3）弧形非框架梁的箍筋间距沿凸面线度量。

4）当箍筋为多肢复合箍时，应采用大箍套小箍的形式。

当端支座为柱、剪力墙（平面内连接时），梁端部应设置箍筋加密区，设计应确定加密区长度。设计未确定时取消该工程框架梁加密区长度。梁端与柱斜交，或与圆柱相交时的箍筋起始位置，如图 4-25 所示。

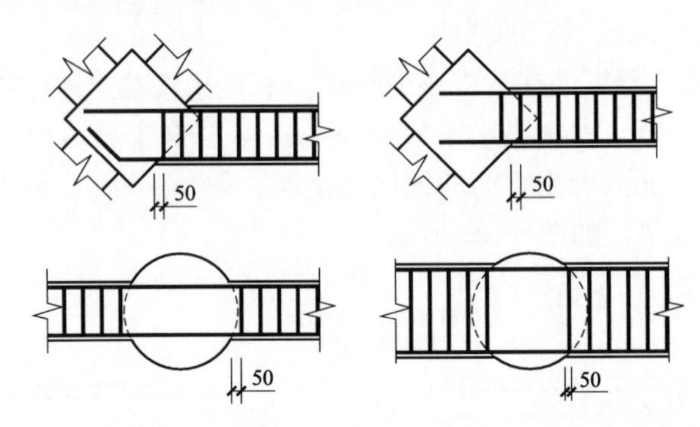

图 4-25　梁端与柱斜交，或与圆柱相交时的箍筋起始位置

（5）非框架梁中间支座变截面处纵向钢筋构造。

1）梁顶梁底均不平。高梁上部纵筋弯锚，弯折段长度为 l_a，弯钩段长度从低梁顶部算起，低梁下部纵筋直锚长度为 l_a。梁下部纵筋锚固构造同上部纵筋，如图 4-26 所示。

2）支座两边梁宽不同。非框架梁中间支座两边框架梁宽度不同或错开布置时，无法直通的纵筋弯锚入柱内；当支座两边纵筋根数不同时，可将多出的纵筋弯锚入柱内。锚固的构造要求：上部纵筋弯锚入柱内，弯折竖向长度为 15d，弯折水平段长度大于或等于 0.6l_{ab}，如图 4-27 所示。

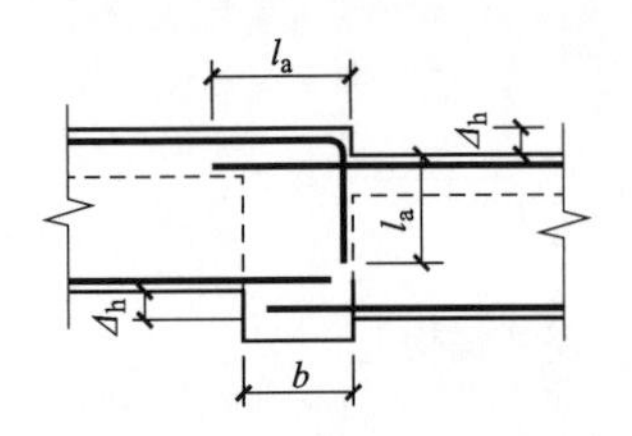

图 4-26　梁顶梁底均不平

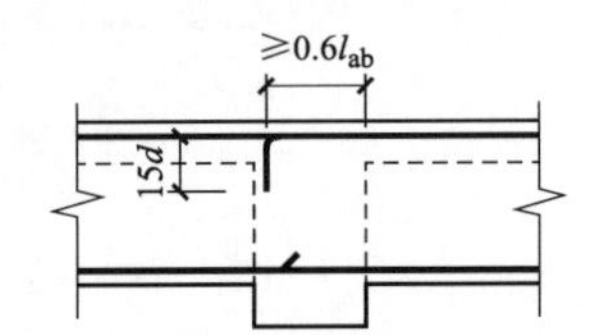

图 4-27　非框架梁梁宽度不同示意图

6. 悬挑梁的配筋构造有哪些规定？

（1）纯悬挑梁。纯悬挑梁配筋构造如图 4-28 所示。

1）上部纵筋构造。

a. 第一排上部纵筋，“至少 2 根角筋，并不少于第一排纵筋的 1/2”的上部纵筋一直伸到悬挑梁端部，再拐直角弯直伸到梁底，“其余纵筋弯下”（即钢筋在端部附近下弯 90°斜坡）。

b. 第二排上部纵筋伸到悬挑端长度的 0.75 处。

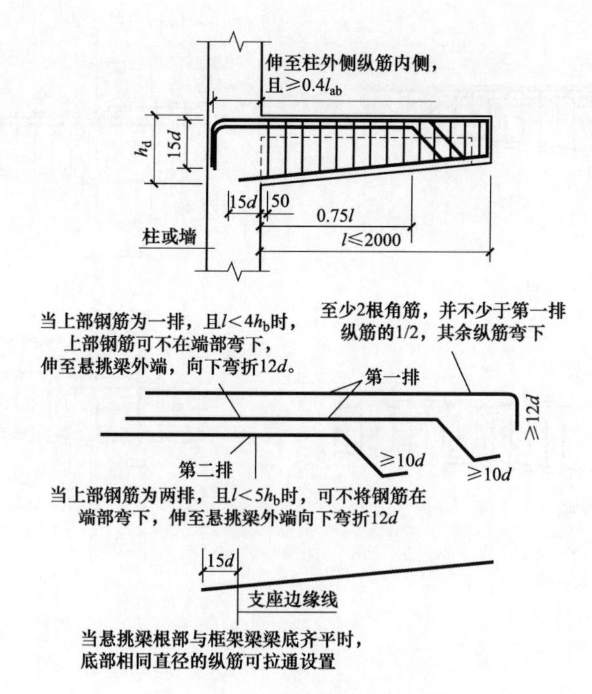

图 4-28 纯悬挑梁配筋构造

c. 上部纵筋在支座中“伸至柱外侧纵筋内侧，且大于或等于 $0.4l_{ab}$”进行锚固，当纵向钢筋直锚长度大于或等于 l_a 且大于或等于 $0.5h_c+5d$ 时，可不必往下弯锚。

2）下部纵筋构造。下部纵筋在制作中的锚固长度为 $15d$。

（2）其他各类梁的悬挑端配筋构造。各类梁的悬挑端配筋构造如图 4-29 所示。

图 4-29（a）：可用于中间层或屋面。

图 4-29（b）：当 $\Delta_h/(h_c-50)>1/6$ 时，仅用于中间层；当 $l<4h_b$ 时，可不将钢筋在端部弯下。

图 4-29（c）：当 $\Delta_h/(h_c-50)\leqslant 1/6$ 时，上部纵筋连续布置，用于中间层，当支座为梁时也可用于屋面。

图 4-29（d）：当 $\Delta_h/(h_c-50)>1/6$ 时，仅用于中间层。

图 4-29（e）：当 $\Delta_h/(h_c-50)\leqslant 1/6$ 时，上部纵筋连续布置，用于中间层，当支座为梁时也可用于屋面。

图 4-29（f）：当 $\Delta_h\leqslant h_b/3$ 时，用于屋面，当支座为梁时也可用于中间层。

图 4-29（g）：当 $\Delta_h\leqslant h_b/3$ 时，用于屋面，当支座为梁时也可用于中间层。

图 4-29（h）：为悬挑梁端附加箍筋范围构造。

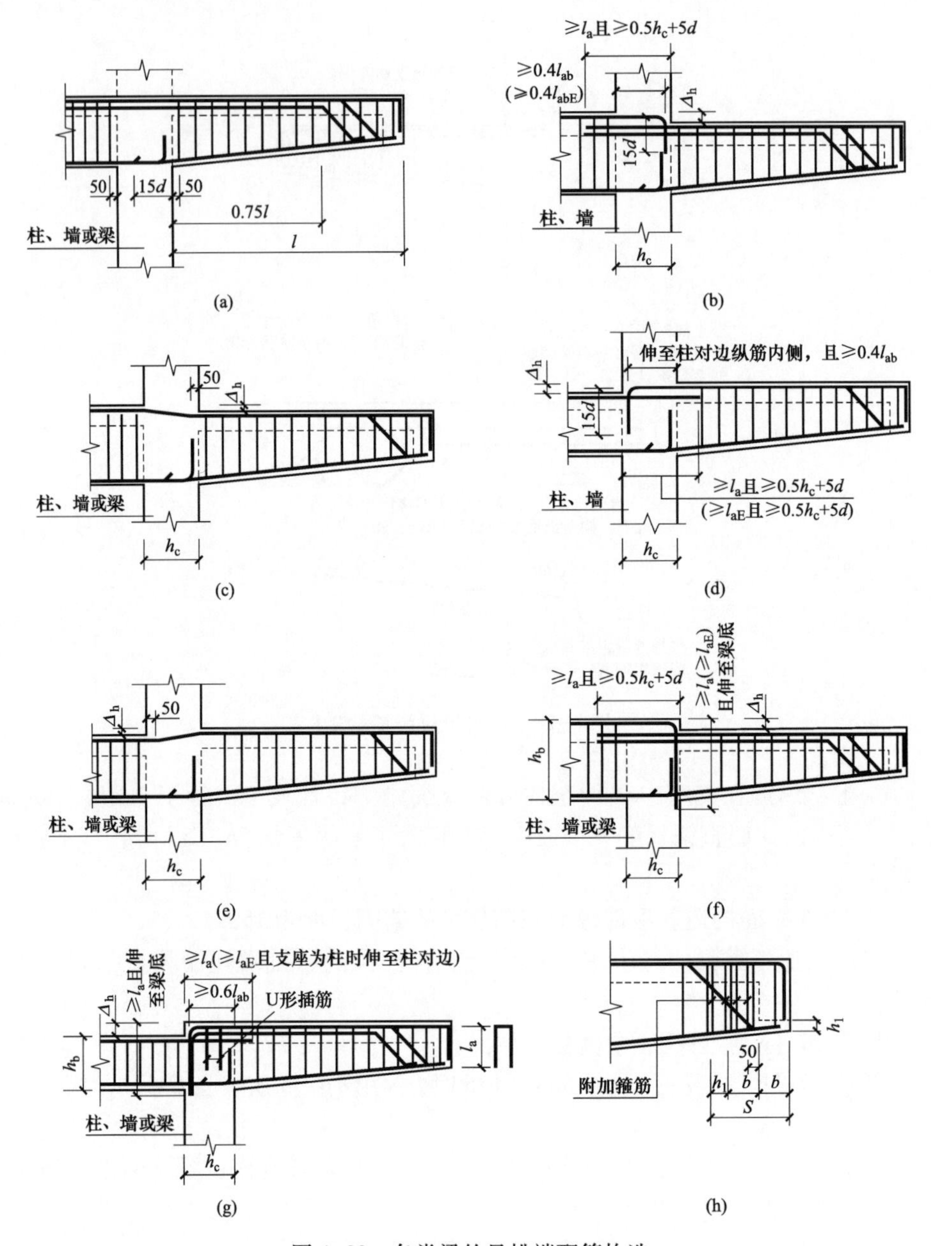

图 4-29　各类梁的悬挑端配筋构造

7. 框架扁梁中柱节点有哪些构造？

框架扁梁中柱节点构造如图 4-30 所示。

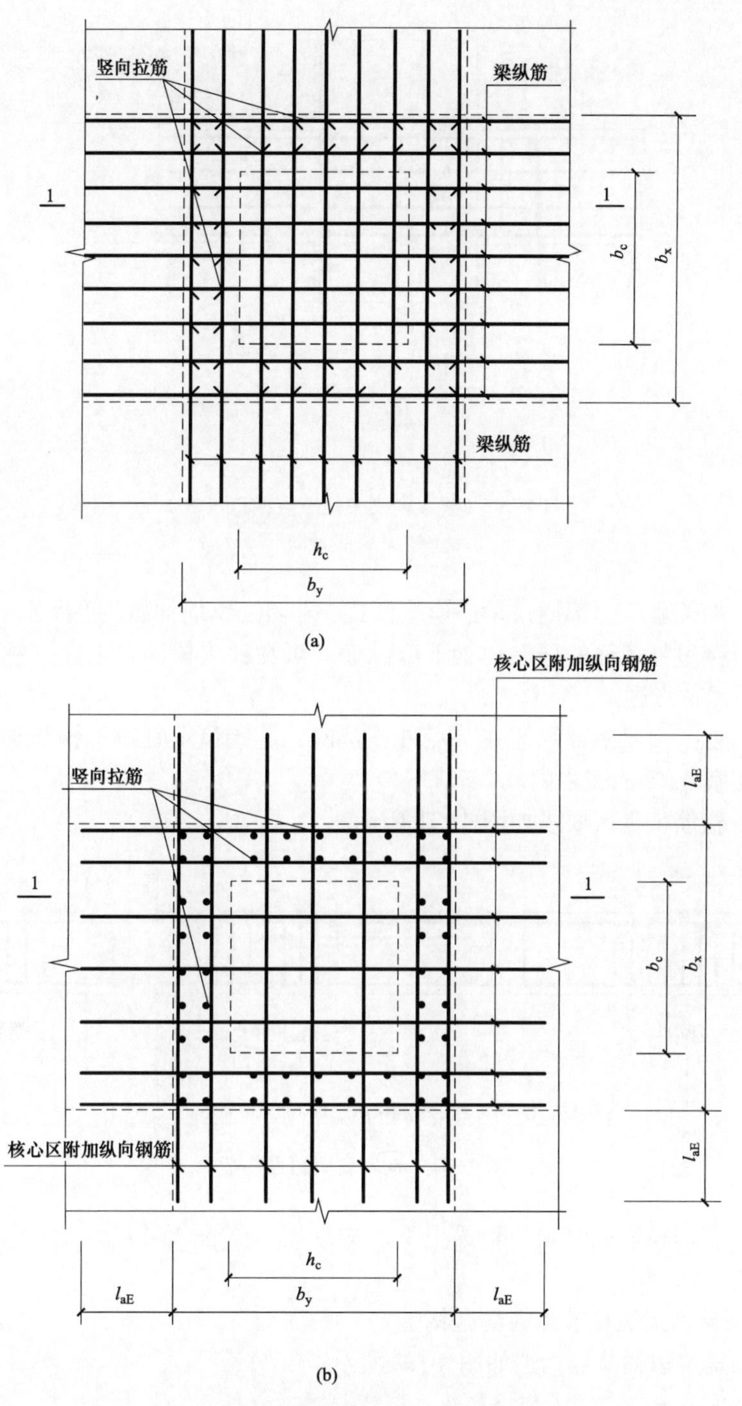

图 4-30　框架扁梁中柱节点构造（一）

（a）框架扁梁中柱节点竖向拉筋；（b）框架扁梁中柱节点附加纵向钢筋

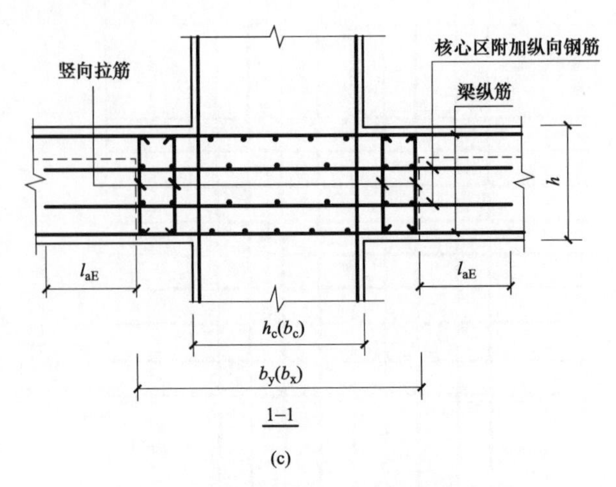

图 4-30 框架扁梁中柱节点构造（二）

（c）1—1 剖面图

（1）框架扁梁上部通长钢筋连接位置、非贯通钢筋伸出长度要求同框架梁。

（2）穿过柱截面的框架扁梁下部纵筋，可在柱内锚固；未穿过柱截面下部纵筋应贯通节点区。

（3）框架扁梁下部纵筋在节点外连接时，连接位置宜避开箍筋加密区，并宜位于支座 $l_{ni}/3$ 范围之内。

（4）箍筋加密区要求如图 4-31 所示。

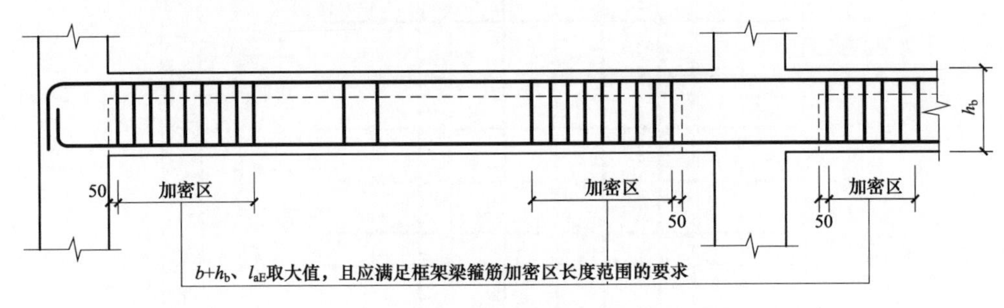

图 4-31 框架扁梁箍筋构造

（5）竖向拉筋同时勾住扁梁上下双向纵筋，拉筋末端采用 135°弯钩，平直段长度为 10d。

8. 框架扁梁边柱节点有哪些构造?

框架扁梁边柱节点构造如图 4-32 所示。

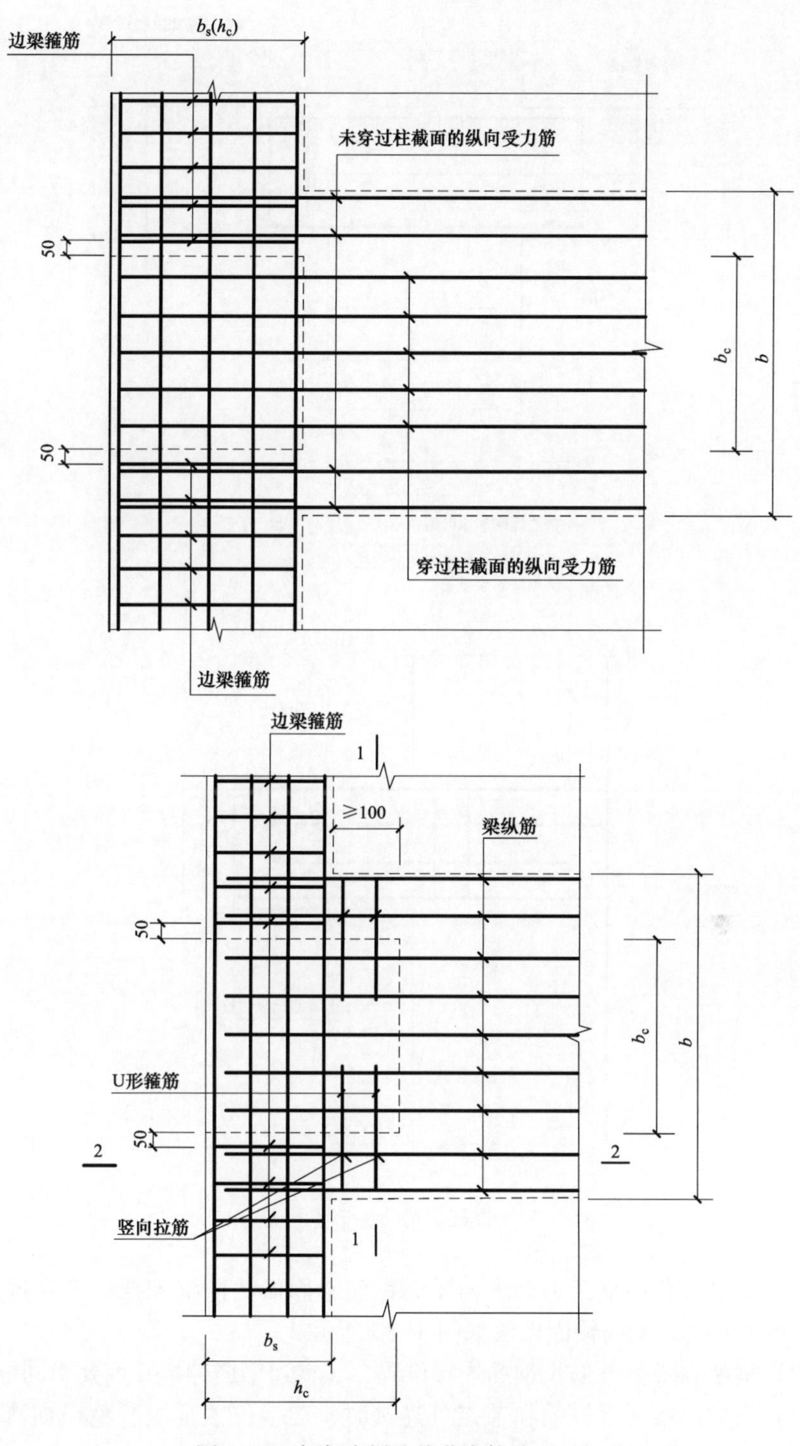

图 4-32 框架扁梁边柱节点构造（一）

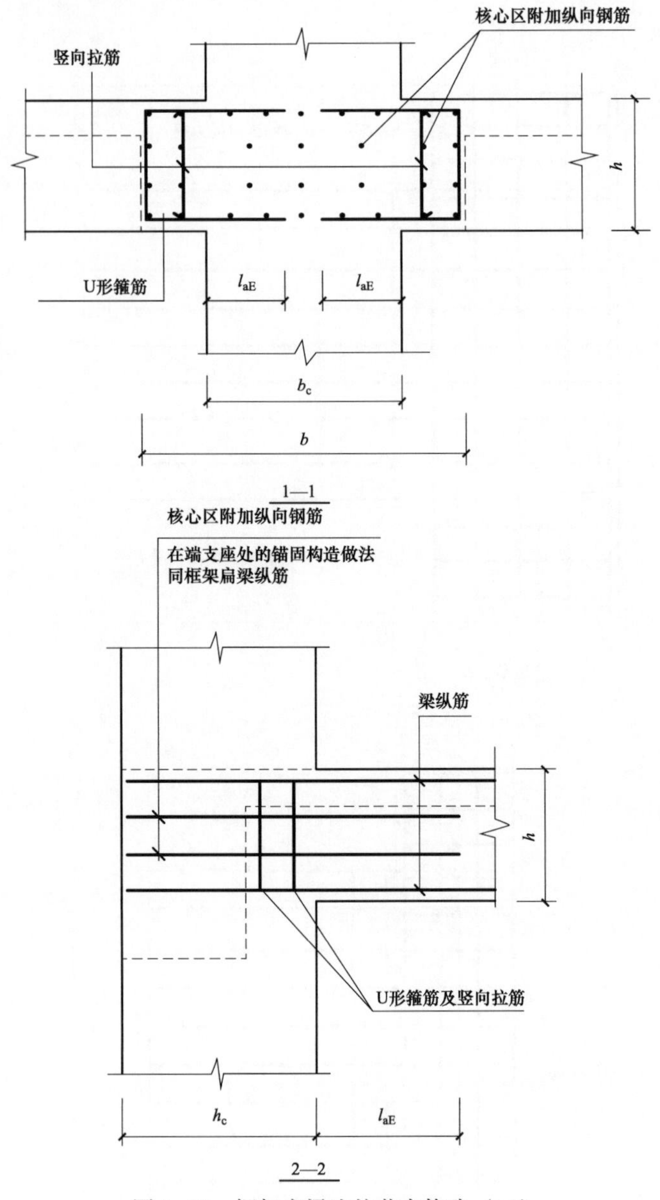

图 4-32 框架扁梁边柱节点构造（二）

（1）穿过柱截面框架扁梁纵向受力钢筋锚固做法同框架梁。未穿过柱截面框架扁梁纵向受力钢筋锚固做法如图 4-33 所示。

（2）框架扁梁上部通长钢筋连接位置、非贯通钢筋伸出长度要求同框架梁。

（3）框架扁梁下部纵筋在节点外连接时，连接位置宜避开箍筋加密区，并宜位于支座 $l_{ni}/3$ 范围之内。

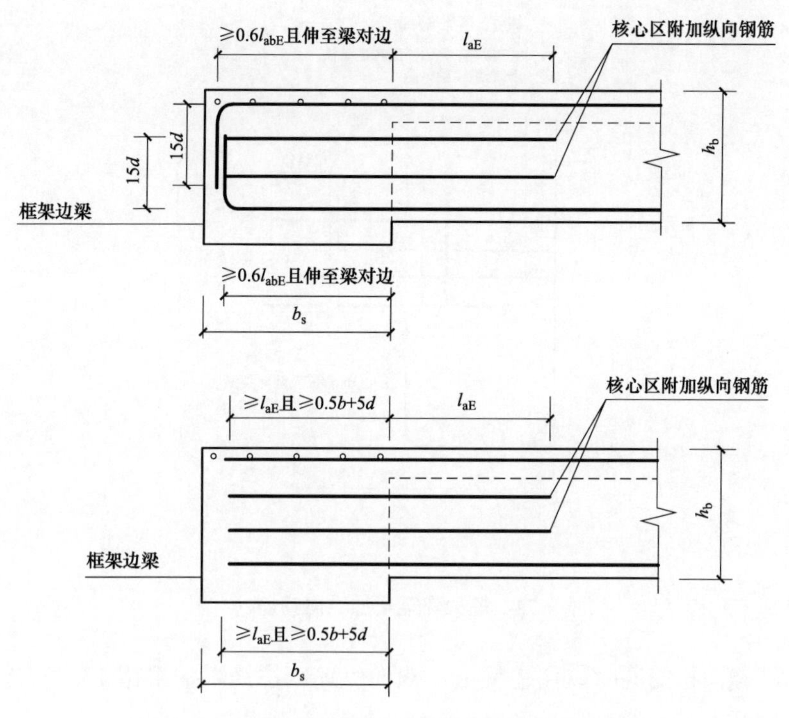

图 4-33 未穿过柱截面的扁梁纵向受力筋锚固做法

（4）节点核心区附加纵向钢筋在柱及边梁中锚固同框架扁梁纵向受力钢筋，如图 4-34 所示。

（5）当 $h_c-b_s\geqslant100$mm 时，需设置 U 形箍筋及竖向拉筋。

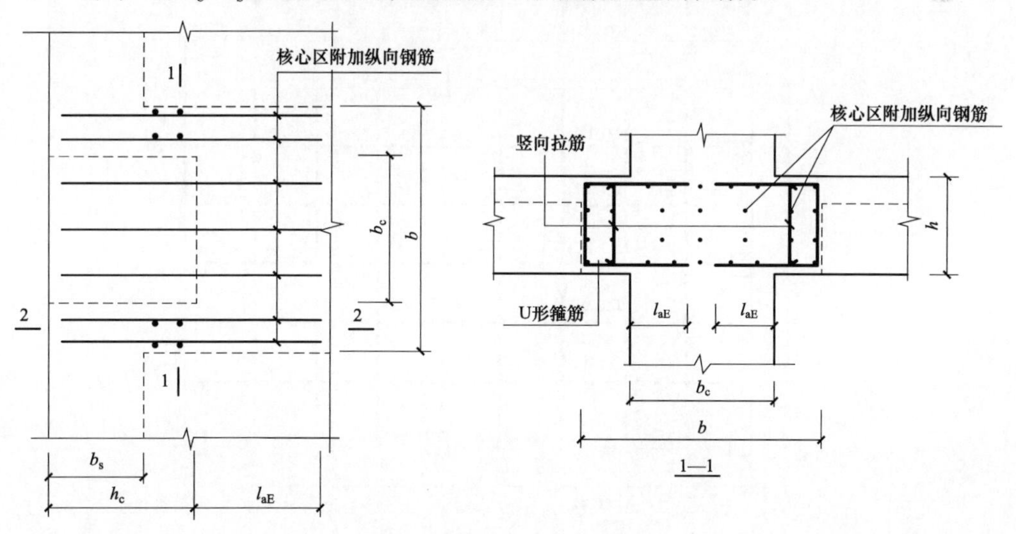

图 4-34 框架扁梁附加纵向钢筋（一）

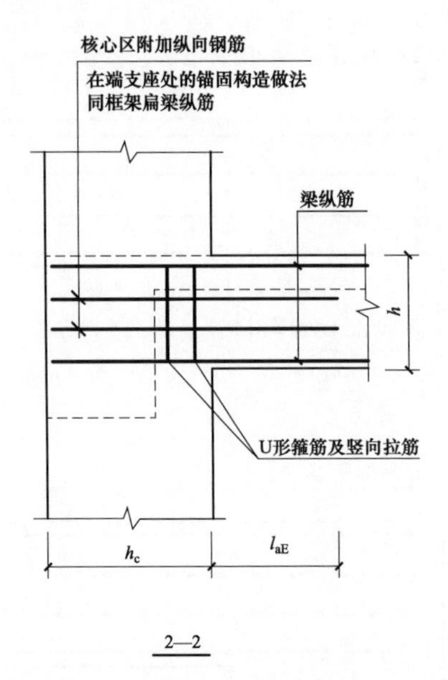

图 4-34 框架扁梁附加纵向钢筋（二）

（6）竖向拉筋同时勾住扁梁上下双向纵筋，拉筋末端采用 135°弯钩，平直段长度为 $10d$。

9. 井字梁有哪些构造？

如图 4-35 所示为井字梁的平面布置图示例。

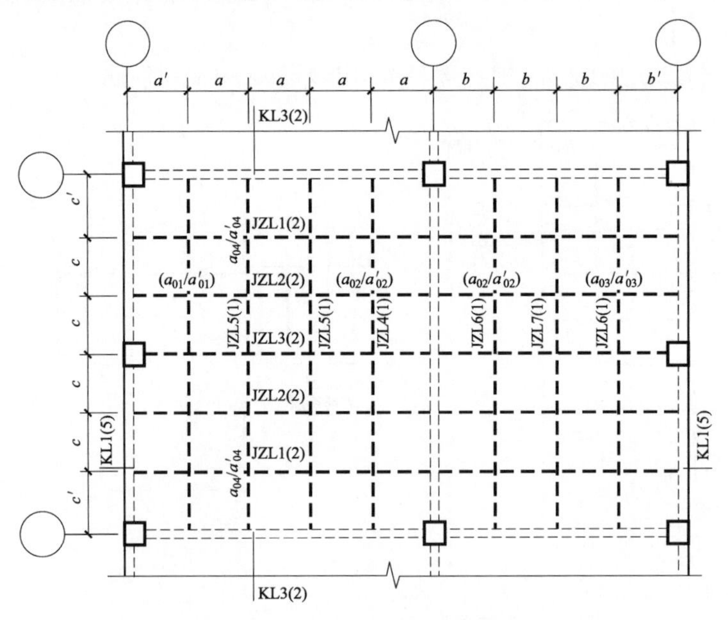

图 4-35 井字梁平面布置图示例

图4-35中JZL5（1）、JZL2（2）的配筋构造如图4-36、图4-37所示。

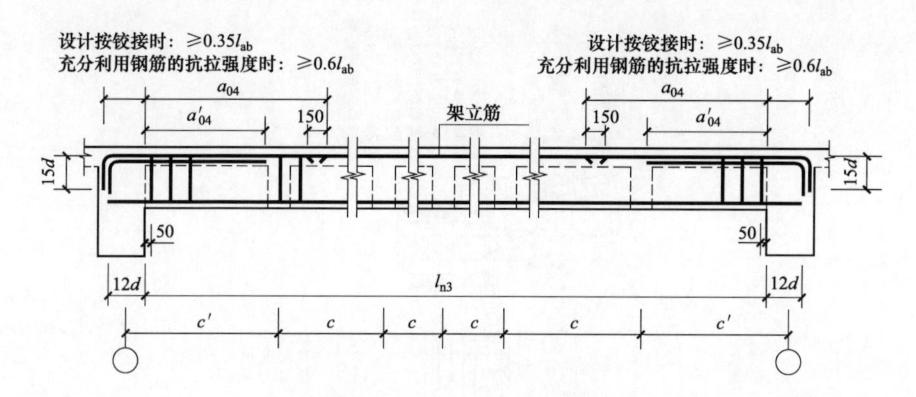

图4-36　JZL5（1）配筋构造

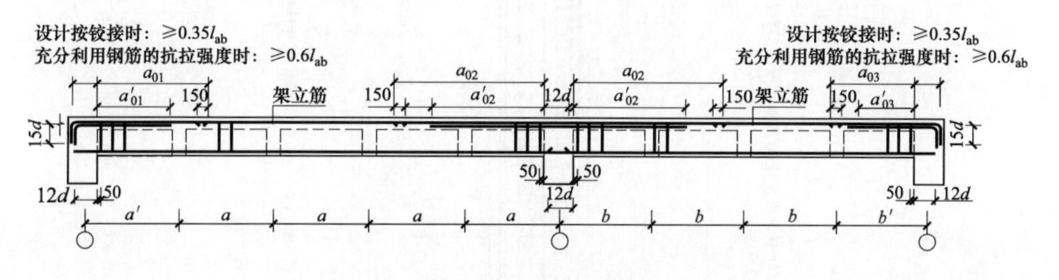

图4-37　JZL2（2）配筋构造

从配筋构造图中能得到如下信息：

（1）上部纵筋锚入端支座的水平段长度：当设计按铰接时，长度大于或等于0.35l_{ab}；当充分利用钢筋的抗拉强度时，长度大于或等于0.6l_{ab}，弯锚为15d。

（2）架立筋与支座负筋的搭接长度为150mm。

（3）下部纵筋在端支座直锚为12d，在中间支座直锚为12d。

（4）从距支座边缘50mm处开始布置第一个箍筋。

10. 框支梁和转换柱有哪些构造要点?

（1）框支梁钢筋构造（图4-38）。

1）框支梁第一排上部纵筋为通长筋。第二排上部纵筋在端支座附近断在$l_{n1}/3$处，在中间支座附近断在$l_n/3$处（l_{n1}为本跨的跨度值；l_n为相邻两跨的较大跨度值）。

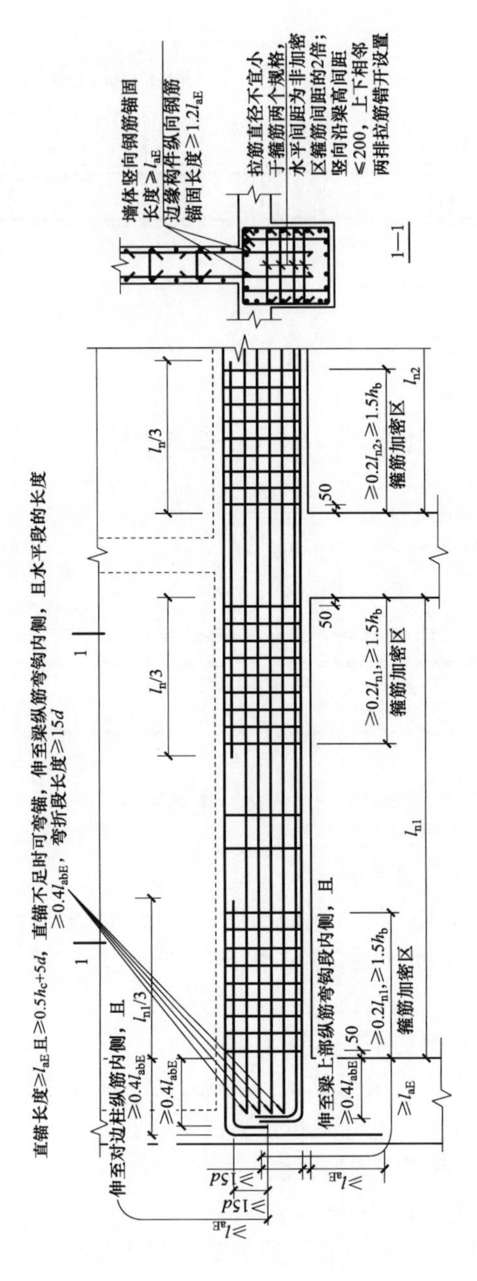

图 4-38 框支梁钢筋构造

2）框支梁上部纵筋伸入支座对边之后向下弯锚，通过梁底线后再下插 l_{aE}，其直锚水平段大于或等于 $0.4l_{abE}$。

3）框支梁下部纵筋在梁端部直锚长度大于或等于 $0.4l_{abE}$，且向上弯折 $15d$。

4）当框支梁的下部纵筋和侧面纵筋直锚长度大于或等于 l_{aE} 且 $\geqslant 0.5h_c+5d$ 时，可不必向上或水平弯锚。

5）框支梁箍筋加密区长度大于或等于 $0.2l_{n1}$，且大于或等于 $1.5h_b$（h_b 为梁截面高）。

6）框支梁侧面纵筋是全梁贯通，在梁端部直锚长度大于或等于 $0.4l_{abE}$，弯折长度 $15d$。

7）框支梁拉筋直径不宜小于箍筋，水平间距为非加密区箍筋间距的 2 倍，竖向沿梁高间距小于或等于 200，上下相邻两排拉筋错开设置。

8）梁纵向钢筋的连接宜采用机械连接接头。

9）也可用于托柱转换梁，对托柱转换梁的托柱部位或上部的墙体开洞部位，梁的箍筋应加密配置，加密区范围可取梁上托柱边或墙边两侧各 1.5 倍转换梁高度，具体做法如图 4-39 和图 4-40 所示。

（2）转换柱钢筋构造。

转换柱钢筋构造如图 4-41 所示。

1）转换柱的柱底纵筋的连接构造同抗震框架柱。

2）柱纵筋的连接宜采用机械连接接头。

3）转换柱部分纵筋延伸到上层剪力墙楼板顶，原则为能通则通。

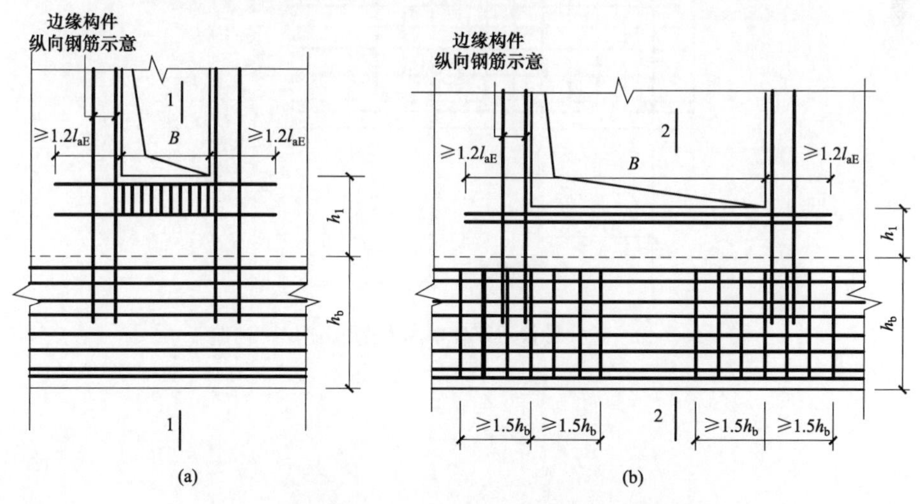

图 4-39　框支梁 KZL 上部墙体开洞部位加强做法（一）

（a）$B\leqslant 2h_1$ 且 $h_1\geqslant h_b/2$；（b）$B\geqslant 2h_1$ 或 $h_1<h_b/2$

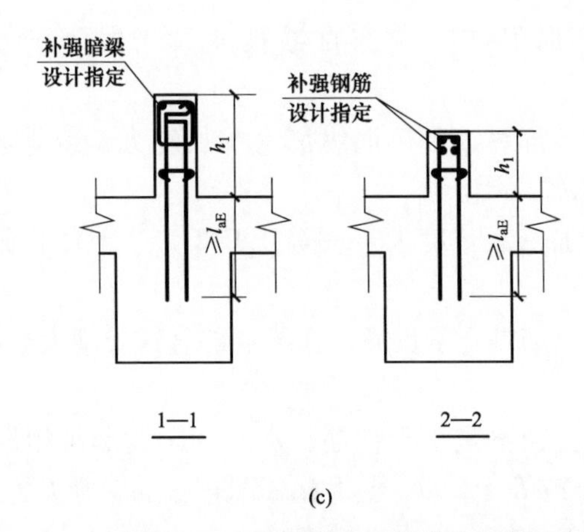

图 4-39 框支梁 KZL 上部墙体开洞部位加强做法（二）
1—1、1—2 剖面图

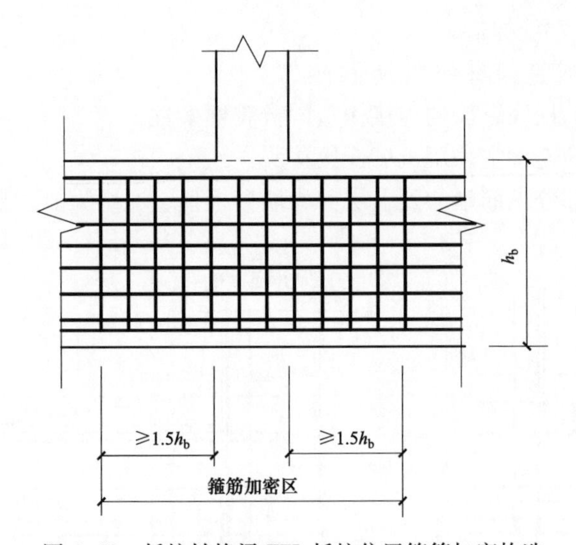

图 4-40 托柱转换梁 TZL 托柱位置箍筋加密构造

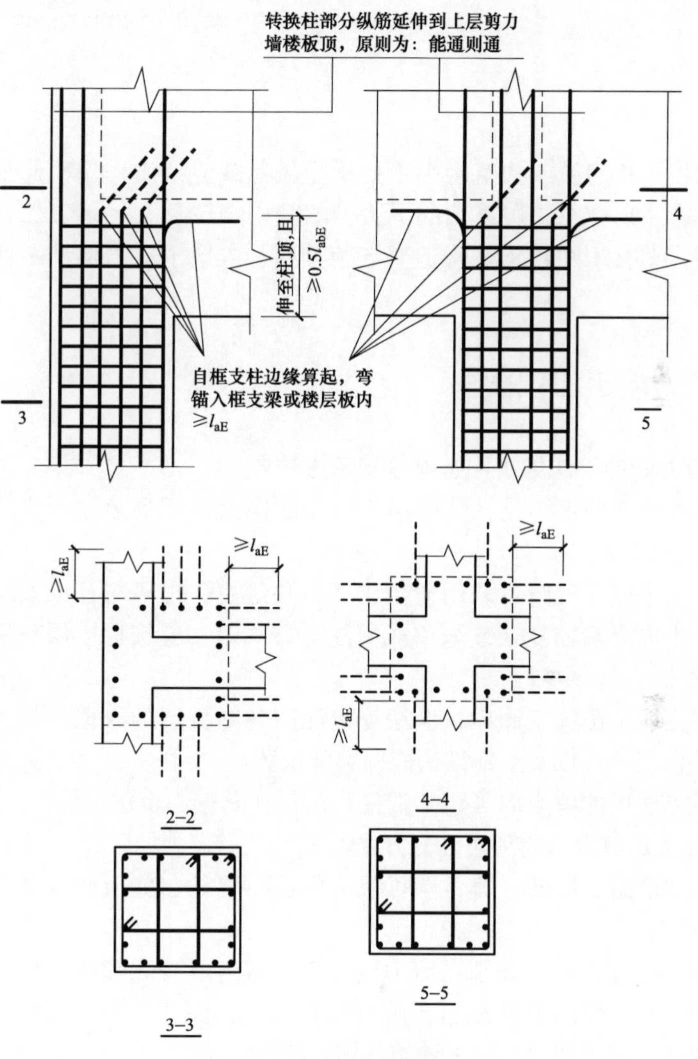

图 4-41 转换柱钢筋构造

5 剪力墙平法钢筋识图与算量

剪力墙是指房屋或构筑物中主要承受风荷载或地震作用引起的水平荷载的墙体。本章主要介绍了剪力墙的平法识图基础知识及“一墙、二柱、三梁”的钢筋构造，结合识图和钢筋构造要点两方面，讲解了剪力墙中一些构件的计算方法。

5.1 剪力墙平法识图

1. 剪力墙的平法施工图有哪些表示方法?

剪力墙平法施工图是在剪力墙平面布置图上采用列表注写方式或截面注写方式表达。

剪力墙平面布置图可采用适当比例单独绘制，也可与柱或梁平面布置图合并绘制。当剪力墙较复杂或采用截面注写方式时，应按标准层分别绘制剪力墙平面布置图。

在剪力墙平法施工图中，应按规定注明各结构层的楼面标高、结构层高及相应的结构层号，以及上部结构嵌固部位位置。

轴线未居中的剪力墙（包括端柱）应标注其偏心定位尺寸。

2. 什么是剪力墙的列表注写方式?

为表达清楚、简便，剪力墙可视为由剪力墙柱、剪力墙身和剪力墙梁三类构件构成。

列表注写方式是指分别在剪力墙柱表、剪力墙身表和剪力墙梁表中，对应于剪力墙平面布置图上的编号，用绘制截面配筋图并注写几何尺寸与配筋具体数值的方式，来表达剪力墙平法施工图。

3. 剪力墙如何进行编号?

将剪力墙按剪力墙柱（墙柱）、剪力墙身（墙身）、剪力墙梁（墙梁）三类构件分别编号。

（1）墙柱编号。墙柱编号，由墙柱类型代号和序号组成，表达形式见表5-1。

表 5-1 墙 柱 编 号

墙柱类型	编号	序号
约束边缘构件	YBZ	××
构造边缘构件	GBZ	××
非边缘暗柱	AZ	××
扶壁柱	FBZ	××

注：约束边缘构件包括约束边缘暗柱、约束边缘端柱、约束边缘翼墙、约束边缘转角墙四种（图 5-1）。构造边缘构件包括构造边缘暗柱、构造边缘端柱、构造边缘翼墙、构造边缘转角墙四种（图 5-2）。

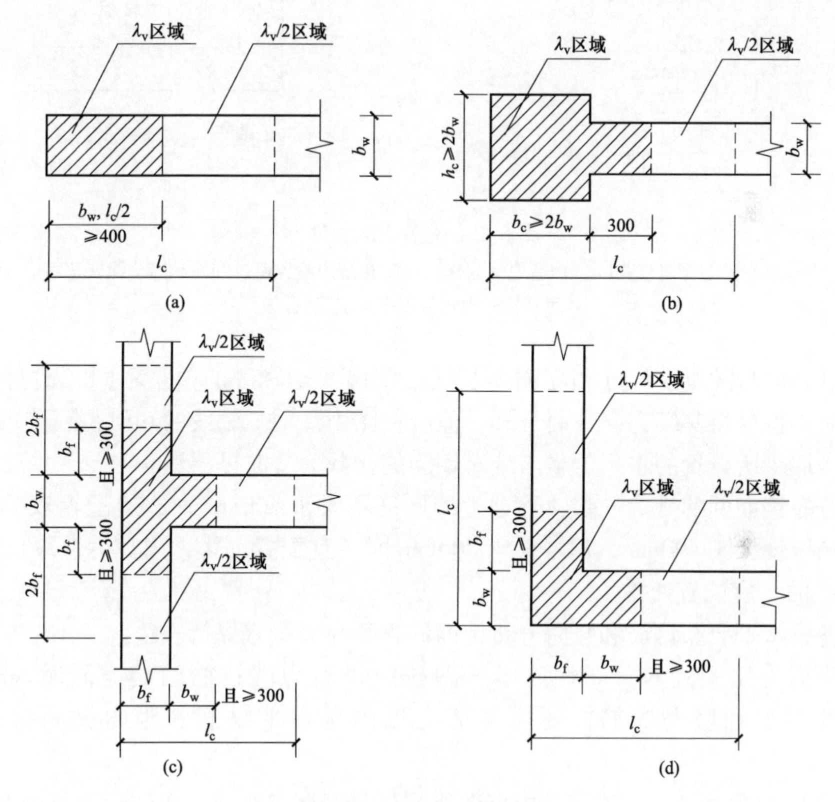

图 5-1 约束边缘构件

（a）约束边缘暗柱；（b）约束边缘端柱；（c）约束边缘翼墙；（d）约束边缘转角墙

（2）墙身编号。墙身编号由墙身代号、序号以及墙身所配置的水平与竖向分布钢筋的排数组成，其中，排数注写在括号内。表达形式为

Q××(××排)

在编号中，如墙柱的截面尺寸与配筋均相同，仅截面与轴线的关系不同时，可将其编为同一墙柱号。

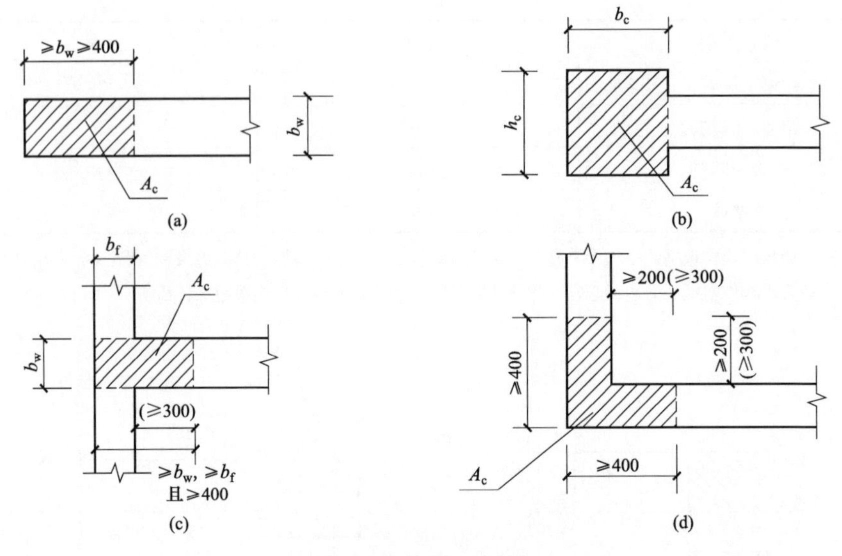

图 5-2 构造边缘构件

（a）构造边缘暗柱；（b）构造边缘端柱；（c）构造边缘翼墙；（d）构造边缘转角墙

注：括号内数值用于高层建筑。

又如墙身的厚度尺寸和配筋均相同，仅墙厚与轴线的关系不同或墙身长度不同时，也可将其编为同一墙身号，但应在图中注明与轴线的几何关系。

当墙身所设置的水平与竖向分布钢筋的排数为 2 时可不注。

分布钢筋网的排数规定：当剪力墙厚度不大于 400mm 时，应配置双排；当剪力墙厚度大于 400mm，但不大于 700mm 时，宜配置三排；当剪力墙厚度大于 700mm 时，宜配置四排。

各排水平分布钢筋和竖向分布钢筋的直径与间距宜保持一致。

当剪力墙配置的分布钢筋多于两排时，剪力墙拉筋两端应同时勾住外排水平纵筋和竖向纵筋，还应与剪力墙内排水平纵筋和竖向纵筋绑扎在一起。

（3）墙梁编号。墙梁编号由墙梁类型代号和序号组成，表达形式见表 5-2。

表 5-2　　墙 梁 编 号

墙梁类型	代号	序号
连梁	LL	××
连梁（对角暗撑配筋）	LL（JC）	××
连梁（交叉斜筋配筋）	LL（JX）	××

续表

墙梁类型	代号	序号
连梁（集中对角斜筋配筋）	LL（DX）	××
连梁（跨高比不小于5）	LLk	××
暗梁	AL	××
边框梁	BKL	××

4. 剪力墙柱表包括哪些内容？

（1）墙柱编号和绘制墙柱的截面配筋图。

墙柱编号由墙柱类型代号和序号组成，表达形式见表5-1。

1）约束边缘构件（图5-1），需注明阴影部分尺寸。

2）构造边缘构件（图5-2），需注明阴影部分尺寸。

3）扶壁柱及非边缘暗柱需标注几何尺寸。

（2）各段墙柱的起止标高。注写各段墙柱的起止标高自墙柱根部往上以变截面位置或截面未变但配筋改变处为界分段注写。墙柱根部标高是指基础顶面标高（部分框支剪力墙结构则为框支梁顶面标高）。

（3）各段墙柱的纵向钢筋和箍筋。注写各段墙柱的纵向钢筋和箍筋，注写值应与在表中绘制的截面配筋图对应一致。纵向钢筋注写总配筋值；墙柱箍筋的注写方式与柱箍筋相同。

剪力墙柱表如图5-3所示。

5. 剪力墙身表包括哪些内容？

（1）墙身编号。

（2）各段墙身起止标高。注写各段墙身起止标高，自墙身根部往上以变截面位置或截面未变但配筋改变处为界分段注写。墙身根部标高是指基础顶面标高（部分框支剪力墙结构则为框支梁顶面标高）。

（3）配筋。注写水平分布钢筋、竖向分布钢筋和拉结筋的具体数值。注写数值为一排水平分布钢筋和竖向分布钢筋的规格与间距，具体设置几排已经在墙身编号后面表达。

拉结筋应注明布置方式“矩形”或“梅花”布置，用于剪力墙分布钢筋的拉结。如图5-4中a为竖向分布钢筋间距，b为水平分布钢筋间距。

剪力墙身表如图5-5所示。

剪力墙柱表

截面				
编号	YBZ1	YBZ2	YBZ3	YBZ4
标高	−0.030~12.270	−0.030~12.270	−0.030~12.270	−0.030~12.270
纵筋	24Φ20	22Φ20	18Φ22	20Φ20
箍筋	Φ10@100	Φ10@100	Φ10@100	Φ10@100

截面			
编号	YBZ5	YBZ6	YBZ7
标高	−0.030~12.270	−0.030~12.270	−0.030~12.270
纵筋	20Φ20	28Φ20	16Φ20
箍筋	Φ10@100	Φ10@100	Φ10@100

图 5-3 剪力墙柱表识图

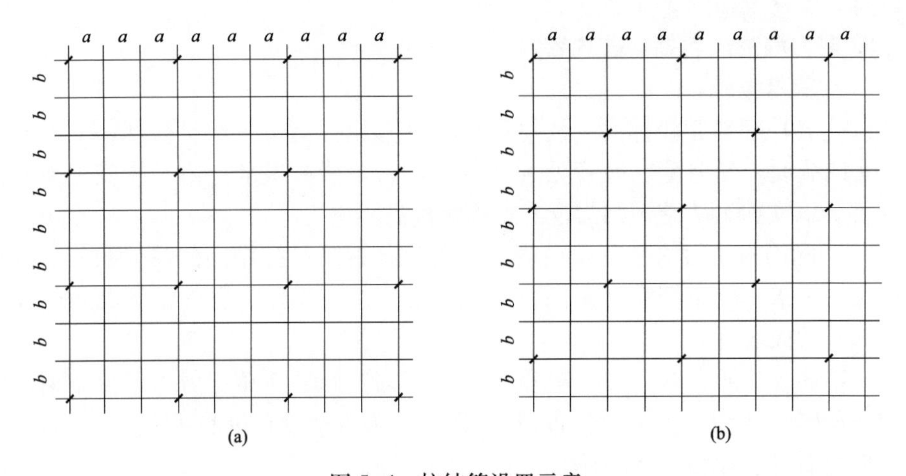

图 5-4 拉结筋设置示意

（a）拉结筋@3*a*3*b* 矩形（*a*≤200、*b*≤200）；（b）拉结筋@4*a*4*b* 梅花（*a*≤150、*b*≤150）

编号	标高	墙厚	水平分布筋	垂直分布筋	拉筋（双向）
Q1	-0.030~30.270	300	Φ12@200	Φ12@200	ϕ6@600@600
	30.270~59.070	250	Φ10@200	Φ10@200	ϕ6@600@600
Q2	-0.030~30.270	250	Φ10@200	Φ10@200	ϕ6@600@600
	30.270~59.070	200	Φ10@200	Φ10@200	ϕ6@600@600

图 5-5　剪力墙身表识图

6. 剪力墙梁表包括哪些内容？

（1）墙梁编号。墙梁编号的表达形式见表 5-2。

（2）墙梁所在楼层号。

（3）墙梁顶面标高高差。墙梁顶面标高高差是指相对于墙梁所在结构层楼面标高的高差值，高于者为正值，低于者为负值，当无高差时不注。

（4）截面尺寸。墙梁截面尺寸 $b \times h$、上部纵筋、下部纵筋和箍筋的具体数值。

（5）当连梁设有对角暗撑时［代号为 LL（JC）××］，注写暗撑的截面尺寸（箍筋外皮尺寸）；注写一根暗撑的全部纵筋，并标注×2 表明有两根暗撑相互交叉；注写暗撑箍筋的具体数值。

（6）当连梁设有交叉斜筋时［代号为 LL（JX）××］，注写连梁一侧对角斜筋的配筋值，并标注×2 表明对称设置；注写对角斜筋在连梁端部设置的拉筋根数、强度级别及直径，并标注×4 表示四个角都设置；注写连梁一侧折线筋配筋值，并标注×2 表明对称设置。

（7）当连梁设有集中对角斜筋时［代号为 LL（DX）××］，注写一条对角线上的对角斜筋，并标注×2 表明对称设置。

（8）跨高比不小于 5 的连梁，按框架梁设计时（代号为 LLk××），采用平面注写方式，注写规则同框架梁，可采用适当比例单独绘制，也可与剪力墙平法施工图合并绘制。

墙梁侧面纵筋的配置，当墙身水平分布钢筋满足连梁、暗梁及边框梁的梁侧面纵向构造钢筋的要求时，该筋配置同墙身水平分布钢筋，表中不注，施工按标准构造详图的要求即可。当墙身水平分布钢筋不满足连梁、暗梁及边框梁的梁侧面纵向构造钢筋的要求时，应在表中补充注明梁侧面纵筋的具体数值；当为 LLk 时，平面注写方式以大写字母“N”打头。梁侧面纵向钢筋在支座内锚固要求同连梁中受力钢筋。

7. 什么是剪力墙的截面注写方式？

剪力墙截面注写方式是在分标准层绘制的剪力墙平面布置图上，以直接在墙柱、墙梁、墙身上注写截面尺寸和配筋具体数值的方式来表达剪力墙平法施工图。

剪力墙截面注写方式如图 5-6 所示。

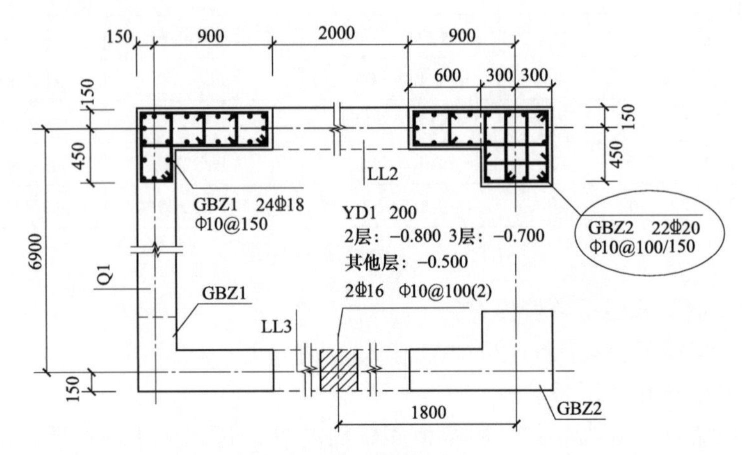

图 5-6 剪力墙截面注写方式

8. 剪力墙的截面注写方式包括哪些内容?

选用适当比例原位放大绘制剪力墙平面布置图，其中对墙柱绘制配筋截面图；对所有墙柱、墙身、墙梁进行编号，并分别在相同编号的墙柱、墙身、墙梁中选择一根墙柱、一道墙身、一根墙梁进行注写，其注写方式如下所列：

（1）从相同编号的墙柱中选择一个截面，注明几何尺寸，标注全部纵筋及箍筋的具体数值。

约束边缘构件（图 5-1）除需注明阴影部分具体尺寸外，尚需注明约束边缘构件沿墙肢长度 l_c，约束边缘翼墙中沿墙肢长度尺寸为 $2b_f$时可不注。

（2）从相同编号的墙身中选择一道墙身，按顺序引注的内容为：墙身编号（应包括注写在括号内墙身所配置的水平与竖向分布钢筋的排数）、墙厚尺寸，水平分布钢筋、竖向分布钢筋和拉筋的具体数值。

（3）从相同编号的墙梁中选择一根墙梁，按顺序引注的内容为：

1）注写墙梁编号、墙梁截面尺寸 $b×h$、墙梁箍筋、上部纵筋、下部纵筋和墙梁顶面标高高差的具体数值。

2）当连梁设有对角暗撑箍筋时［代号为 LL（JC）××］，注写暗撑箍筋的截面尺寸（箍筋外皮尺寸）；注写一根暗撑箍筋的全部纵筋，并标注×2 表明有两根暗撑箍筋相互交叉；注写暗撑箍筋的具体数值。

3）当连梁设有交叉斜筋时［代号为 LL（JX）××］，注写连梁一侧对角斜筋的配筋值，并标注×2 表明对称设置；注写对角斜筋在连梁端部设置的拉筋根数、规格及直径，并标注×4 表示四个角都设置；注写连梁一侧折线筋配筋值，并标注×2 表明对称设置。

4）当连梁设有集中对角斜筋时［代号为 LL（DX）××］，注写一条对角线上的对角斜筋，并标注×2 表明对称设置。

5）跨高比不小于5的连梁，按框架梁设计时（代号为LLk××），采用平面注写方式，注写规则同框架梁，可采用适当比例单独绘制，也可与剪力墙平法施工图合并绘制。

当墙身水平分布钢筋不能满足连梁、暗梁及边框梁的梁侧面纵向构造钢筋的要求时，应补充注明梁侧面纵筋的具体数值；注写时，以大写字母N打头，接续注写直径与间距。其在支座内的锚固要求同连梁中受力钢筋。

9. 剪力墙洞口如何表示？

无论采用列表注写方式还是截面注写方式，剪力墙上的洞口均可在剪力墙平面布置图上原位表达。

洞口的具体表示方法：

（1）在剪力墙平面布置图上绘制。在剪力墙平面布置图上绘制洞口示意，并标注洞口中心的平面定位尺寸。

（2）在洞口中心位置引注。

1）洞口编号。矩形洞口为JD××（××为序号），圆形洞口为YD××（××为序号）。

2）洞口几何尺寸。矩形洞口为洞宽×洞高（$b \times h$），圆形洞口为洞口直径口。

3）洞口中心相对标高。洞口中心相对标高，是相对于结构层楼（地）面标高的洞口中心高度。当其高于结构层楼面时为正值，低于结构层楼面时为负值。

4）洞口每边补强钢筋。

a. 当矩形洞口的洞宽、洞高均不大于800mm时，此项注写为洞口每边补强钢筋的具体数值。当洞宽、洞高方向补强钢筋不一致时，分别注写洞宽方向、洞高方向补强钢筋，以“/”分隔。

b. 当矩形或圆形洞口的洞宽或直径大于800mm时，在洞口的上、下需设置补强暗梁，此项注写为洞口上、下每边暗梁的纵筋与箍筋的具体数值（在标准构造详图中，补强暗梁梁高一律定为400mm，施工时按标准构造详图取值，设计不注。当设计者采用与该构造详图不同的做法时，应另行注明），为圆形洞口时尚需注明环向加强钢筋的具体数值；当洞口上、下边为剪力墙连梁时，此项免注；洞口竖向两侧设置边缘构件时，亦不在此项表达（当洞口两侧不设置边缘构件时，设计者应给出具体做法）。

c. 当圆形洞口设置在连梁中部1/3范围（且圆洞直径不应大于1/3梁高）时，需注写在圆洞上下水平设置的每边补强纵筋与箍筋。

d. 当圆形洞口设置在墙身或暗梁、边框梁位置，且洞口直径不大于300mm时，此项注写为洞口上下左右每边布置的补强纵筋的具体数值。

e. 当圆形洞口直径大于300mm，但不大于800mm时，此项注写为洞口上下左右每边布置的补强纵筋的具体数值，以及环向加强钢筋的具体数值。

10. 地下室外墙如何表示?

本节地下室外墙仅适用于起挡土作用的地下室外围护墙。地下室外墙中墙柱、连梁及洞口等的表示方法同地上剪力墙。

地下室外墙编号，由墙身代号序号组成。表达为

DWQ××

地下室外墙平面注写方式，包括集中标注墙体编号、厚度、贯通筋、拉结筋等和原位标注附加非贯通筋等两部分内容。当仅设置贯通筋，未设置附加非贯通筋时，则仅做集中标注。

(1) 集中标注。集中标注的内容包括:

1) 地下室外墙编号，包括代号、序号、墙身长度（注为××~××轴)。

2) 地下室外墙厚度 b=×××。

3) 地下室外墙的外侧、内侧贯通筋和拉结筋。

a. 以 OS 代表外墙外侧贯通筋。其中，外侧水平贯通筋以 H 打头注写，外侧竖向贯通筋以 V 打头注写。

b. 以 IS 代表外墙内侧贯通筋。其中，内侧水平贯通筋以 H 打头注写，内侧竖向贯通筋以 V 打头注写。

c. 以 tb 打头注写拉结筋直径、强度等级及间距，并注明“矩形”或“梅花”。

(2) 原位标注。地下室外墙的原位标注，主要表示在外墙外侧配置的水平非贯通筋或竖向非贯通筋。

当配置水平非贯通筋时，在地下室墙体平面图上原位标注。在地下室外墙外侧绘制粗实线段代表水平非贯通筋，在其上注写钢筋编号并以 H 打头注写钢筋强度等级、直径、分布间距，以及自支座中线向两边跨内的伸出长度值。当自支座中线向两侧对称伸出时，可仅在单侧标注跨内伸出长度，另一侧不注，此种情况下非贯通筋总长度为标注长度的 2 倍。边支座处非贯通钢筋的伸出长度值从支座外边缘算起。

地下室外墙外侧非贯通筋通常采用“隔一布一”方式与集中标注的贯通筋间隔布置，其标注间距应与贯通筋相同，两者组合后的实际分布间距为各自标注间距的 1/2。

当在地下室外墙外侧底部、顶部、中层楼板位置配置竖向非贯通筋时，应补充绘制地下室外墙竖向剖面图并在其上原位标注。表示方法为在地下室外墙竖向剖面图外侧绘制粗实线段代表竖向非贯通筋，在其上注写钢筋编号并以 V 打头注写钢筋强度等级、直径、分布间距，以及向上（下）层的伸出长度值，并在外墙竖向剖面图名下注明分布范围（××~××轴)。

地下室外墙外侧水平、竖向非贯通筋配置相同者，可仅选择一处注写，其他可仅注写编号。

当在地下室外墙顶部设置水平通长加强钢筋时应注明。

5.2 剪力墙钢筋构造与算量

1. 约束边缘构件构造是怎样的?

约束边缘构件的钢筋构造如图 5-7 所示。

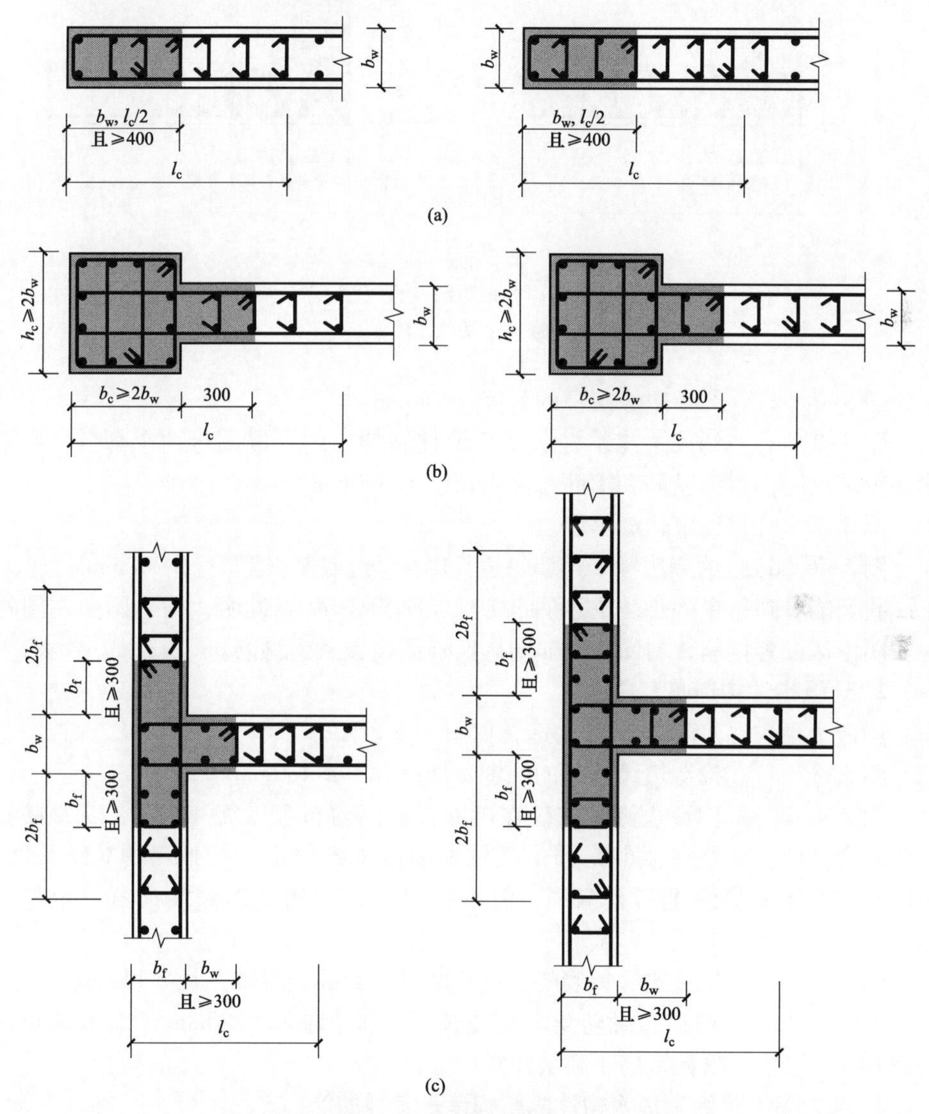

图 5-7 约束边缘构件(一)

(a)约束边缘暗柱;(b)约束边缘端柱;(c)约束边缘翼墙

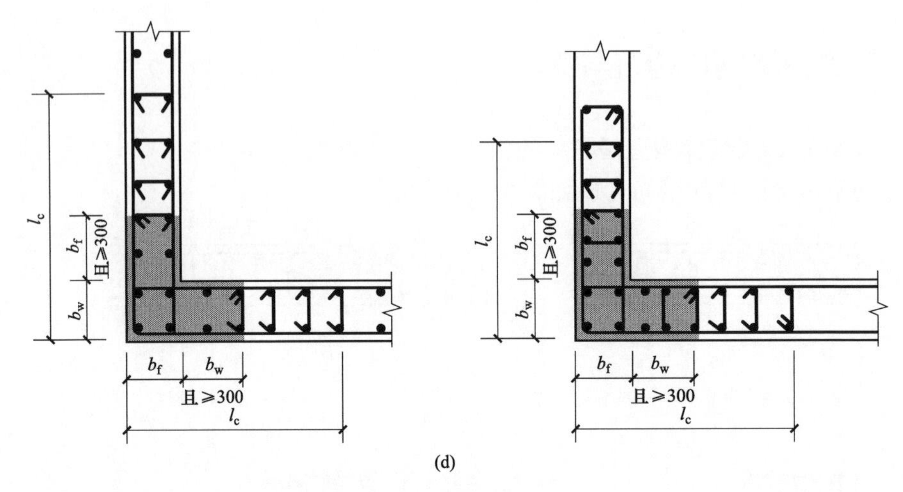

(d)

图 5-7 约束边缘构件（二）

（d）约束边缘转角墙

图 5-7（a）：约束边缘暗柱的长度≥400mm。

图 5-7（b）：约束边缘端柱包括矩形柱和伸出的一段翼缘两个部分，在矩形柱范围以内，布置纵筋和箍筋，翼缘长度为 300mm。

图 5-7（c）：约束边缘翼墙。

图 5-7（d）：约束边缘转角墙每边长度=邻边墙厚+墙厚且≥300mm。

我们能看到每个构件均有两种构造，在这里作简要说明，构造图中左图均在非阴影区设置拉筋，右图均在非阴影区外圈设置封闭箍筋。

2. 边缘构件构造是怎样的?

构造边缘构件 GBZ 的钢筋构造，如图 5-8 所示。

图 5-8（a）：构造边缘暗柱的长度≥墙厚，且≥400mm。

图 5-8（b）：构造边缘端柱仅在矩形柱范围内布置纵筋和箍筋，其箍筋布置为复合箍筋。需要注意的是图中端柱断面图中未规定端柱伸出的翼缘长度，也没有在伸出的翼缘上布置箍筋，但不能因此断定构造边缘端柱就一定没有翼缘。

图 5-8（c）：构造边缘翼墙的长度≥墙厚，≥邻边墙厚，且≥400mm。

图 5-8（d）：构造边缘转角墙每边长度=邻边墙厚+200mm（或 300mm），且≥400mm，括号内数字用于高层建筑。

3. 剪力墙上起约束边缘构件纵筋构造是怎样的?

剪力墙上起约束边缘构件纵筋构造如图 5-9 所示。约束边缘构件纵筋从楼板顶部伸入剪力墙的长度为 $1.2l_{aE}$。

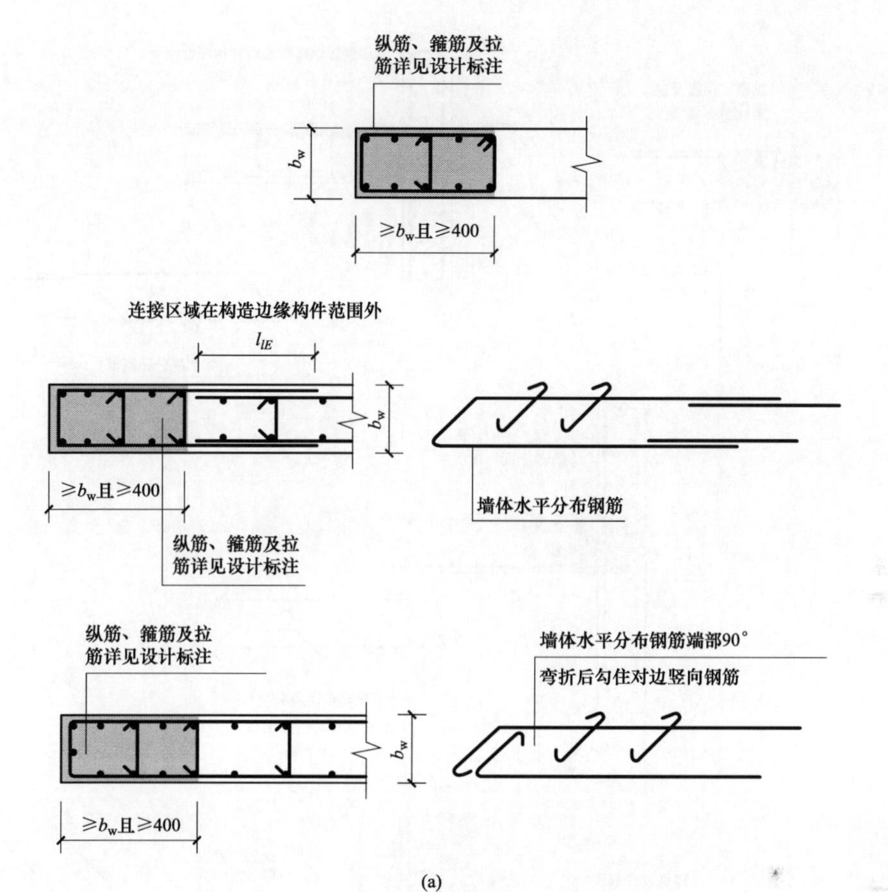

(a)

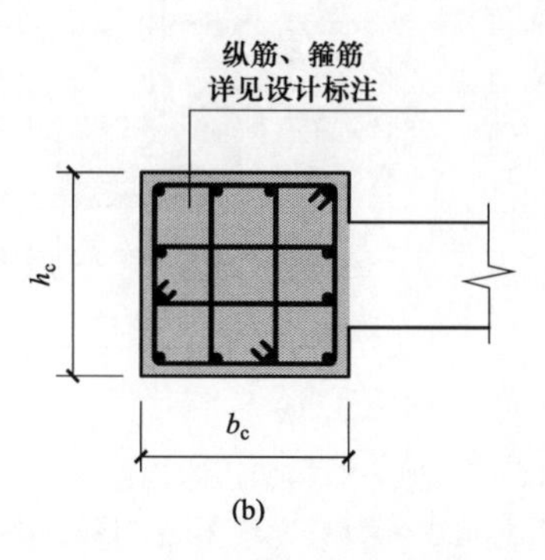

(b)

图 5-8 剪力墙构造边缘构件（一）

（a）构造边缘暗柱；（b）构造边缘端柱

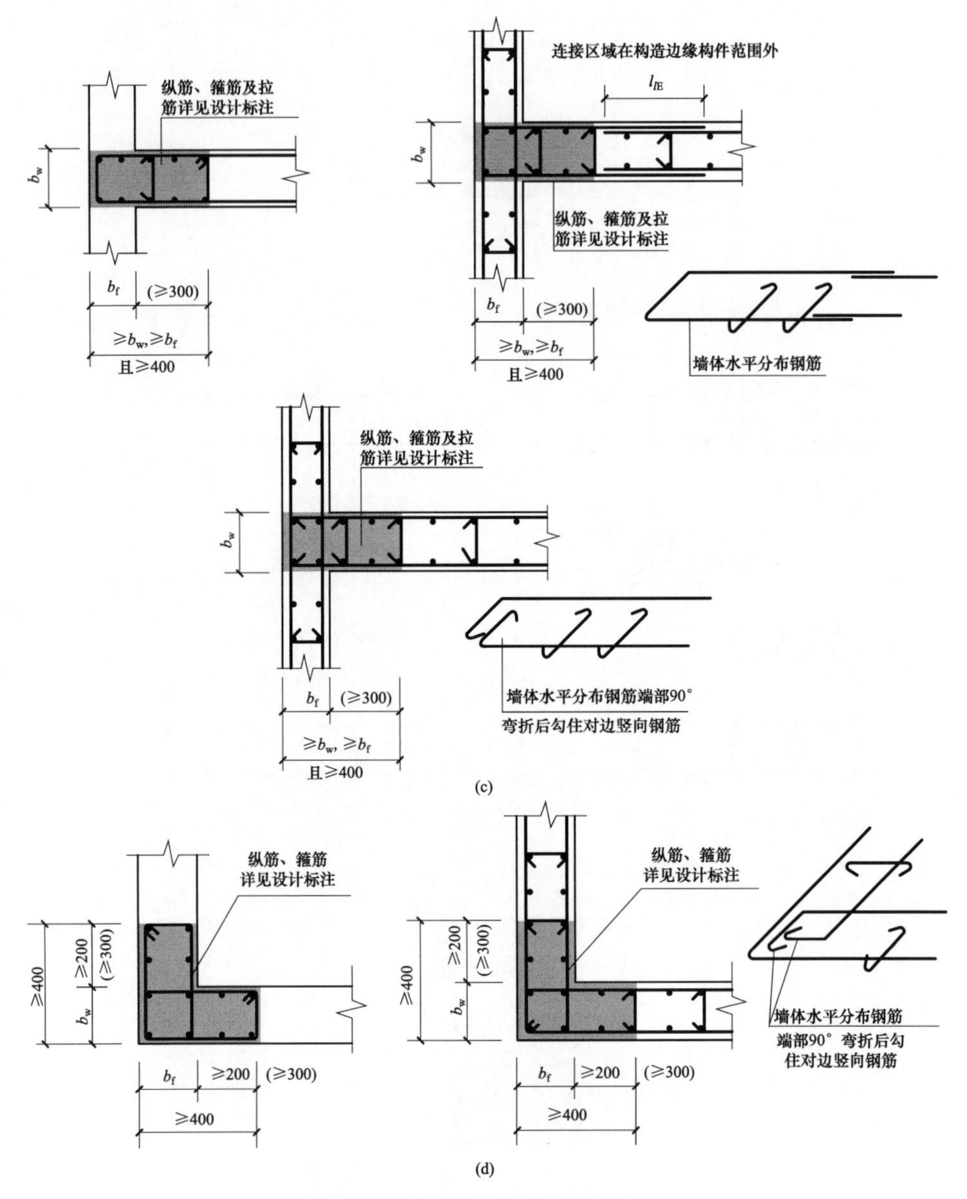

(c)

(d)

图 5-8　剪力墙构造边缘构件（二）

（c）构造边缘翼墙；（d）构造边缘转角墙

4. 剪力墙边缘构件纵向钢筋连接构造是怎样的?

剪力墙边缘构件纵向钢筋连接构造如图 5-10所示。

图 5-10（a）：绑扎搭接——相邻钢筋交错搭接，搭接长度大于或等于 l_{lE}，错开距离大于或等于 $0.3l_{lE}$。

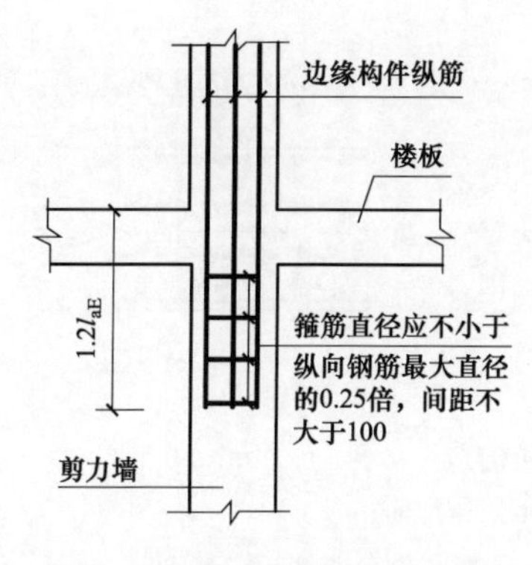

图 5-9　剪力墙上起约束边缘构件纵筋构造

图 5-10（b）：机械连接——第一个连接点距楼板顶面或基础顶面大于或等于 500mm，相邻钢筋交错连接，错开距离大于或等于 35d。

图 5-10（c）：焊接连接——第一个连接点距楼板顶面或基础顶面大于或等于 500mm，相邻钢筋交错连接，错开距离大于或等于 max（35d，500）。

5. 剪力墙身基本构造包括哪些内容？

剪力墙身基本构造包括剪力墙身水平钢筋构造和竖向钢筋构造。

一般剪力墙身设置两层或两层以上的钢筋网，而各排钢筋网的钢筋直径和间距是一致的。剪力墙身采用拉筋把外侧和内侧钢筋网连接起来。如果剪力墙设置三层或更多层的钢筋网，拉结筋还要把中间层的钢筋网固定起来。

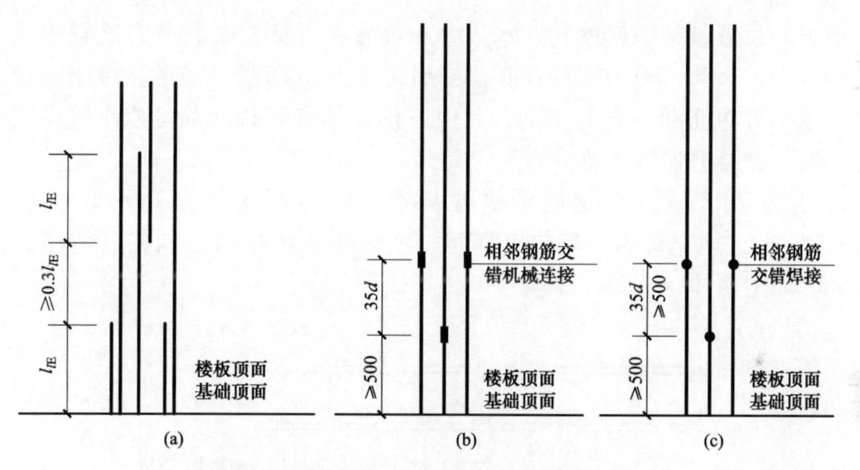

图 5-10　剪力墙边缘构件纵向钢筋连接构造
（a）绑扎搭接；（b）机械连接；（c）焊接连接

下面分别讨论剪力墙身的水平分布钢筋构造和竖向钢筋构造：

（1）剪力墙身水平分布钢筋构造。

1）水平筋在剪力墙身中的构造。

a. 剪力墙多排配筋的构造。剪力墙多排配筋构造共分为双排配筋、三排配筋、四排配筋三种情况，如图 5-11 所示。

当 b_w（墙厚度）≤400mm 时，剪力墙设置双排配筋；当 400mm＜b_w（墙厚

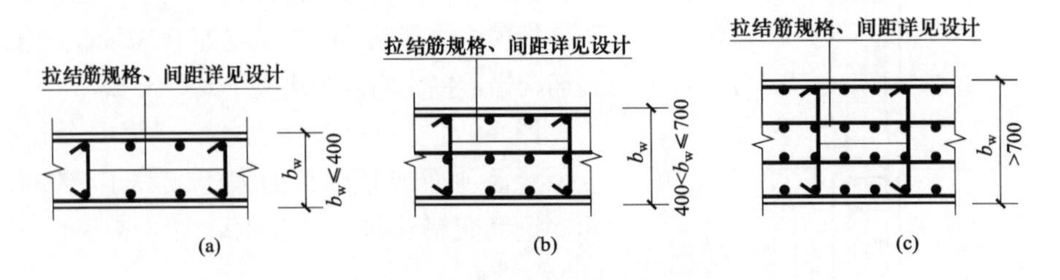

图 5-11　剪力墙多排配筋构造
（a）剪力墙双排配筋；（b）剪力墙三排配筋；
（c）剪力墙四排配筋

度）≤700mm 时，剪力墙设置三排配筋；当 b_w（墙厚度）＞700mm 时，剪力墙设置四排配筋。

剪力墙设置各排钢筋网时，水平分布筋置于外侧，垂直分布筋置于水平分布筋的内侧。因此，剪力墙的保护层是针对水平分布筋来说的。拉结筋要求同时构筑水平分布筋和垂直分布筋。其中三排配筋和四排配筋的水平竖向钢筋需均匀分布，拉结筋需与各排分布筋绑扎。

b. 剪力墙水平分布钢筋的搭接构造。剪力墙水平分布钢筋的搭接长度≥$1.2l_{aE}$，按规定每隔一根错开搭接，相邻两个搭接区之间错开的净距离≥500mm，如图 5-12 所示。

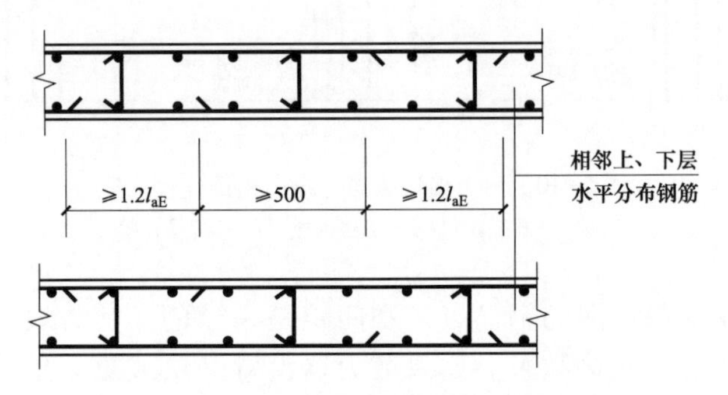

图 5-12　剪力墙水平分布钢筋交错搭接构造

c. 无暗柱时剪力墙水平分布钢筋端部锚固。无暗柱时剪力墙水平分布钢筋端部锚固如图 5-13 所示。

剪力墙水平分布筋在端部无暗柱时，可采用在端部设置 U 形水平筋（目的是箍住边缘竖向加强筋），墙身水平分布筋与 U 形水平筋搭接；也可将墙身水平分布筋伸至端部弯折 $10d$。

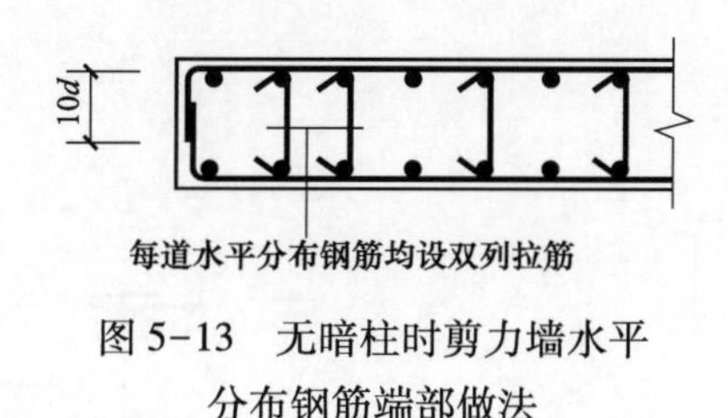

图 5-13　无暗柱时剪力墙水平分布钢筋端部做法

2）水平分布筋在暗柱中的构造。

a. 端部有暗柱。端部有暗柱时剪力墙水平钢筋端部构造，如图 5-14 所示。

剪力墙的水平分布筋从暗柱纵筋的外侧插入暗柱，伸到暗柱端部纵筋的内侧，然后弯折 10d。

b. 剪力墙水平分布钢筋在翼墙中的构造。

剪力墙水平分布钢筋在翼墙中的构造，如图 5-15 所示。

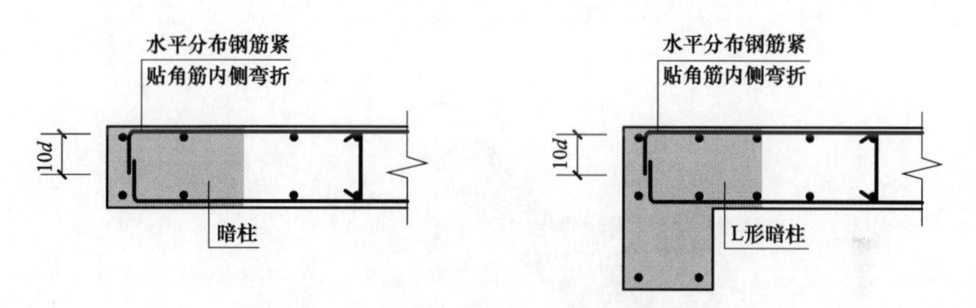

图 5-14　有暗柱时水平分布钢筋锚固构造

图 5-15（a）：翼墙两翼的墙身水平分布筋连续通过翼墙；翼墙肢部墙身水平分布筋伸至翼墙核心部位的外侧钢筋内侧，水平弯折 15d。

图 5-15（b）：墙身水平筋在斜交处锚固 15d。

c. 墙身水平筋在转角墙中柱中的构造。墙身水平筋在转角墙中柱中的构造共有三种情况，如图 5-16 所示。

（2）水平分布钢筋在端柱中的构造。

1）在直墙端柱中的构造。剪力墙水平分布钢筋在直墙端柱中的构造如图 5-17 所示。

剪力墙水平分布钢筋伸至端柱对边，并且保证直锚长度大于或等于 0.4l_{aE}，然后弯折 15d。剪力墙水平分布钢筋伸至对边大于或等于 l_{aE}时可不设弯钩。

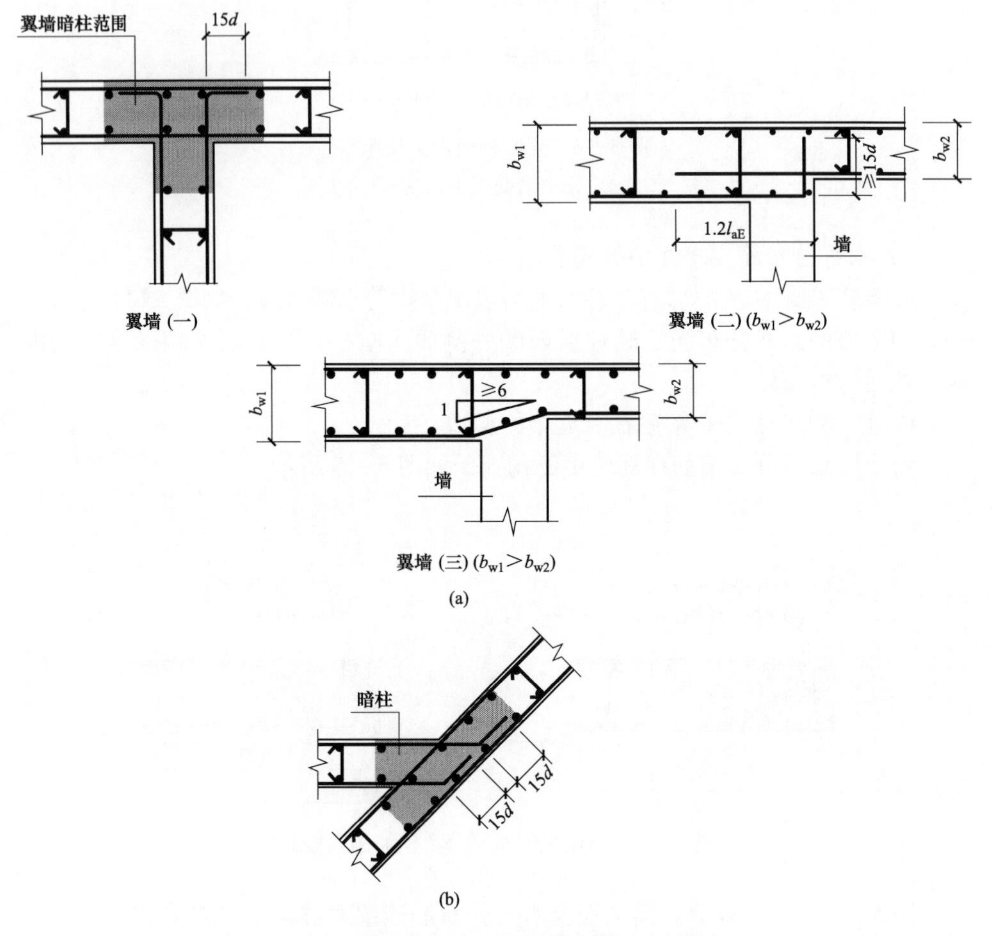

图 5-15　剪力墙水平分布钢筋在翼墙中的构造

（a）翼墙；（b）斜交翼墙

2）在翼墙端柱中的构造。剪力墙水平分布钢筋在翼墙端柱中的构造有三种情况，如图 5-18 所示。

剪力墙水平分布钢筋伸至端柱对边，并且保证直锚长度大于或等于 $0.4l_{aE}$，然后弯折 15d。剪力墙水平分布钢筋伸至对边大于或等于 l_{aE}时可不设弯钩。

3）在转角墙端柱中的构造。剪力墙水平分布钢筋在转角墙端柱中的构造有三种情况，如图 5-19 所示。

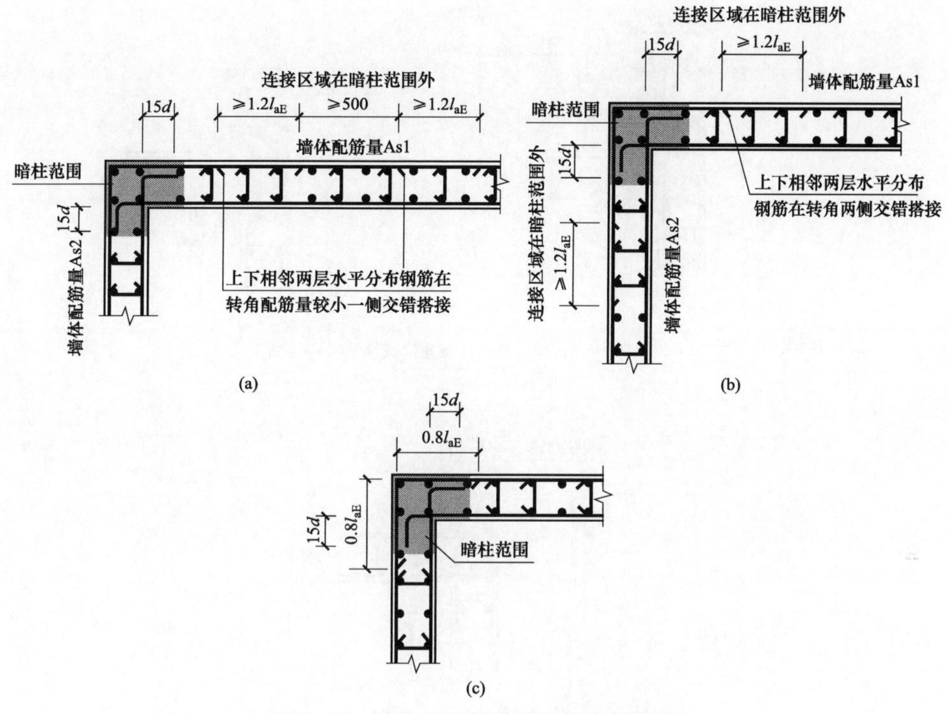

图 5-16 墙身水平筋在转角墙中的构造

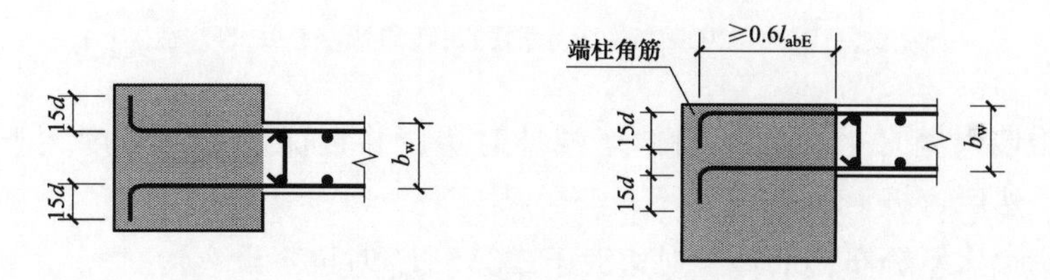

图 5-17 剪力墙水平分布钢筋在直墙端柱中的构造

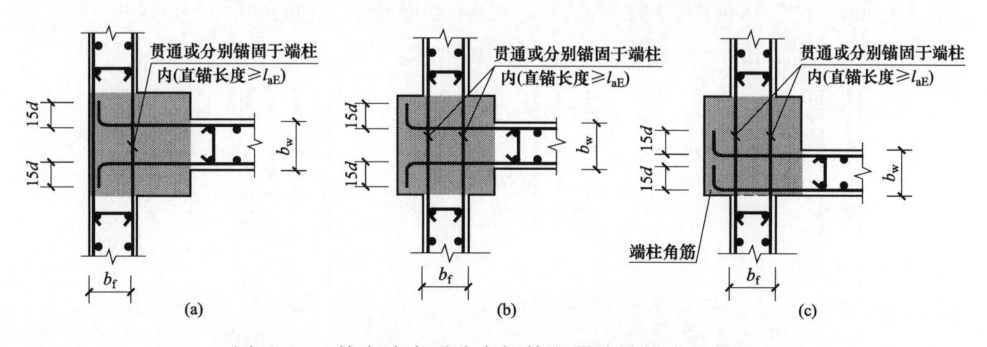

图 5-18 剪力墙水平分布钢筋在翼墙端柱中的构造

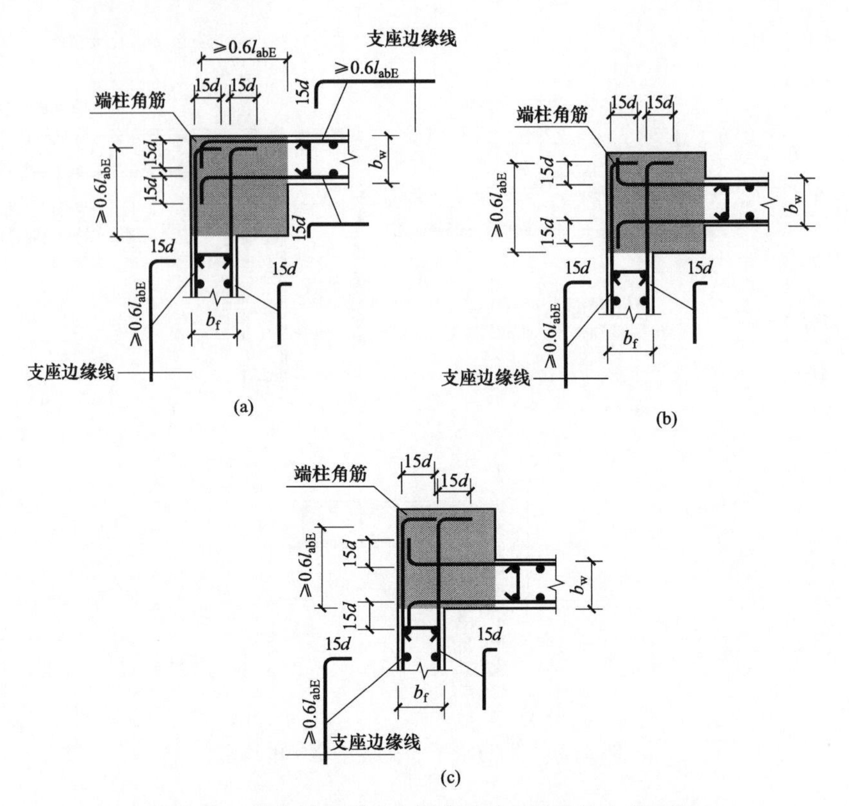

图 5-19 剪力墙水平分布钢筋在转角墙端柱中的构造

剪力墙内侧水平分布钢筋伸至端柱对边，并且保证直锚长度大于或等于 $0.6l_{abE}$，然后弯折 $15d$。

剪力墙水平分布钢筋伸至对边大于或等于 l_{aE}时可不设弯钩。

（3）剪力墙竖向钢筋构造。

1）竖向分布筋在剪力墙中构造。在剪力墙中，竖向分布筋布置可分为双排、三排、四排配筋三种情况，如图 5-20 所示。

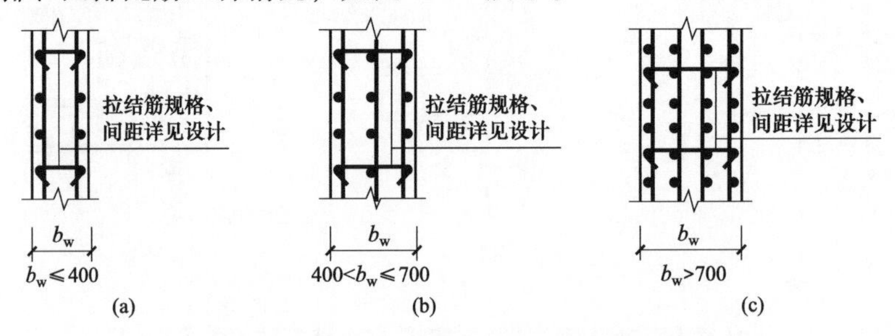

图 5-20 竖向分布筋在剪力墙中构造

（a）剪力墙双排配筋；（b）剪力墙三排配筋；（c）剪力墙四排配筋

当 b_w（墙厚度）≤400mm 时，剪力墙设置双排配筋；当 400mm＜b_w（墙厚度）≤700mm 时，剪力墙设置三排配筋；当 b_w（墙厚度）＞700mm 时，剪力墙设置四排配筋。

在暗柱内部（指暗柱配箍区）不设置剪力墙竖向分布钢筋。第一根竖向分布钢筋距暗柱主筋中心 1/2 竖向分布钢筋间距的位置绑扎。

2）剪力墙竖向钢筋顶部构造。剪力墙竖向钢筋顶部构造如图 5-21 所示。

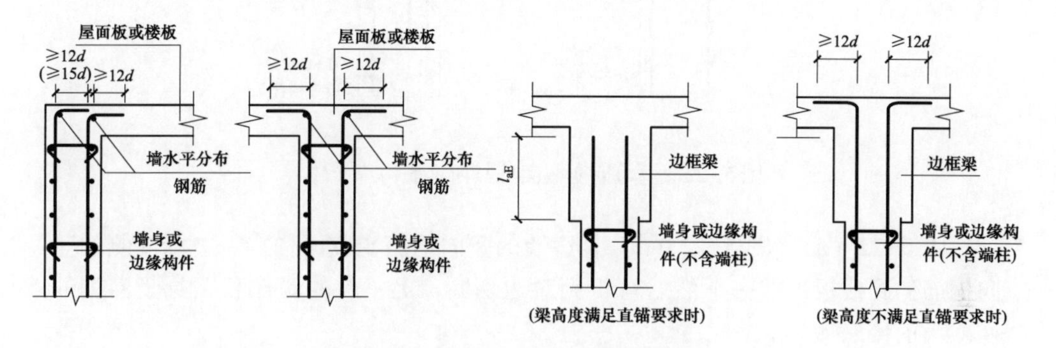

图 5-21 剪力墙竖向钢筋顶部构造
（括号内数值是考虑屋面板上部钢筋与剪力
外侧竖向钢筋搭接传力时的做法）

剪力墙竖向钢筋弯锚入屋面板或楼板内 15d，伸入边框梁内长度为 l_{aE}。

3）剪力墙变截面处竖向钢筋构造。剪力墙变截面处竖向钢筋构造如图 5-22 所示。

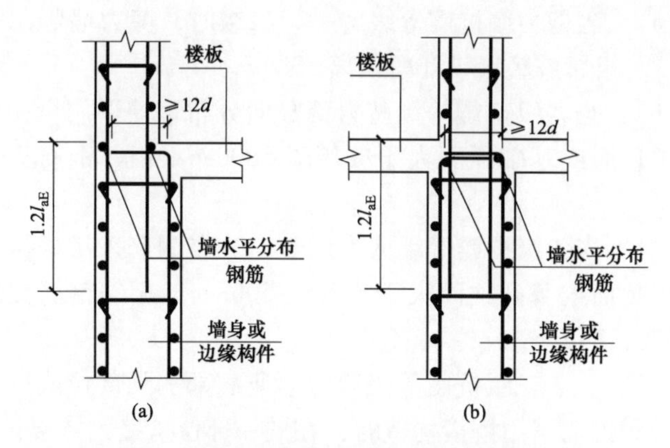

图 5-22 剪力墙变截面处竖向钢筋构造（一）

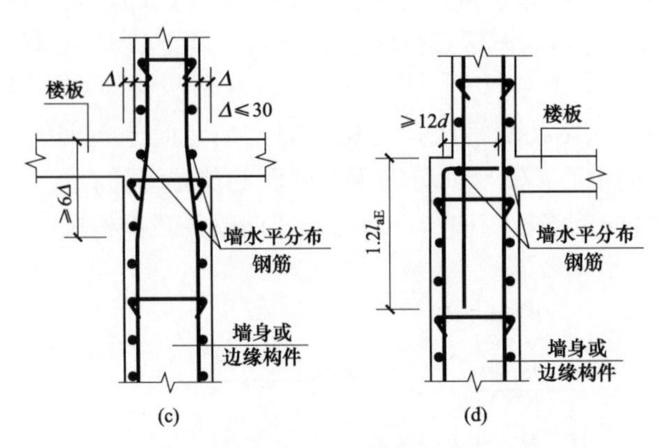

图 5-22 剪力墙变截面处竖向钢筋构造（二）

图 5-22（a）、图 5-22（d）是边墙的竖向钢筋变截面构造。边墙内侧的竖向钢筋伸到楼板顶部一下然后弯折到对边切断，上一层的墙柱和墙身竖向钢筋插入当前楼层 $1.2l_{aE}$。

图 5-22（b）、图 5-22（c）是中墙的竖向钢筋变截面构造。图 5-22（b）中，当前楼层的墙柱和墙身的竖向钢筋伸到楼板顶部以下然后弯折到对边切断，上一层的墙柱和墙身竖向钢筋插入当前楼层 $1.2l_{aE}$；图 5-22（c）中，当前楼层的墙柱和墙身的竖向钢筋不切断，而是以 1/6 钢筋斜率的方式弯曲伸到上一楼层。

4）剪力墙竖向分布钢筋连接构造。剪力墙竖向分布钢筋连接构造共有四种情况，如图 5-23 所示。

图 5-23（a）：当剪力墙抗震等级为一、二级时，剪力墙竖向分布钢筋的搭接长度为 $1.2l_{aE}$，相邻搭接点错开净距离 500mm。

图 5-23（b）：当各级抗震等级剪力墙竖向分布钢筋采用机械连接时，第一个连接点距楼板顶面或基础顶面大于或等于 500mm，相邻钢筋交错连接，错开距离为 $35d$。

图 5-23（c）：当各级抗震等级剪力墙竖向分布钢筋采用焊接连接时，第一个连接点距楼板顶面或基础顶面大于或等于 500mm，相邻钢筋交错连接，错开距离为 max（500，$35d$）。

图 5-23（d）：一、二级抗震等级剪力墙非底部加强部位或三、四级抗震等级剪力墙竖向分布钢筋采用搭接构造时，在同一部位搭接，搭接长度为 $1.2l_{aE}$。

6. 剪力墙暗梁钢筋构造包括哪些内容？

剪力墙暗梁的钢筋种类包括纵向钢筋、箍筋、拉筋，以及暗梁侧面的水平分布筋。

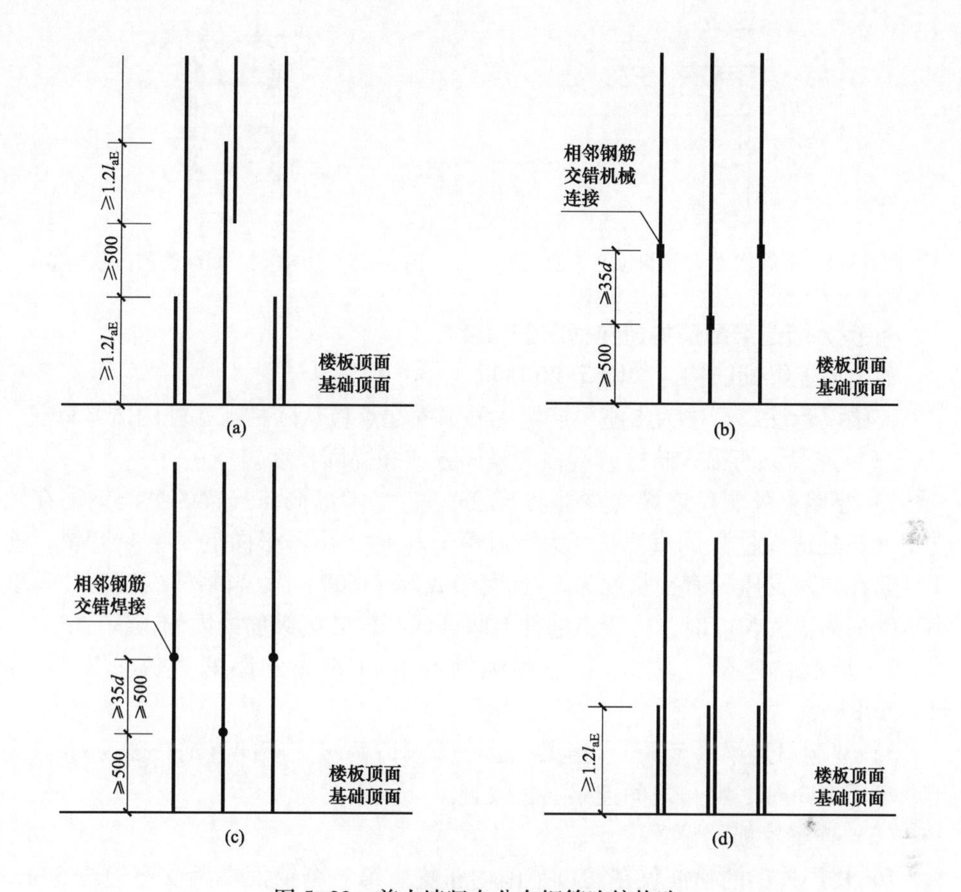

图 5-23 剪力墙竖向分布钢筋连接构造

墙身水平分布筋按其间距在暗梁箍筋外侧布置如图 5-24 所示。

当设计未注写时，侧面构造纵筋同剪力墙水平分布筋。

当梁宽小于或等于 350mm 时，拉筋直径为 6mm；当梁宽大于 350mm 时，拉筋直径为 8mm，拉筋间距为 2 倍箍筋间距，竖向侧面水平筋隔一拉一。

7. 剪力墙边框梁钢筋构造包括哪些内容?

剪力墙边框梁的钢筋种类包括纵向钢筋、箍筋、拉筋以及边框梁侧面的水平分布筋。

剪力墙的边框梁不是剪力墙身的支座，边框梁本身也是剪力墙的加强带。因此，当剪力墙顶部有设置边框梁时，剪力墙竖向钢筋不能锚入边框梁；若当前层是中间层，则剪力墙竖向钢筋穿越边框梁直伸入上一层；如果当前层是顶层，则剪力墙竖向钢筋应该穿越边框梁锚入现浇板内，如图 5-25 所示。

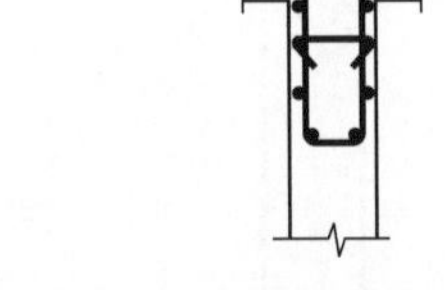
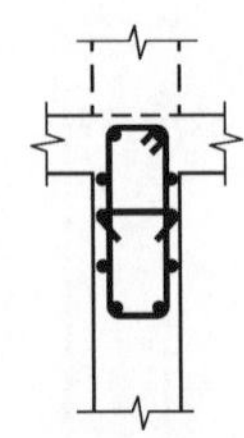

图 5-24 暗梁侧面纵筋和拉筋构造

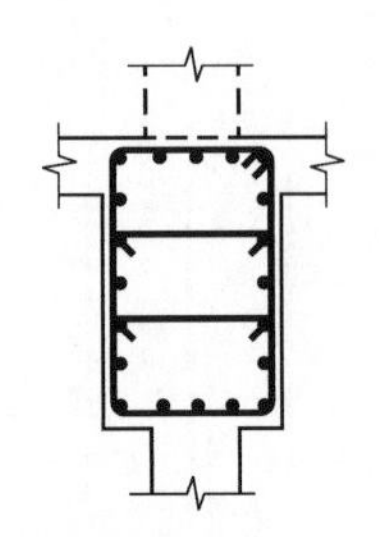

图 5-25 边框梁侧面纵筋和拉筋构造

8. 剪力墙连梁配筋构造包括哪些内容？

剪力墙连梁配筋构造如图 5-26 所示。

连梁以暗柱或端柱为支座，连梁主筋锚固起点应从暗柱或端柱的边缘算起。

（1）连梁纵筋锚入暗柱或端柱的锚固方式和锚固长度。

1）小墙垛处洞口连梁（端部墙肢较短）：当端部洞口连梁的纵向钢筋在端支座（暗柱或端柱）的直锚长度大于或等于 l_{aE}时，可不必向上（下）弯锚，连梁纵筋在中间支座的直锚长度为 l_{aE}且大于或等于 600mm；当暗柱或端柱的长度小于钢筋的锚固长度时，连梁纵筋伸至暗柱或端柱外侧纵筋的内侧弯钩 15d。

2）单洞口连梁（单跨）：连梁纵筋在洞口两端支座的直锚长度为 l_{aE} 且≥600mm。

3）双洞口连梁（双跨）：连梁纵筋在双洞口两端支座的直锚长度为 l_{aE}且大于或等于 600mm，洞口之间连梁通长设置。

（2）连梁箍筋的设置。

1）楼层连梁的箍筋仅在洞口范围内布置。第一个箍筋在距支座边缘 50mm 处设置。

2）墙顶连梁的箍筋在全梁范围内布置。洞口范围内的第一个箍筋在距支座边缘 50mm 处设置；支座范围内的第一个箍筋在距支座边缘 100mm 处设置。

3）箍筋计算。

连梁箍筋高度=梁高-2×保护层-2×箍筋直径

连梁箍筋宽度=梁宽-2×保护层-2×水平分布筋直径-2×箍筋直径

（3）连梁的拉筋。当梁宽小于或等于 350mm 时，拉筋直径取 6mm，梁宽大于 350mm 时，拉筋直径取 8mm，拉筋间距为 2 倍的箍筋间距，竖向沿侧面水平筋隔一拉一，如图 5-27 所示。

9. 剪力墙连梁 LLk 纵向钢筋、箍筋加密区如何构造？加密范围如何规定？

剪力墙连梁 LLk 纵向配筋构造如图 5-28 所示，箍筋加密区构造如图 5-29 所示。

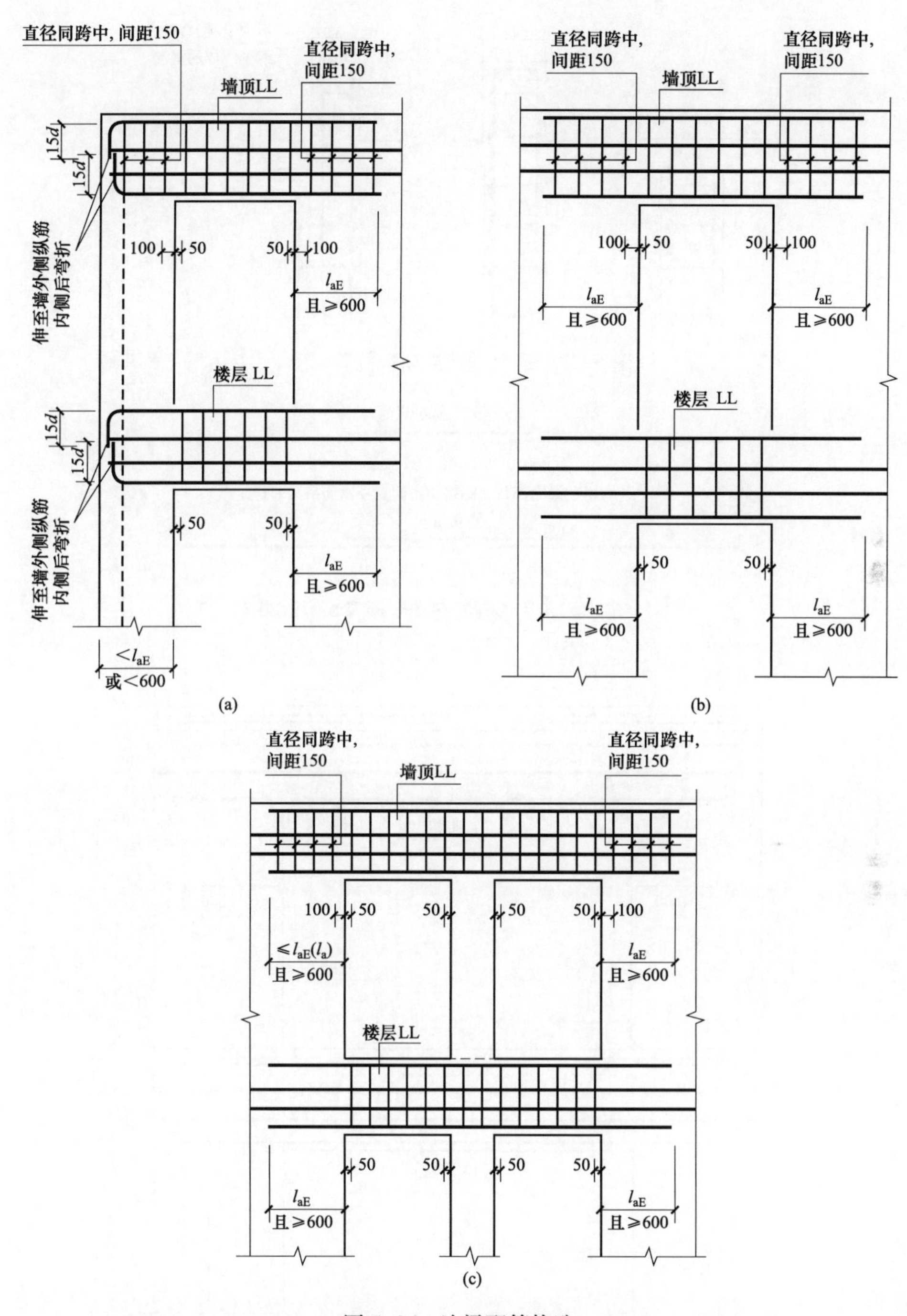

图 5-26 连梁配筋构造

（a）小墙垛处洞口连梁（端部墙肢较短）；（b）单洞口连梁（单跨）；（c）双洞口连梁（双跨）

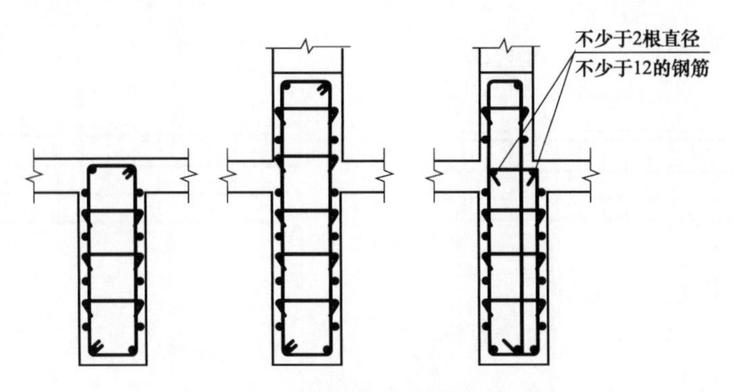

图 5-27 连梁侧面纵筋和拉筋构造

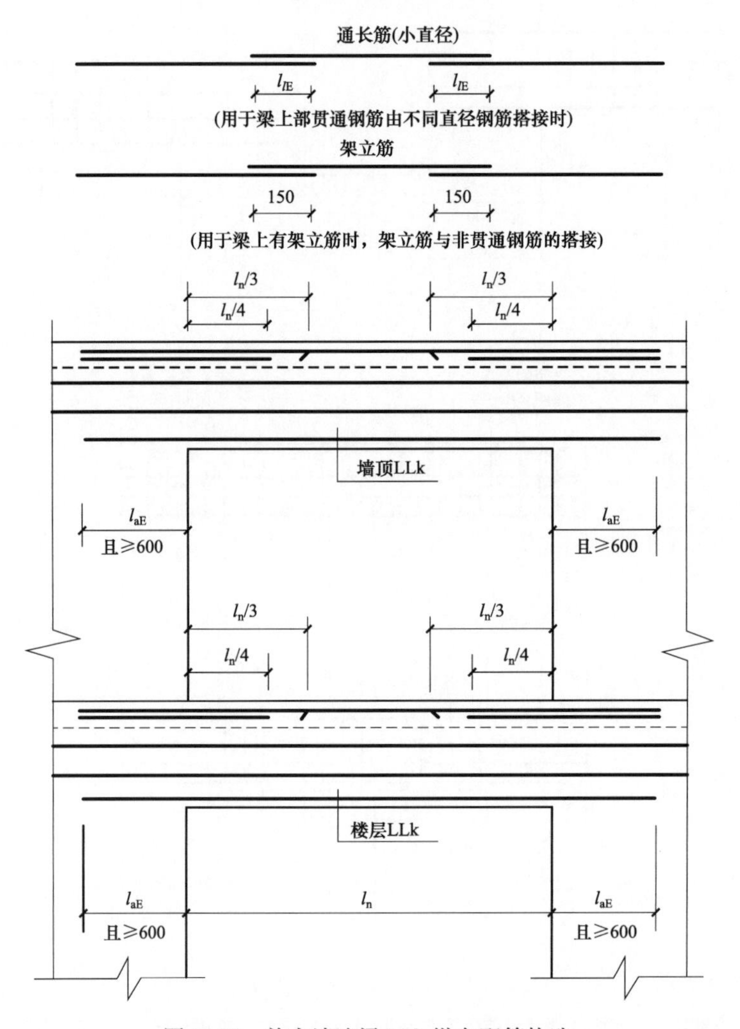

图 5-28 剪力墙连梁 LLk 纵向配筋构造

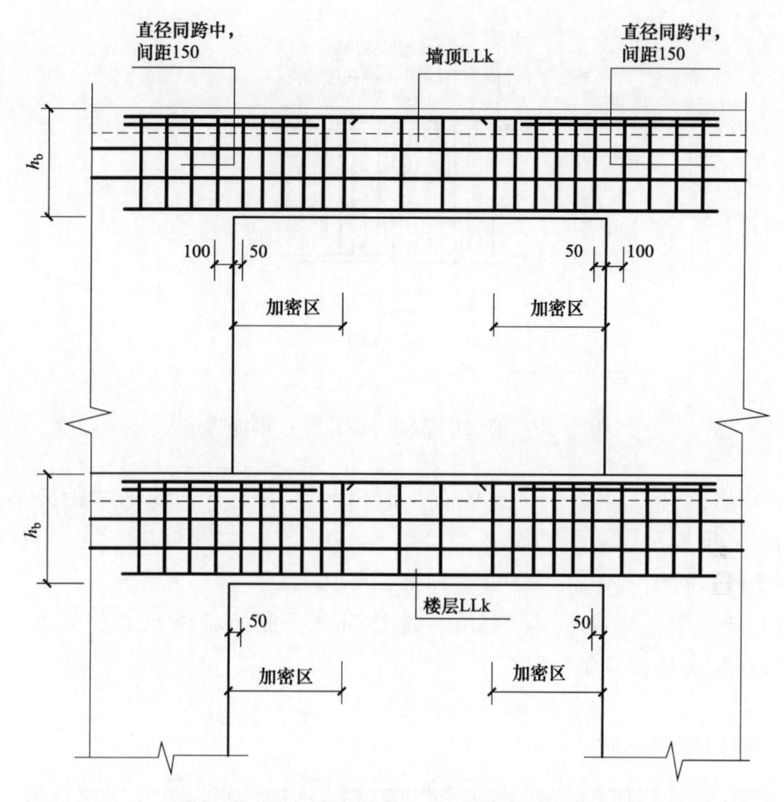

图 5-29 剪力墙连梁 LLk 箍筋加密区构造

(1) 箍筋加密范围。

一级抗震等级：加密区长度为 max（$2h_b$，500）。

二至四级抗震等级：加密区长度为 max（$1.5h_b$，500）。其中，h_b 为梁截面高度。

(2) 梁上部通长钢筋与非贯通钢筋直径相同时，连接位置宜位于跨中 $l_n/3$ 范围内；梁下部钢筋连接位置宜位于支座 $l_n/3$ 范围内；且在同一连接区段内钢筋接头面积百分率不宜大于 50%。

(3) 当梁纵筋（不包括架立筋）采用绑扎搭接接长时，搭接区内箍筋直径不小于 $d/4$（d 为搭接钢筋最大直径），间距不应大于 100 及 $5d$（d 为搭接钢筋最小直径）。

10. 剪力墙洞口补强构造有哪几种情况？补强钢筋的长度计算方法有哪些？

剪力墙洞口钢筋种类包括补强钢筋或补强暗梁纵向钢筋、箍筋、拉筋。

(1) 连梁中部洞口。连梁中部圆形洞口补强钢筋构造如图 5-30 所示。

连梁圆形洞口直径不能大于 300mm，且不能大于连梁高度的 1/3，而且，连

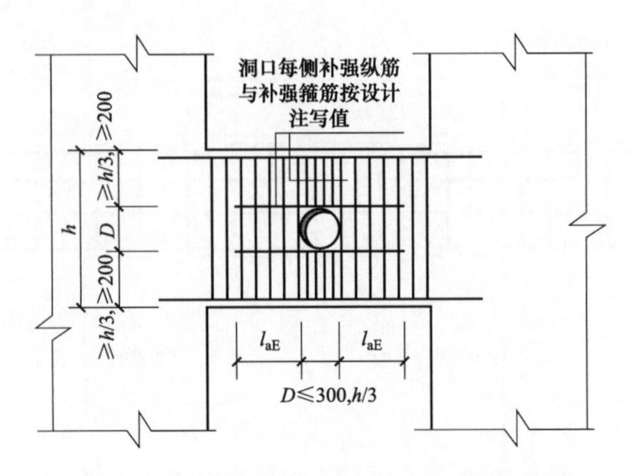

图 5-30 连梁中部圆形洞口补强钢筋构造

梁圆形洞口必须开在连梁的中部位置，洞口到连梁上下边缘的净距离不能小于200mm 且不能小于 1/3 的梁高。

【例 5-1】 YD1 200 -0. 800 2 Φ 14 ϕ12@ 100（2）

【解】 标注中补强纵筋“2 Φ 14”是指洞口一侧的补强纵筋，所以，补强纵筋的总根数和规格为 4 Φ 14。

补强纵筋的长度=洞口直径+$2l_{aE}$

（2）矩形洞口补强。

1）矩形洞宽和洞高均不大于 800mm 时洞口补强纵筋的构造，如图 5-31 所示。

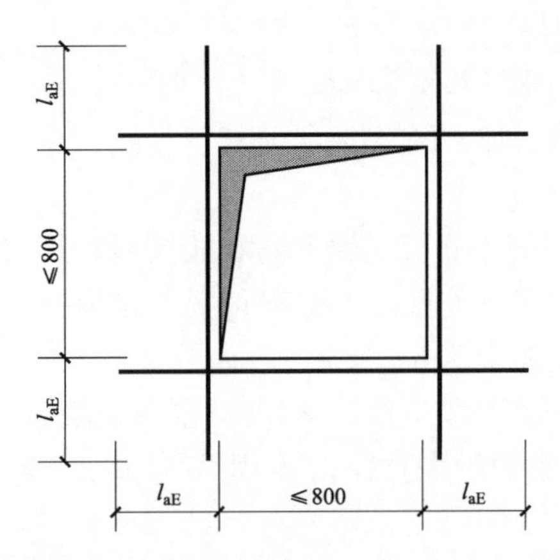

图 5-31 矩形洞宽和洞高均不大于 800mm 时洞口补强纵筋构造

当设计注写补强纵筋时，按注写值补强；当设计未注写时，按每边配置两根直径不小于 12mm 且不小于同向被切断纵向钢筋总面积的 50% 补强。补强钢筋种类与被切断钢筋相同。

2）剪力墙矩形洞口宽度或高度均大于800mm。

剪力墙矩形洞口宽度或高度均大于800mm时的洞口需补强暗梁，如图5-32所示，配筋具体数值按设计要求。

当洞口上边或下边为连梁时，不再重复补强暗梁，洞口竖向两侧设置剪力墙边缘构件。洞口被切断的剪力墙竖向分布钢筋设置弯钩，弯钩长度为15d，在暗梁纵筋内侧锚入梁中。

（3）圆形洞口补强。

1）剪力墙圆洞口直径不大于300mm。剪力墙圆形洞口直径不大于300mm时的洞口需补强钢筋，如图5-33所示。

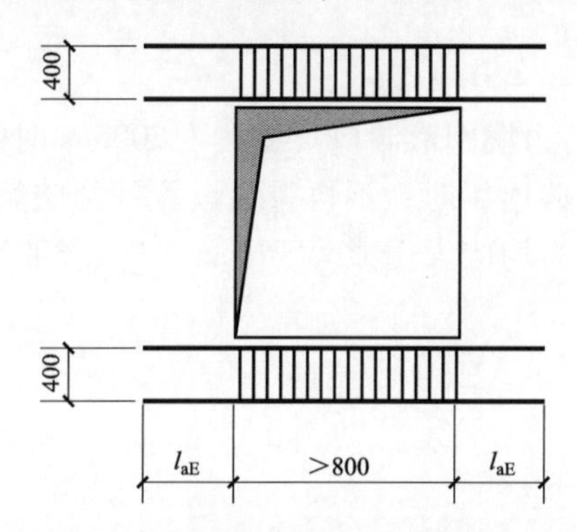

图5-32 剪力墙矩形洞口宽度和高度均大于800mm时补强暗梁构造

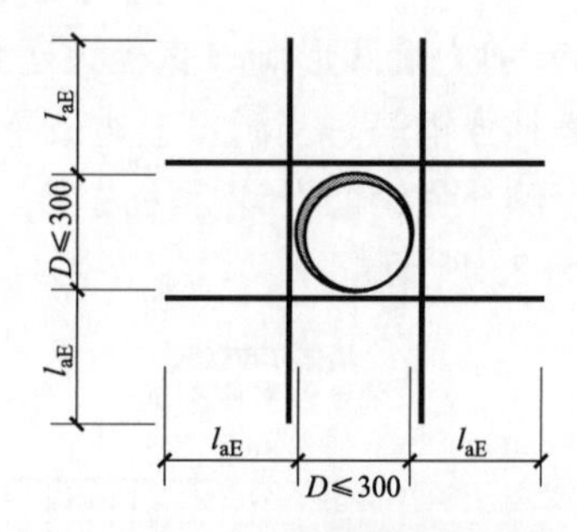

图5-33 剪力墙圆形洞口直径不大于300mm时补强钢筋构造

洞口补强钢筋每边直锚l_{aE}。

补强筋长度=$D+2\times l_{aE}$。

【例5-2】YD1　300　3.100　2⏀14

【解】由标注可以看出，洞口一侧的补强纵筋为2⏀14，全部补强纵筋为8⏀12。

$$补强筋长度=D+2\times l_{aE}=300+2\times l_{aE}$$

2）剪力墙圆形洞口直径大于300mm且小于或等于800mm。剪力墙圆形洞口直径大于300mm且小于或等于800mm的洞口需补强钢筋，如图5-34所示。

洞口补强钢筋每边直锚l_{aE}。

补强钢筋长度=边长$a+2\times l_{aE}$。

【例5-3】YD1　400　3.100　3⏀12

【解】由标注可以看出，洞口一侧的补强纵筋为3⏀12，全部补强纵筋为12⏀12。

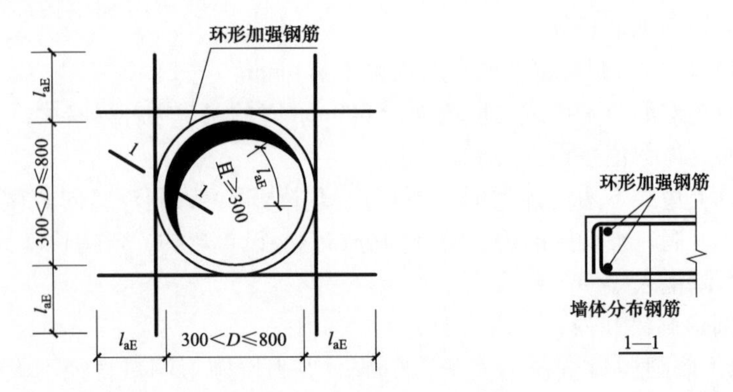

图 5-34 剪力墙圆形洞口直径大于 300mm 且小于或等于 800mm 时补强钢筋构造

$$补强筋长度 = a+2\times l_{aE} = 400+2\times l_{aE}$$

3）剪力墙圆形洞口直径大于 800mm。剪力墙圆形洞口直径大于 800mm 时的洞口需补强钢筋。当洞口上边或下边为剪力墙连梁时，不再重复设置补强暗梁。洞口每侧补强钢筋设计标注内容，锚固长度为均应大于或等于 max（l_{aE}，300），如图 5-35 所示。

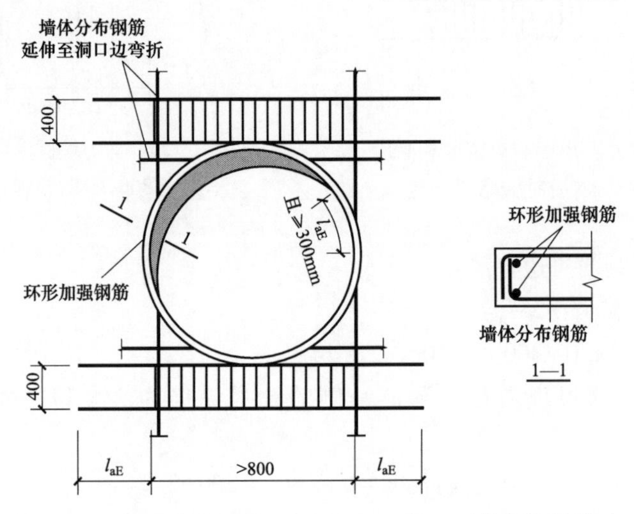

图 5-35 剪力墙圆形洞口直径大于 800mm 时补强钢筋构造

6 板构件平法钢筋识图与算量

板是指主要用来承受垂直于板面的荷载，厚度远小于平面尺度的平面构件。板主要可分为有梁楼盖板和无梁楼盖板两种。本章主要就这两种楼板的平法识图和钢筋构造进行详细的介绍，也通过一些计算实例分析说明了不同类型板钢筋的计算方法。

6.1 有梁楼盖板识图

1. 有梁楼盖板的平法施工图有哪些表示方法?

有梁楼盖板平法施工图，是在楼面板和屋面板布置图上，采用平面注写的表达方式，如图 6-1 所示。板平面注写主要包括板块集中标注和板支座原位标注。

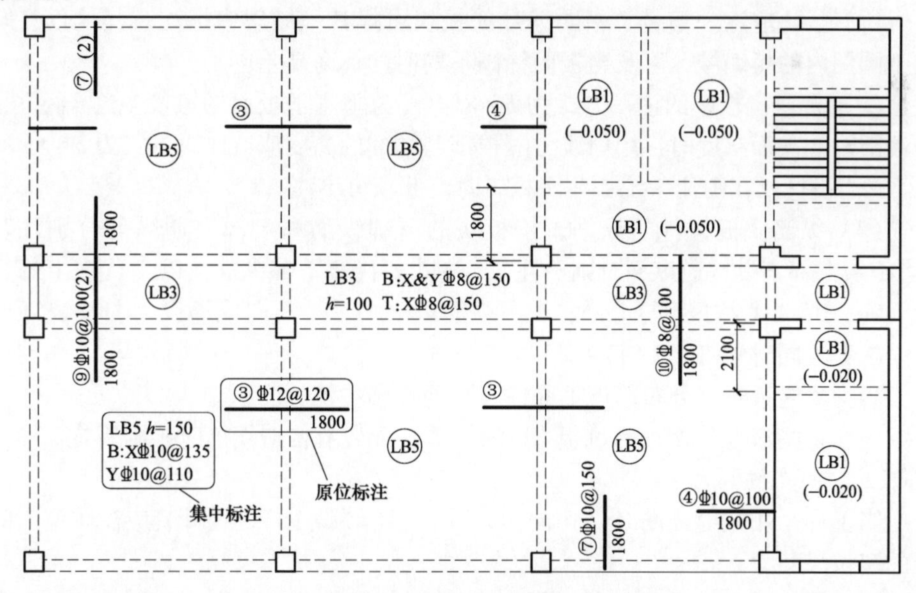

图 6-1　板平面表达方式

2. 在板结构中，平面坐标方向是如何规定的?

为方便设计表达和施工识图，规定结构平面的坐标方向为：

（1）当两向轴网正交布置时，图面从左至右为 X 向，从下至上为 Y 向。

（2）当轴网转折时，局部坐标方向顺轴网转折角度做相应转折。

（3）当轴网向心布置时，切向为 X 向，径向为 Y 向。

此外，对于平面布置比较复杂的区域，如轴网转折交界区域、向心布置的核心区域等，其平面坐标方向应由设计者另行规定并在图上明确表示。

3. 板块集中标注包括哪些内容?

板块集中标注的内容包括板块编号、板厚、上部贯通纵筋，下部纵筋，以及当板面标高不同时的标高高差。

（1）板块编号。首先来介绍下板块的定义。对于普通楼盖，两向均以一跨为一板块；对于密肋楼盖，两向主梁（框架梁）均以一跨为一板块（非主梁密肋不计）。板块编号的表达方式见表 6-1。

表 6-1　　板　块　编　号

板类型	代号	序号
楼面板	LB	××
屋面板	WB	××
悬挑板	XB	××

所有板块应逐一编号，相同编号的板块可择其一做集中标注，其他仅注写置于圆圈内的板编号，以及当板面标高不同时的标高高差。

（2）板厚。板厚的注写方式为 h=×××（为垂直于板面的厚度）；当悬挑板的端部改变截面厚度时，用斜线分隔根部与端部的高度值，注写方式为 h=×××/×××；当设计已在图注中统一注明板厚时，此项可不注。

（3）纵筋。板构件的纵筋，按板块的下部纵筋和上部贯通纵筋分别注写（当板块上部不设贯通纵筋时则不注），并以 B 代表下部纵筋，以 T 代表上部贯通纵筋，B&T 代表下部与上部；X 向纵筋以 X 打头，Y 向纵筋以 Y 打头，两向纵筋配置相同时则以 X&Y 打头。

当为单向板时，分布筋可不必注写，而在图中统一注明。

当在某些板内（例如悬挑板 XB 的下部）配置有构造钢筋时，则 X 向以 X_c，Y 向以 Y_c 打头注写。

当 Y 向采用放射配筋时（切向为 X 向，径向为 Y 向），设计者应注明配筋间距的定位尺寸。

当纵筋采用两种规格钢筋“隔一布一”方式时，表达为Φ xx/yy@ ×××，表示直径为 xx 的钢筋和直径为 yy 的钢筋二者之间间距为×××，直径 xx 的钢筋间距为×××的 2 倍，直径 yy 的钢筋的间距为×××的 2 倍。

4. 板支座原位标注包括哪些内容?

板支座原位标注的内容为板支座上部非贯通纵筋和悬挑板上部受力钢筋。

板支座原位标注的钢筋应在配置相同跨的第一跨表达（当在梁悬挑部位单独配置时则在原位表达)。在配置相同跨的第一跨（或梁悬挑部位)，垂直于板支座（梁或墙）绘制一段适宜长度的中粗实线（当该筋通长设置在悬挑板或短跨板上部时，实线段应画至对边或贯通短跨)，以该线段代表支座上部非贯通纵筋，并在线段上方注写钢筋编号（如① 、② 等)、配筋值、横向连续布置的跨数（注写在括号内，且当为一跨时可不注)，以及是否横向布置到梁的悬挑端。

板支座上部非贯通筋自支座中线向跨内的伸出长度，注写在线段的下方位置。

当中间支座上部非贯通纵筋向支座两侧对称伸出时，可仅在支座一侧线段下方标注伸出长度，另一侧不注，如图 6-2 所示。

当向支座两侧非对称伸出时，应分别在支座两侧线段下方注写伸出长度，如图 6-3 所示。

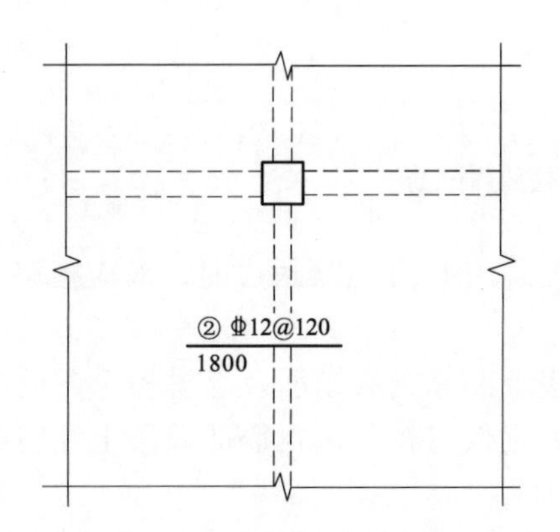

图 6-2　板支座上部非贯通筋对称伸出

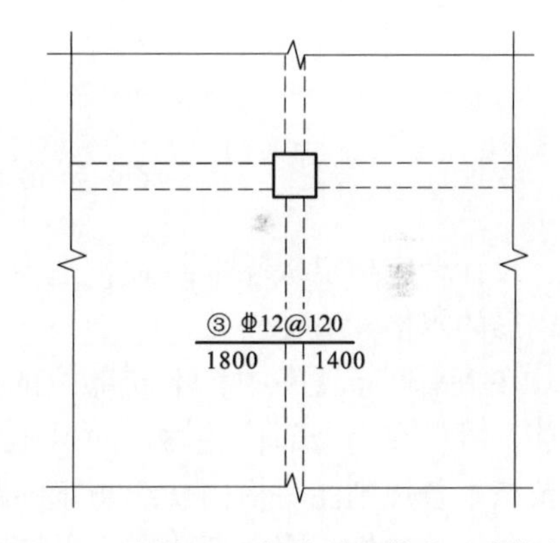

图 6-3　板支座上部非贯通筋非对称伸出

对线段画至对边贯通全跨或贯通全悬挑长度的上部通长纵筋，贯通全跨或伸出至全悬挑一侧的长度值不注，只注明非贯通筋另一侧的伸出长度值，如图 6-4 所示。

当板支座为弧形，支座上部非贯通纵筋呈放射状分布时，设计者应注明配筋间距的度量位置并加注“放射分布”四字，必要时应补绘平面配筋图，如图 6-5 所示。

关于悬挑板的注写方式如图 6-6 所示。当悬挑板端部厚度不小于 150mm

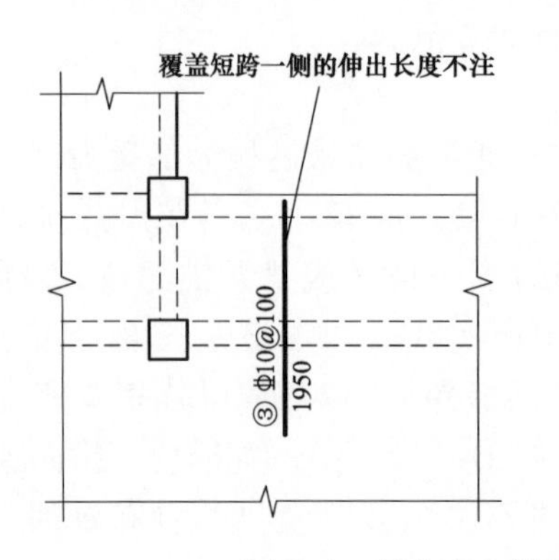

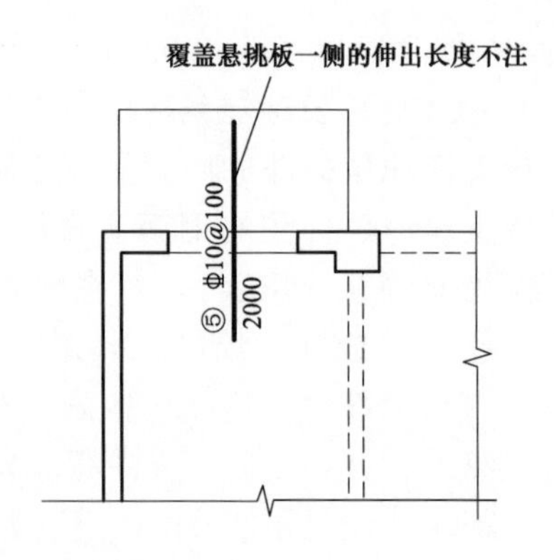

图 6-4　板支座上部非贯通筋贯通全跨或伸至悬挑端

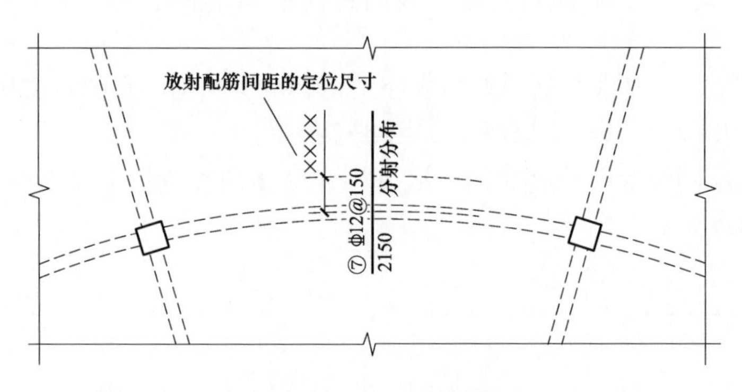

图 6-5　弧形支座处放射配筋

时，设计者应指定板端部封边构造方式，当采用 U 形钢筋封边时，尚应指定 U 形钢筋的规格和直径。

在板平面布置图中，不同部位的板支座上部非贯通纵筋及悬挑板上部受力钢筋，可仅在一个部位注写，对其他相同者则仅需在代表钢筋的线段上注写编号及按本条规则注写横向连续布置的跨数即可。

此外，与板支座上部非贯通纵筋垂直且绑扎在一起的构造钢筋或分布钢筋，应由设计者在图中注明。

当板的上部已配置有贯通纵筋，但需增配板支座上部非贯通纵筋时，应结合已配置的同向贯通纵筋的直径与间距采取“隔一布一”方式配置。

“隔一布一”方式，为非贯通纵筋的标注间距与贯通纵筋相同，两者组合后的实际间距为各自标注间距的 1/2。当设定贯通纵筋为纵筋总截面面积的 50% 时，两种钢筋应取相同直径；当设定贯通纵筋大于或小于总截面面积的 50% 时，两种钢筋则取不同直径。

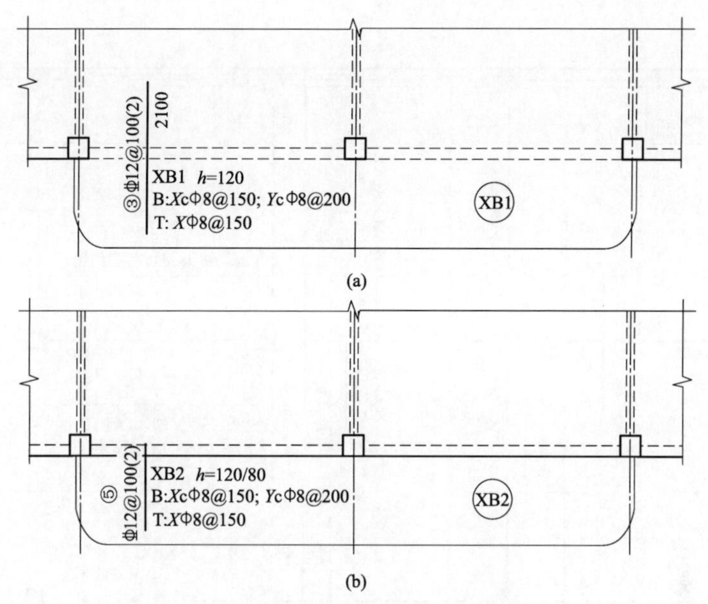

图 6-6 悬挑板支座非贯通筋

6.2 无梁楼盖板识图

1. 无梁楼盖板平法施工图有哪些表示方法？

无梁楼盖平法施工图，是在楼面板和屋面板布置图上，采用平面注写的表达方式。

板平面注写主要有板带集中标注、板带支座原位标注两部分内容，如图 6-7 所示。

2. 板带集中标注包括哪些内容？

集中标注应在板带贯通纵筋配置相同跨的第一跨（*X* 向为左端跨，*Y* 向为下端跨）注写。相同编号的板带可择其一做集中标注，其他仅注写板带编号（注在圆圈内）。

板带集中标注的具体内容为板带编号、板带厚、板带宽和贯通纵筋。

（1）板带编号。板带编号的表达形式见表 6-2。

表 6-2　　板 带 编 号

板带类型	代号	序号	跨数及有无悬挑
柱上板带	ZSB	××	(××)、(××A) 或 (××B)
跨中板带	KZB	××	(××)、(××A) 或 (××B)

注：1. 跨数按柱网轴线计算（两相邻柱轴线之间为一跨）。

2. (××A) 为一端有悬挑，(××B) 为两端有悬挑，悬挑不计入跨数。

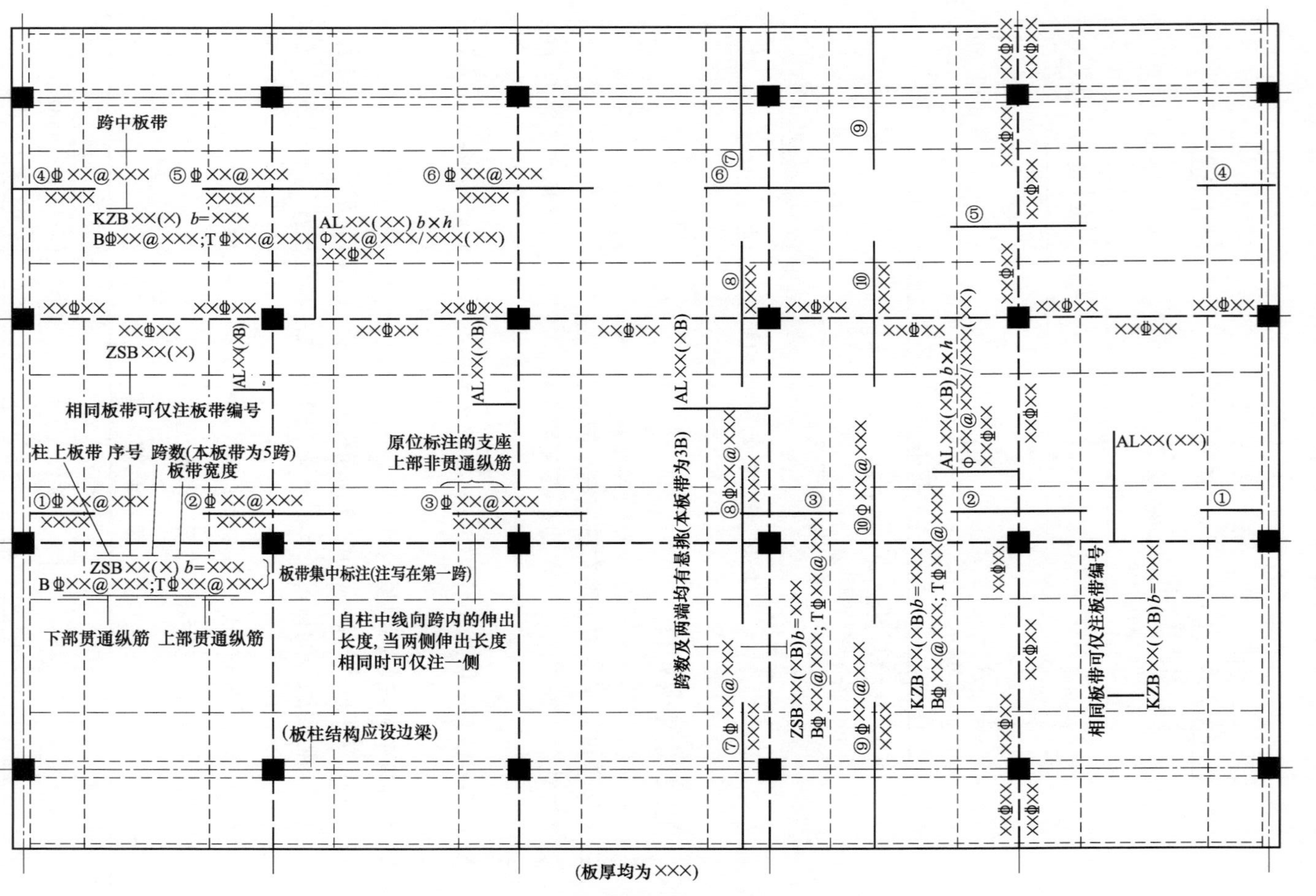

(板厚均为×××)

图 6-7　无梁楼盖板注写方式

（2）板带厚及板带宽。板带厚注写为 h=×××，板带宽注写为 b=×××。当无梁楼盖整体厚度和板带宽度已在图中注明时，此项可不注。

（3）贯通纵筋。贯通纵筋按板带下部和板带上部分别注写，并以 B 代表下部，T 代表上部，B&T 代表下部和上部。当采用放射配筋时，设计者应注明配筋间距的度量位置，必要时补绘配筋平面图。

（4）当局部区域的板面标高与整体不同时，应在无梁楼盖的板平法施工图上注明板面标高高差及分布范围。

3. 板带支座原位标注包括哪些内容？

板带支座原位标注的具体内容为板带支座上部非贯通纵筋。

以一段与板带同向的中粗实线段代表板带支座上部非贯通纵筋；对柱上板带，实线段贯穿柱上区域绘制；对跨中板带，实线段横贯柱网轴线绘制。在线段上注写钢筋编号（如① 、② 等）、配筋值及在线段的下方注写自支座中线向两侧跨内的伸出长度。

当板带支座非贯通纵筋自支座中线向两侧对称伸出时，其伸出长度可仅在一侧标注；当配置在有悬挑端的边柱上时，该筋伸出到悬挑尽端，设计不注。当支座上部非贯通纵筋呈放射分布时，设计者应注明配筋间距的定位位置。

不同部位的板带支座上部非贯通纵筋相同者，可仅在一个部位注写，其余则在代表非贯通纵筋的线段上注写编号。

当板带上部已经配有贯通纵筋，但需增加配置板带支座上部非贯通纵筋时，应结合已配同向贯通纵筋的直径与间距，采取“隔一布一”的方式配置。

4. 暗梁有哪些表示方法？

暗梁平面注写包括暗梁集中标注、暗梁支座原位标注两部分内容。施工图中在柱轴线处画中粗虚线表示暗梁。

（1）暗梁集中标注。暗梁集中标注包括暗梁编号、暗梁截面尺寸（箍筋外皮宽度×板厚）、暗梁箍筋、暗梁上部通长筋或架立筋四部分内容。暗梁编号见表 6-3，其他注写方式同梁构件平面注写中的集中标注方式（见第 4 章）。

表 6-3　　暗梁编号

构件类型	代号	序号	跨数及有无悬挑
暗梁	AL	××	(××)、(××A) 或 (××B)

注：1. 跨数按柱网轴线计算（两相邻柱轴线之间为一跨）。
2. (××A) 为一端有悬挑，(××B) 为两端有悬挑，悬挑不计入跨数。

（2）暗梁支座原位标注。暗梁支座原位标注包括梁支座上部纵筋、梁下部纵筋。当在暗梁上集中标注的内容不适用于某跨或某悬挑端时，则将其不同数值标注在该跨或该悬挑端，施工时按原位注写取值。注写方式同梁构件平面注写中的原位标注方式（见第4章）。

当设置暗梁时，柱上板带及跨中板带标注方式与板带集中标注和板支座原位标注的内容一致。柱上板带标注的配筋仅设置在暗梁之外的柱上板带范围内。

暗梁中纵向钢筋连接、锚固及支座上部纵筋的伸出长度等要求同轴线处柱上板带中纵向钢筋。

6.3 楼板相关构造识图

1. 楼板相关构造如何用平法表达?

楼板相关构造的平法施工图设计在板平法施工图上采用直接引注方式表达。

楼板相关构造编号见表6-4。

表6-4 楼板相关构造类型与编号

构造类型	代号	序号	说　明
纵筋加强带	JQD	××	以单向加强筋取代原位置配筋
后浇带	HJD	××	有不同的留筋方式
柱帽	ZMX	××	适用于无梁楼盖
局部升降板	SJB	××	板厚及配筋所在板相同；构造升降高度小于或等于300mm
板加腋	JY	××	腋高与腋宽可选注
板开洞	BD	××	最大边长或直径小于1000mm；加强筋长度有全跨贯通和自洞边锚固两种
板翻边	FB	××	翻边高度小于或等于300mm
角部加强筋	Crs	××	以上部双向非贯通加强钢筋取代原位置的非贯通配筋
悬挑板阴角附加筋	Cis	××	板悬挑阴角上部斜向附加钢筋
悬挑阳角放射筋	Ces	××	板悬挑阳角上部放射筋
抗冲切箍筋	Rh	××	通常用于无柱帽无梁楼盖的柱顶
抗冲切弯起筋	Rb	××	通常用于无柱帽无梁楼盖的柱项

2. 纵筋加强带如何进行直接引注?

纵筋加强带的平面形状及定位由平面布置图表达，加强带内配置的加强贯通纵筋等由引注内容表达。

纵筋加强带设单向加强贯通纵筋，取代其所在位置板中原配置的同向贯通纵筋。根据受力需要，加强贯通纵筋可在板下部配置，也可在板下部和上部均设置。纵筋加强带的引注如图 6-8 所示。

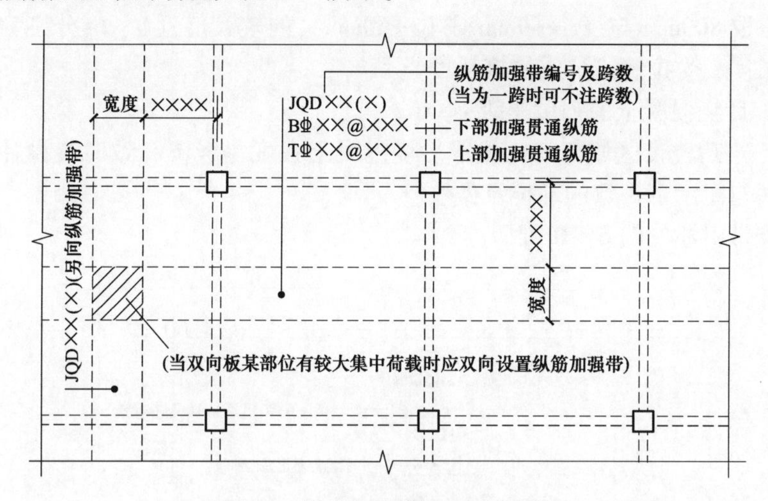

图 6-8 纵筋加强带 JQD 引注图示

当板下部和上部均设置加强贯通纵筋，板带上部横向无配筋时，加强带上部横向配筋应由设计者注明。

当将纵筋加强带设置为暗梁形式时应注写箍筋，其引注如图 6-9 所示。

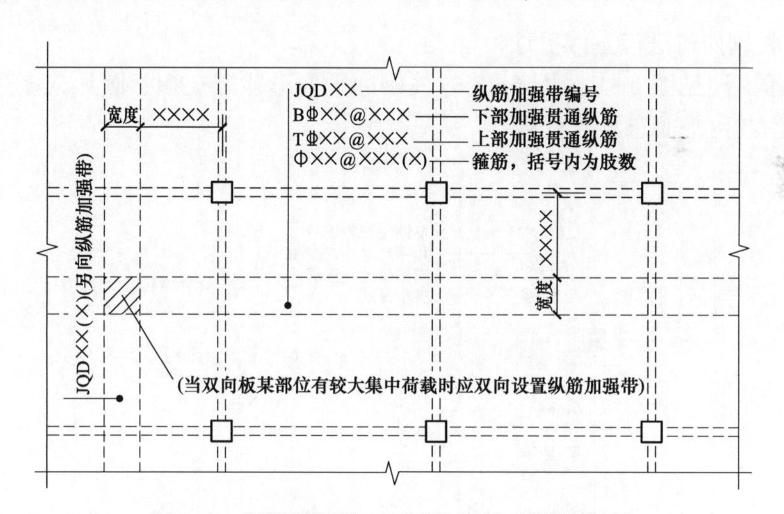

图 6-9 纵筋加强带 JQD 引注图示（暗梁形式）

3. 后浇带如何进行直接引注？

后浇带的平面形状及定位由平面布置图表达，后浇带留筋方式等由引注内容表达，包括如下内容：

（1）后浇带编号及留筋方式代号。留筋方式包括贯通和 100% 搭接两种方式。贯通钢筋的后浇带宽度通常取大于或等于 800mm；100% 搭接钢筋的后浇带宽度通常取 800mm 与（l_l+60mm 或 l_{lE}+60mm）的较大值（l_l、l_{lE}分别为受拉钢筋搭接长度、受拉钢筋抗震搭接长度）。

（2）后浇混凝土的强度等级 C××。

（3）当后浇带区域留筋方式或后浇混凝土强度等级不一致时，设计者应在图中注明与图示不一致的部位及做法。

后浇带引注如图 6-10 所示。

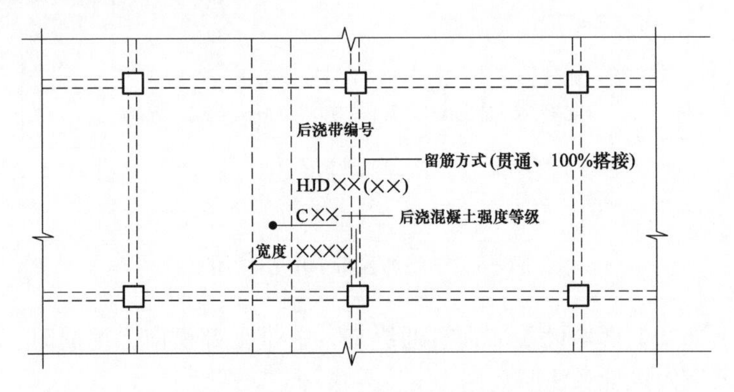

图 6-10 后浇带引注方式

4. 柱帽如何进行直接引注?

柱帽引注见图 6-11~图 6-14。柱帽的平面形状有矩形、圆形或多边形等，其平面形状由平面布置图表达。

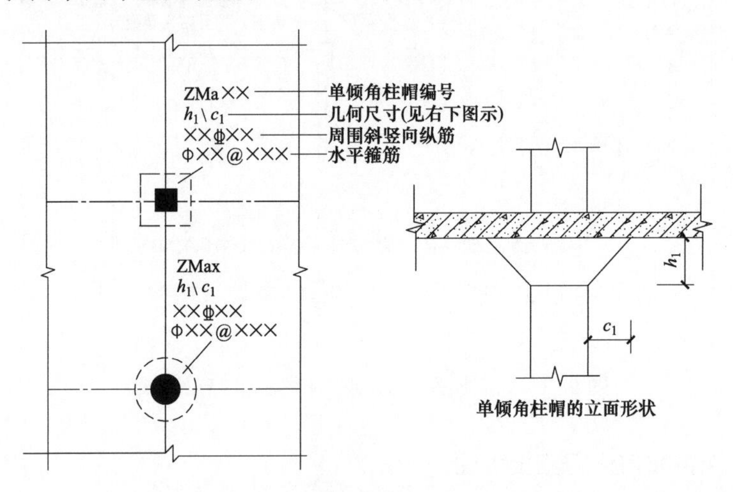

图 6-11 单倾角柱帽 ZMa 引注图示

柱帽的立面形状有单倾角柱帽 ZMa（图 6-11）、托板柱帽 ZMb（图6-12）、变倾角柱帽 ZMc（图 6-13）和倾角托板柱帽 ZMab（图 6-14）等，其立面几何尺寸和配筋由具体的引注内容表达。图中 c_1、c_2 当 X、Y 方向不一致时，应标注（$c_{1,X}$，$c_{1,Y}$）、（$c_{2,X}$，$c_{2,Y}$）。

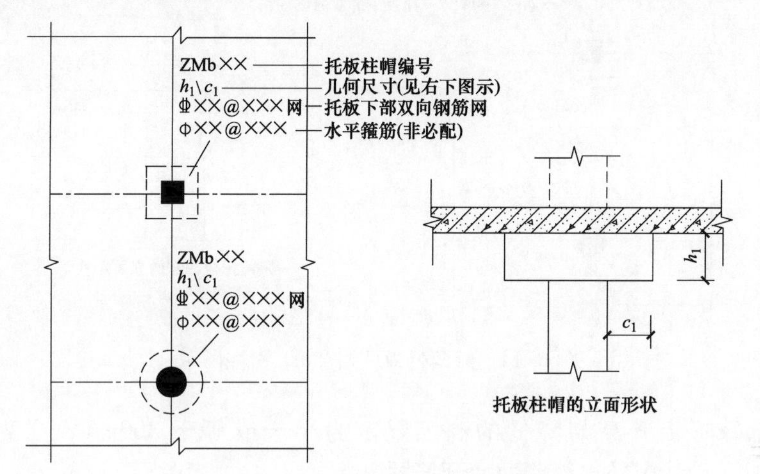

图 6-12 托板柱帽 ZMb 引注图示

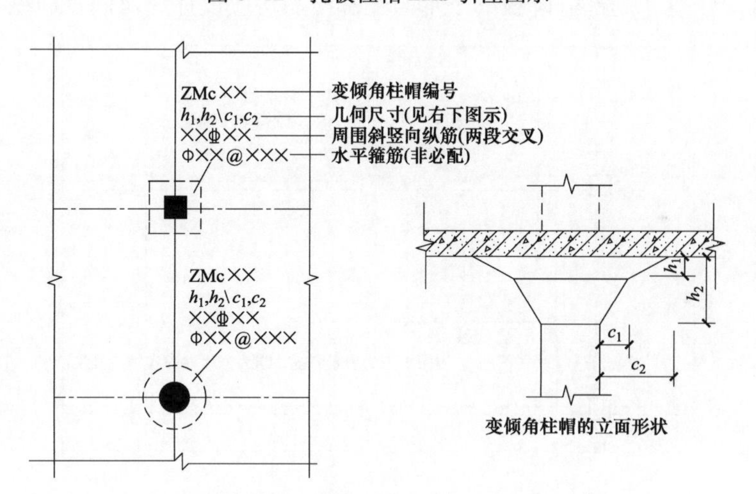

图 6-13 变倾角柱帽 ZMc 引注图示

5. 局部升降板如何进行直接引注？

局部升降板的引注如图 6-15 所示。局部升降板的平面形状及定位由平面布置图表达，其他内容由引注内容表达。

局部升降板的板厚、壁厚和配筋，在标准构造详图中取与所在板块的板厚和配筋相同，设计不注；当采用不同板厚、壁厚和配筋时，设计应补充绘制截面配筋图。

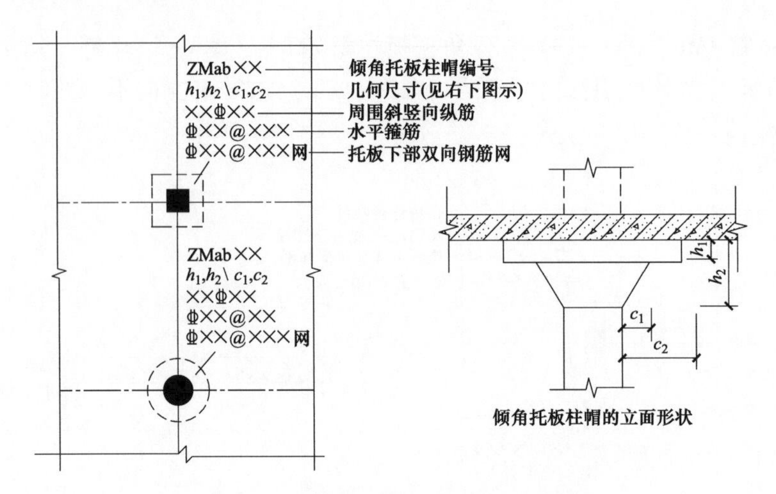

图 6-14　倾角托板柱帽 ZMab 引注图示

局部升降板升高与降低的高度限定为小于或等于 300mm，当高度大于 300mm 时，设计应补充绘制截面配筋图。

设计应注意：局部升降板的下部与上部配筋均应设计为双向贯通纵筋。

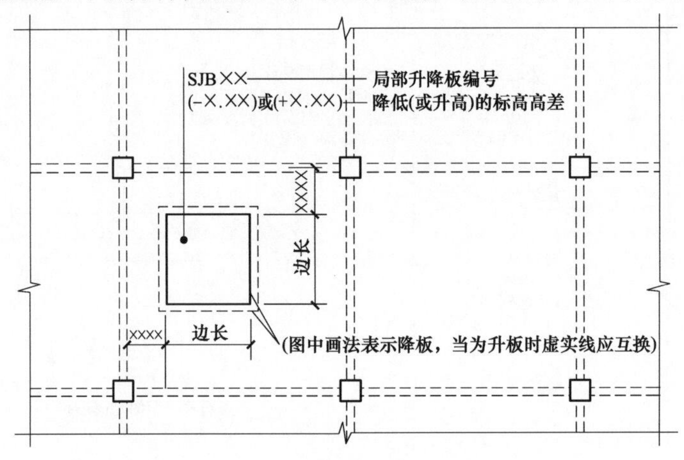

图 6-15　局部升降板 SJB 引注图示

6. 板加腋如何进行直接引注?

板加腋的引注如图 6-16 所示。板加腋的位置与范围由平面布置图表达，腋宽、腋高及配筋等由引注内容表达。

当为板底加腋时腋线应为虚线，当为板面加腋时腋线应为实线；当腋宽与腋高同板厚时，设计不注。加腋配筋按标准构造，设计不注；当加腋配筋与标准构造不同时，设计应补充绘制截面配筋图。

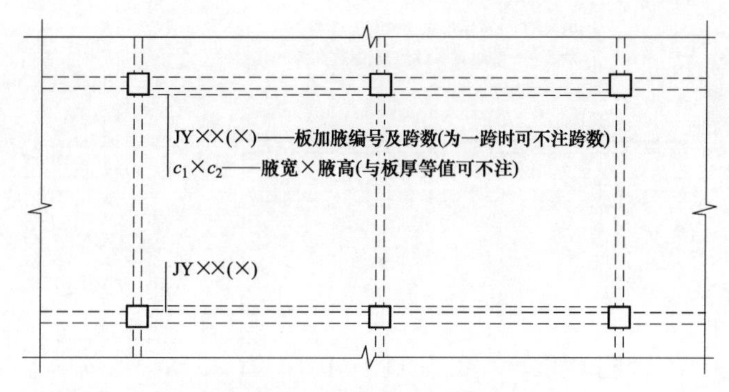

图 6-16 板加腋引注图示

7. 板开洞如何进行直接引注?

板开洞的引注如图 6-17 所示。板开洞的平面形状及定位由平面布置图表达，洞的几何尺寸等由引注内容表达。

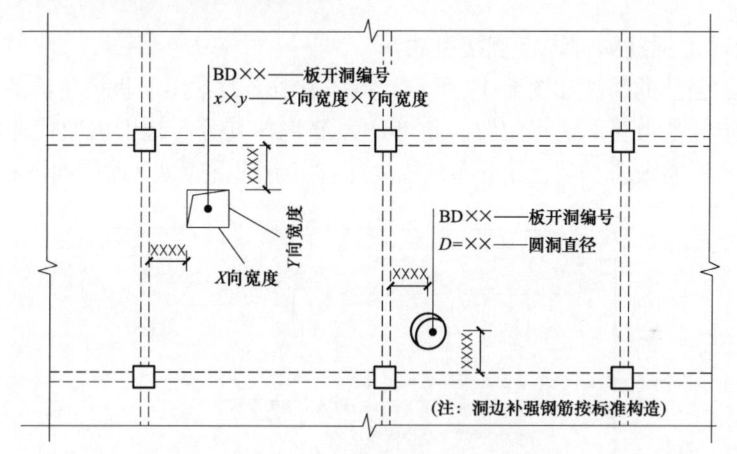

图 6-17 板开洞 BD 引注图示

当矩形洞口边长或圆形洞口直径小于或等于 1000mm，且当洞边无集中荷载作用时，洞边补强钢筋可按标准构造的规定设置，设计不注；当洞口周边加强钢筋不伸至支座时，应在图中画出所有加强钢筋，并标注不伸至支座的钢筋长度。当具体工程所需要的补强钢筋与标准构造不同时，设计应加以注明。

当矩形洞口边长或圆形洞口直径大于 1000mm，或虽小于或等于 1000mm，但洞边有集中荷载作用时，设计应根据具体情况采取相应的处理措施。

8. 板翻边如何进行直接引注?

板翻边的引注如图 6-18 所示。板翻边可为上翻也可为下翻，翻边尺寸等在引注内容中表达，翻边高度在标准构造详图中为小于或等于 300mm。当翻边高度大于 300mm 时，由设计者自行处理。

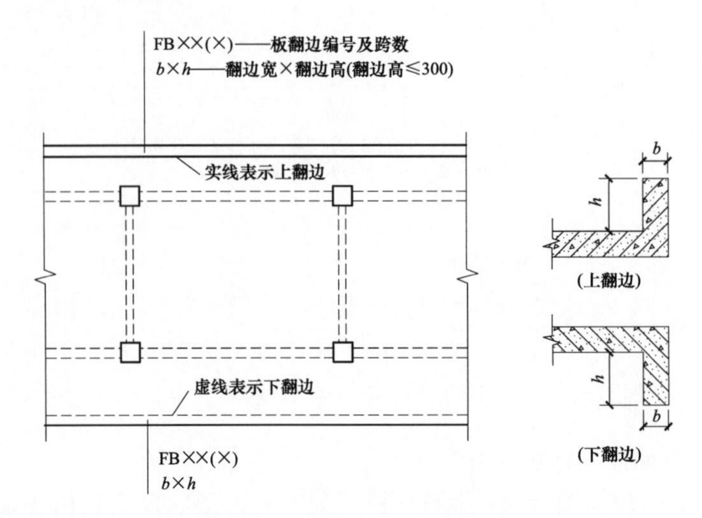

图 6-18 板翻边 FB 引注图示

9. 角部加强筋如何进行直接引注?

角部加强筋的引注如图 6-19 所示。角部加强筋通常用于板块角区的上部，根据规范规定的受力要求选择配置。角部加强筋将在其分布范围内取代原配置的板支座上部非贯通纵筋，且当其分布范围内配有板上部贯通纵筋时则间隔布置。

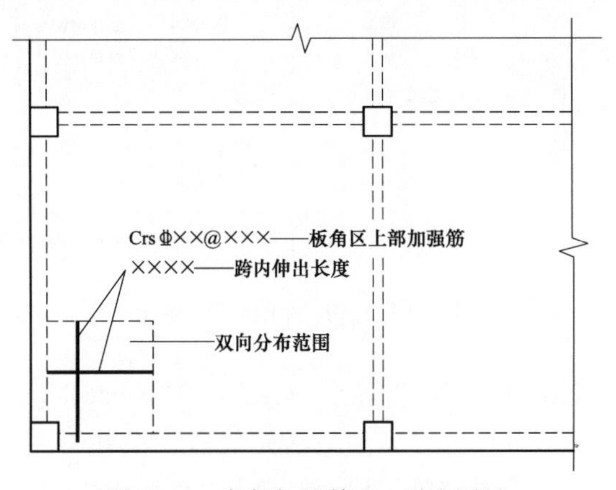

图 6-19 角部加强筋 Crs 引注图示

10. 悬挑板阴角附加筋如何进行直接引注?

悬挑板阴角附加筋的引注如图 6-20 所示。悬挑板阴角附加筋是指在悬挑板的阴角部位斜放的附加钢筋，该附加钢筋设置在板上部悬挑受力钢筋的下面。

11. 悬挑板阳角附加筋如何进行直接引注?

悬挑板阳角附加筋的引注如图 6-21 和图 6-22 所示。

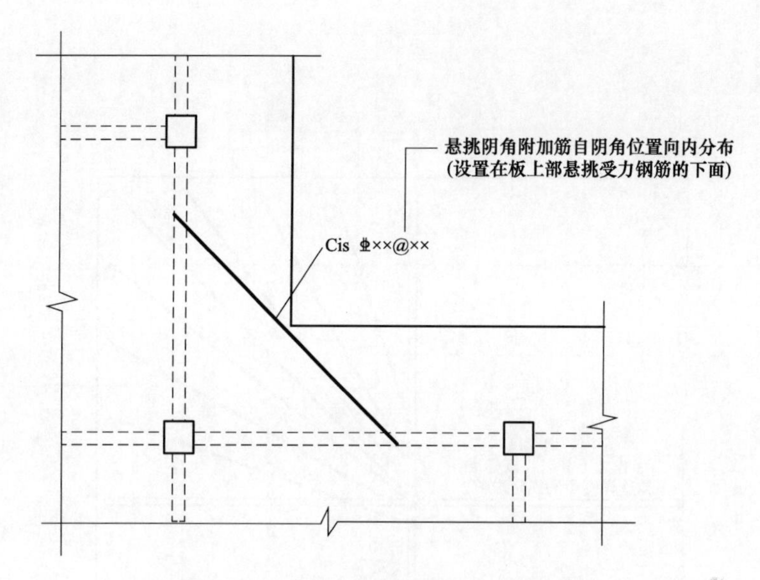

图 6-20 悬挑板阴角附加筋 Cis 引注图示

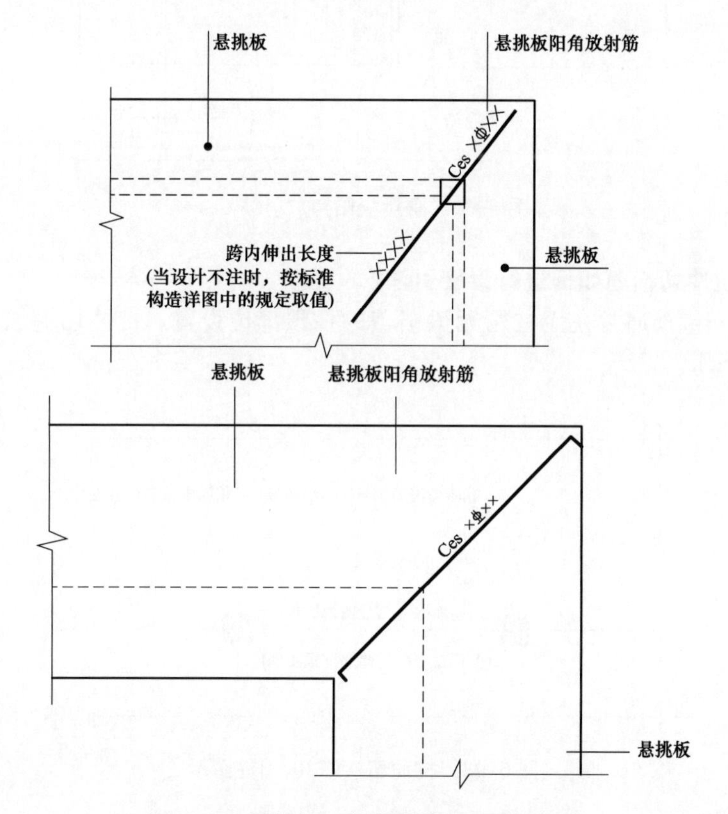

图 6-21 悬挑板阳角附加筋 Ces 引注图示

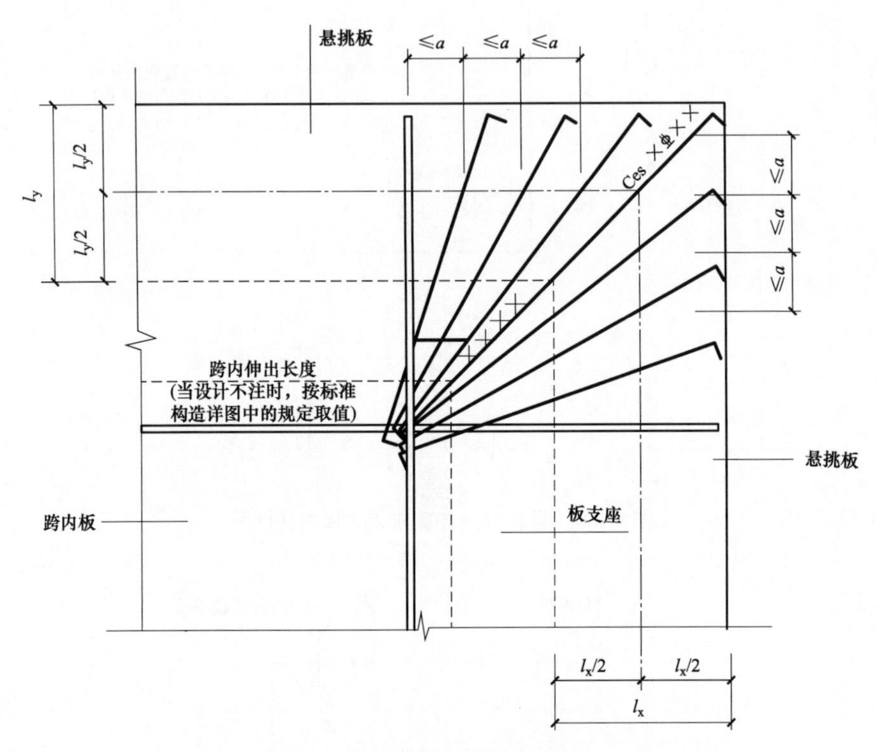

图 6-22　悬挑板阳角放射筋 Ces

12. 抗冲切箍筋如何进行直接引注?

抗冲切箍筋通常在无柱帽无梁楼盖的柱顶部位设置。抗冲切箍筋的引注如图 6-23 所示。

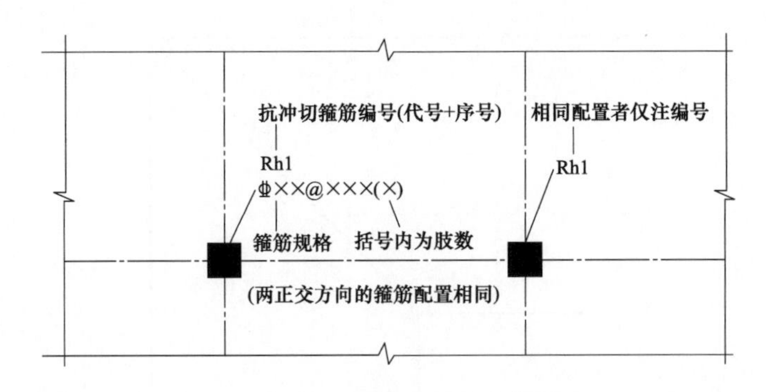

图 6-23　抗冲切箍筋 Rh 引注图示

13. 抗冲切弯起筋如何进行直接引注?

抗冲切弯起筋通常在无柱帽无梁楼盖的柱顶部位设置。抗冲切弯起筋的引注如图 6-24 所示。

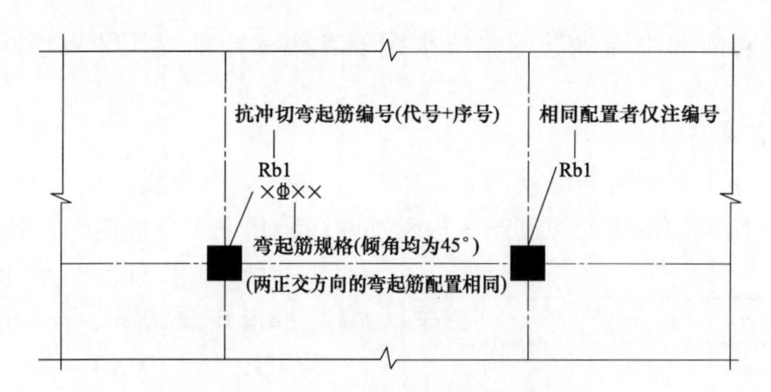

图 6-24 抗冲切弯起筋 Rb 引注图示

6.4 板构件钢筋构造与算量

本节只重点讲解有梁楼盖楼(屋)面板、悬挑板及板带的有关构造，其他板构件的构造在此不作介绍，请读者自行学习。

1. 有梁楼盖楼(屋)面板配筋构造包括哪些内容?

有梁楼盖楼(屋)面板配筋构造如图 6-25 所示。

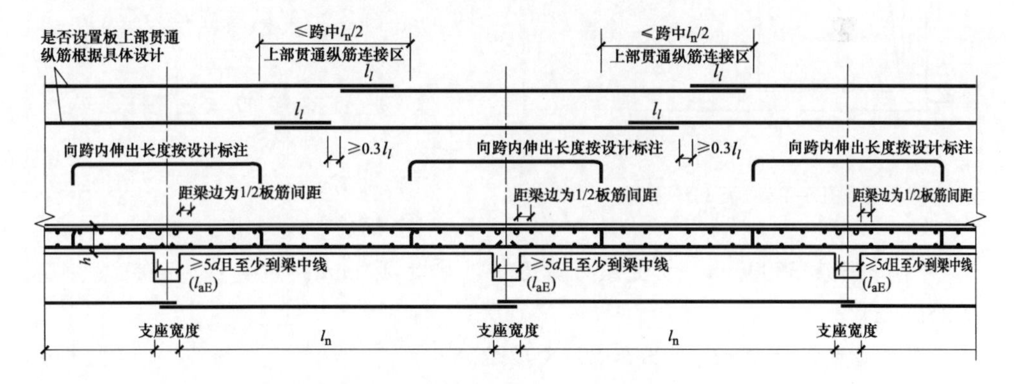

图 6-25 有梁楼盖楼(屋)面板配筋构造

(1) 中间支座钢筋构造。

1) 上部纵筋。

a. 上部非贯通纵筋向跨内伸出长度详见设计标注。

b. 与支座垂直的贯通纵筋贯通跨越中间支座，上部贯通纵筋连接区在跨中 1/2 跨度范围之内；相邻等跨或不等跨的上部贯通纵筋配置不同时，应将配置较大者越过其标注的跨数终点或起点延伸至相邻跨的跨中连接区域连接。

与支座同向的贯通纵筋的第一根钢筋在距梁角筋为 1/2 板筋间距处开始设置。

2）下部纵筋。

a. 与支座垂直的贯通纵筋伸入支座 $5d$ 且至少到梁中线。

b. 与支座同向的贯通纵筋第一根钢筋在距梁角筋 1/2 板筋间距处开始设置。

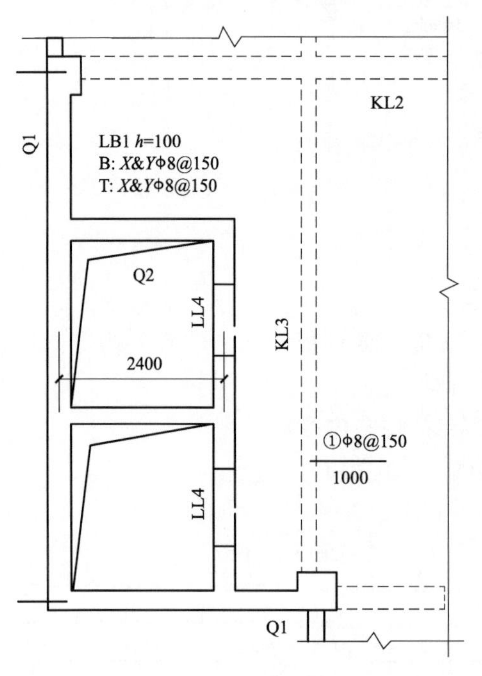

图 6-26 板 LB1 示意

【例 6-1】 计算板的上部贯通纵筋。如图 6-26 所示，板 LB1 的集中标注为 LB1，$h=100$，B：$X\&Y$ Φ 8@ 150，T：$X\&Y$ Φ 8@ 150。

LB1 的大边尺寸为 3500mm × 7000mm，在板的左下角设有两个并排的电梯井（尺寸为 2400mm × 4800mm）。该板右边的支座为框架梁 KL3（250mm×650mm），板的其余各边均为剪力墙结构（厚度为 280mm），混凝土强度等级 C40，二级抗震等级。墙身水平分布筋直径为 14mm，KL3 上部纵筋直径为 20mm。

【解】

（1）X 方向的上部贯通纵筋计算。

1）长筋。

① 钢筋长度计算：

（轴线跨度 3500mm；左支座为剪力墙，厚度 280mm；右支座为框架梁，宽度 250mm）

左支座直锚长度 $=l_{aE}=29d=29\times8=232$（mm）

右支座直锚长度 $=250-25-20=205$（mm）

上部贯通纵筋的直段长度 $=(3500-150-125)+232+205=3662$（mm）

右支座弯钩长度 $=l_{aE}-$直锚长度 $=29d-205=29\times8-205=27$（mm）

上部贯通纵筋的左端无弯钩。

② 钢筋根数计算：

(轴线跨度2100mm；左端到250mm剪力墙的右侧；右端到280mm框架梁的左侧)

钢筋根数=[(2100−125−150)+21+37.5]/150=13(根)

2）短筋。

① 钢筋长度计算：

(轴线跨度1200mm；左支座为剪力墙，厚度为250mm；右支座为框架梁，宽度250mm)

左支座直锚长度=l_{aE}=29d=29×8=232(mm)

右支座直锚长度=250−25−20=205(mm)

上部贯通纵筋的直段长度=(1200−125−125)+232+205=1387(mm)

右支座弯钩长度=l_{aE}−直锚长度=29d−205=29×8−205=27(mm)

上部贯通纵筋的左端无弯钩。

② 钢筋根数计算：

(轴线跨度4800mm；左端到280mm剪力墙的右侧；右端到250mm剪力墙的右侧)

钢筋根数=[(4800−150+125)+21−21]/150=32(根)

(2) Y方向的上部贯通纵筋计算。

1）长筋。

① 钢筋长度计算：

(轴线跨度7000mm；左支座为剪力墙，厚度280mm；右支座为框架梁，宽度280mm)

左支座直锚长度=l_{aE}=29d=29×8=232(mm)

右支座直锚长度=l_{aE}=29d=29×8=232(mm)

上部贯通纵筋的直段长度=(7000−150−150)+232+232=7164(mm)

上部贯通纵筋的两端无弯钩。

② 钢筋根数计算：

(轴线跨度1200mm；左支座为剪力墙，厚度250mm；右支座为框架梁，宽度250mm)

钢筋根数=[(1200−125−125)+21+36]/150=7(根)

2）短筋。

① 钢筋长度计算：

(轴线跨度2100mm；左支座为剪力墙，厚度250mm；右支座为框架梁，宽度280mm)

左支座直锚长度$=l_{aE}=29d=29\times8=232$(mm)

右支座直锚长度$=l_{aE}=29d=29\times8=232$(mm)

上部贯通纵筋的直段长度=(2100−125−150)+232+232=2289(mm)

上部贯通纵筋的两端无弯钩。

② 钢筋根数计算：

(轴线跨度2400mm；左支座为剪力墙，厚度280mm；右支座为框架梁，宽度250mm)

钢筋根数=[(2400−150+125)+21−21]/150=16(根)

(2) 端部支座钢筋构造。

1) 端部支座为梁。当端部支座为梁时，普通楼屋面板端部构造如图6-27所示。

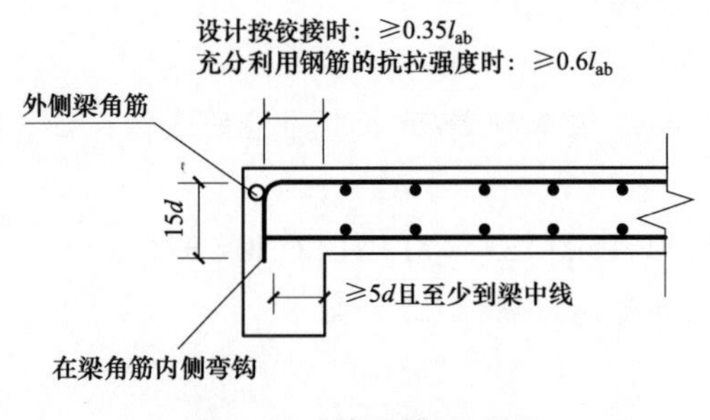

图6-27　普通楼屋面板

板上部贯通纵筋伸至梁外侧角筋的内侧弯钩，弯折长度为15d。当设计按铰接时，弯折水平段长度大于或等于0.35l_{ab}；当充分利用钢筋的抗拉强度时，弯折水平段长度大于或等于0.6l_{ab}。

板下部贯通纵筋在端部制作的直锚长度大于或等于5d且至少到梁中线。

当端部支座为梁时，用于梁板式转换层的楼面板端部构造如图6-28所示。

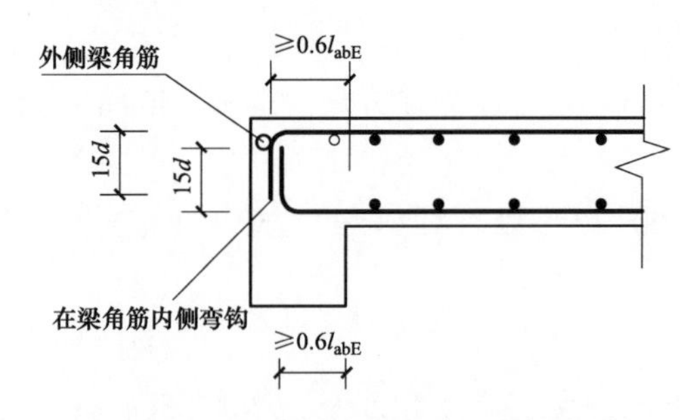

图6-28　用于梁板式转换层的楼面板

板上部贯通纵筋伸至梁外侧角筋的内侧弯钩，弯折长度为15d，弯折水平段长度大于或等于0.6l_{abE}。

梁板式转换层的板，下部贯通纵筋在端部支座的直锚长度大于或等于0.6l_{abE}。

2）端部支座为剪力墙中间层。当端部支座为剪力墙中间层时，楼板端部构造如图6-29所示。

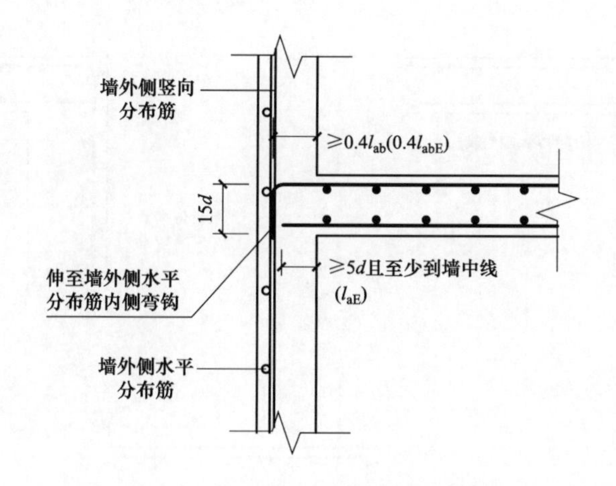

图6-29 端部支座为剪力墙中间层

板上部贯通纵筋伸至墙身外侧水平分布筋的内侧弯钩，弯折长度为15d。弯折水平段长度大于或等于0.4l_{ab}（≥0.4l_{abE}）。

板下部贯通纵筋在端部支座的直锚长度大于或等于5d且至少到墙中线；梁板式转换层的板，下部贯通纵筋在端部支座的直锚长度为l_{aE}。

图中括号内的数值用于梁板式转换层的板，当板下部纵筋直锚长度不足时，可弯锚如图6-30所示。

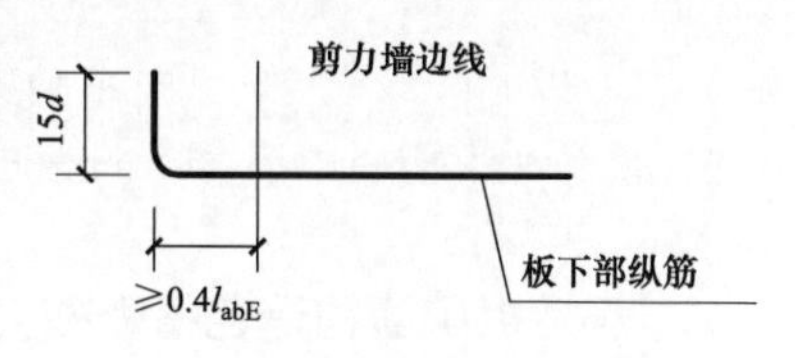

图6-30 板下部纵筋弯锚构造

3）端部支座为剪力墙顶。当端部支座为剪力墙顶时，楼板端部构造如图6-31所示。

图6-31（a），板上部贯通纵筋伸至墙身外侧水平分布筋的内侧弯钩，弯折长度为15d。弯折水平段长度大于或等于0.35l_{ab}；板下部贯通纵筋在端部支座的直锚长度大于或等于5d且至少到墙中线。

图6-31（b），板上部贯通纵筋伸至墙身外侧水平分布筋的内侧弯钩，弯折长度为15d。弯折水平段长度大于或等于0.6l_{ab}；板下部贯通纵筋在端部支座的

直锚长度大于或等于 $5d$ 且至少到墙中线。

图 6-31（c），板上部贯通纵筋伸至墙身外侧水平分布筋的内侧弯钩，在断点位置低于板底，搭接长度为 l_l，弯折水平段长度为 $15d$；板下部贯通纵筋在端部支座的直锚长度大于或等于 $5d$ 且至少到墙中线。

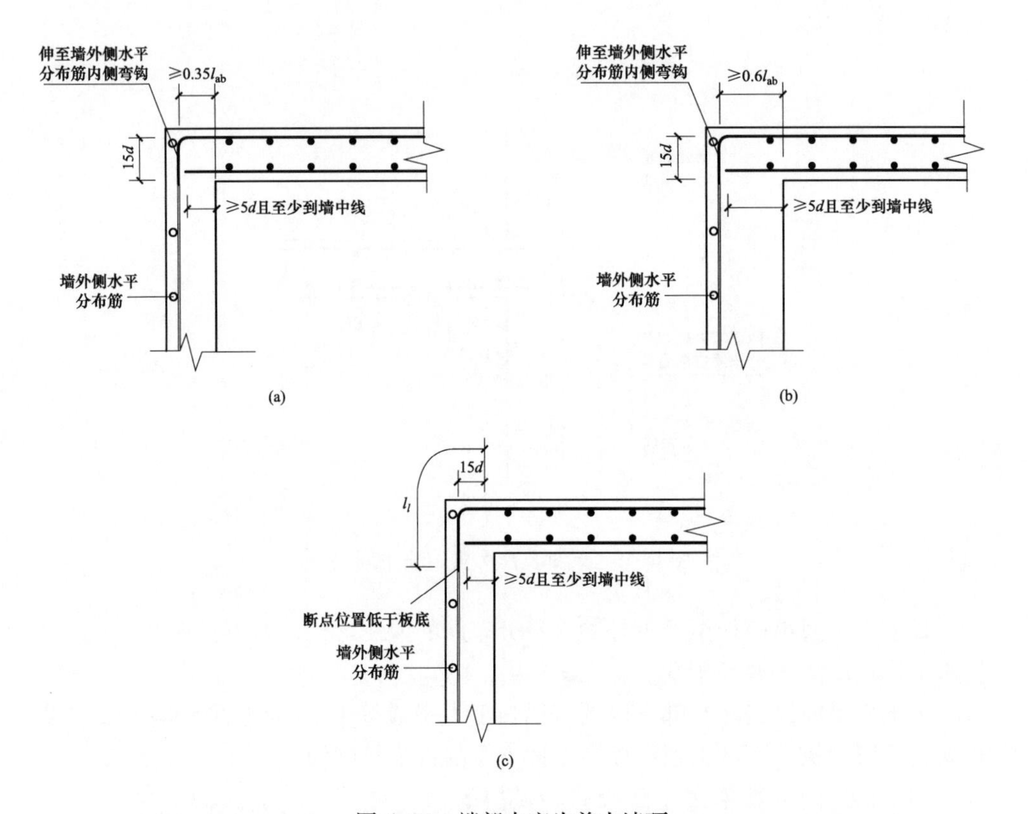

图 6-31　端部支座为剪力墙顶

（a）板端按铰接设计时；（b）板端上部纵筋按充分利用钢筋的抗拉强度时；（c）搭接连接

2. 悬挑板配筋构造包括哪些内容？

悬挑板的钢筋构造可分为两种情况，如图 6-32 和图 6-33 所示。

图 6-32（a）：悬挑板的上部纵筋与相邻板同向的顶部贯通纵筋或顶部非贯通纵筋贯通，下部构造筋伸至梁内长度大于或等于 $12d$ 且至少到梁中线（l_{aE}），括号内数值用于需考虑竖向地震作用时（由设计明确）。

图 6-32（b）：悬挑板的上部纵筋伸至梁内，在梁角筋内侧弯直钩，弯折长度为 $15d$，下部构造筋伸至梁内长度大于或等于 $12d$ 且至少到梁中线（l_{aE}），括号内数值用于需考虑竖向地震作用时（由设计明确）。

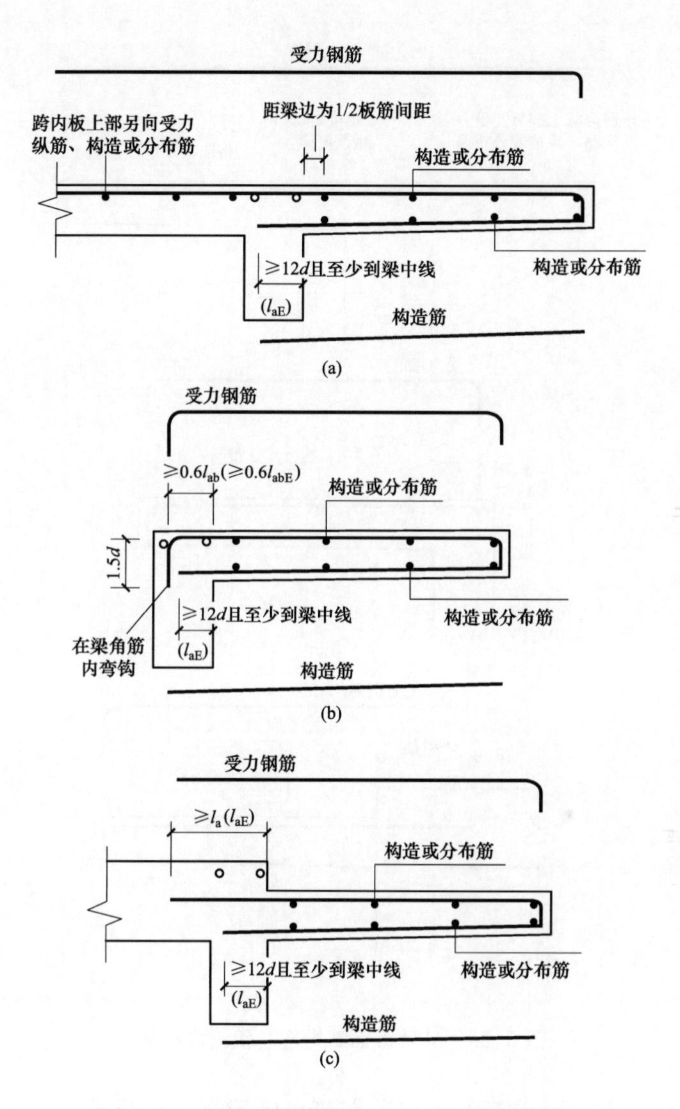

图 6-32 悬挑板钢筋构造（上、下部均配筋）

图 6-32（c）：悬挑板的上部纵筋锚入与其相邻板内，直锚长度大于或等于 l_a（l_{aE}），下部构造筋伸至梁内长度大于或等于 12d 且至少到梁中线（l_{aE}），括号内数值用于需考虑竖向地震作用时（由设计明确）。

图 6-33 中的钢筋构造要点与图 6-32 相似，只是缺少下部配筋。

3. 板带纵向钢筋构造包括哪些内容？

（1）柱上板带纵向钢筋构造。柱上板带纵向钢筋构造如图 6-34 所示。

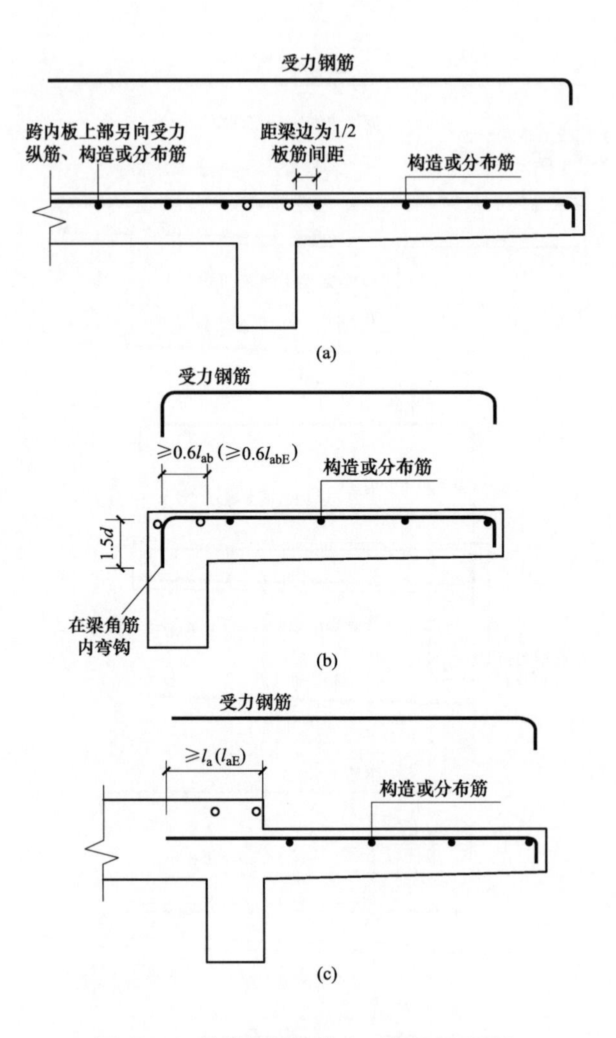

图 6-33　悬挑板钢筋构造（仅上部配筋）

柱上板带上部贯通纵筋的连接区在跨中区域；上部非贯通纵筋向跨内延伸长度按设计标注；非贯通纵筋的端点就是上部贯通纵筋连接区的起点。

当相邻等跨或不等跨的上部贯通纵筋配置不同时，应将配置较大者越过其标注的跨数终点或起点伸出至相邻跨的跨中连接区域连接。

（2）跨中板带纵向钢筋构造。跨中板带纵向钢筋构造如图 6-35 所示。

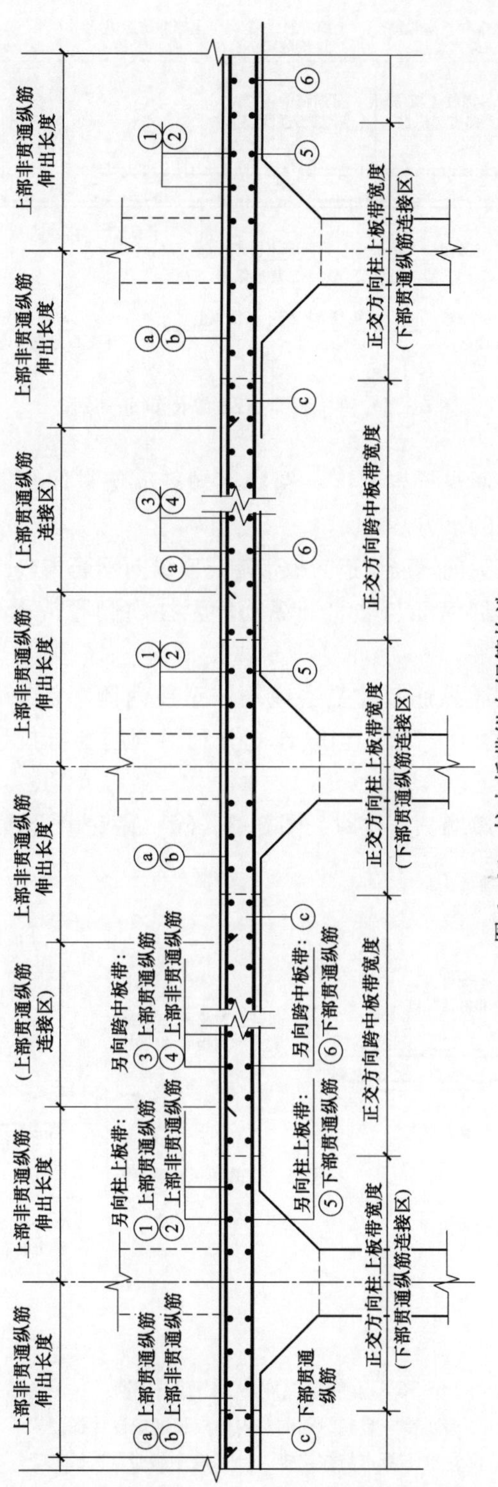

图6-34 柱上板带纵向钢筋构造

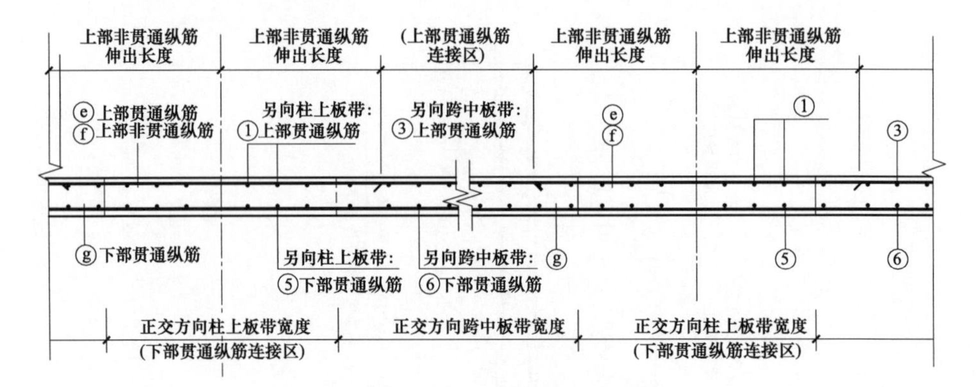

图 6-35　跨中板带 KZB 纵向钢筋构造

跨中板带上部贯通纵筋连接区在跨中区域；下部贯通纵筋连接区的位置就在正交方向柱上板带的下方。

（3）板带端支座纵向钢筋构造。板带端支座纵向钢筋构造，如图 6-36 所示。

柱上板带上部贯通纵筋与非贯通纵筋伸至柱内侧弯折 15d。水平段锚固长度≥0.6l_{abE}。

跨中板带上部贯通纵筋与非贯通纵筋伸至柱内侧弯折 15d，当设计按铰接时，水平段锚固长度≥0.35l_{ab}；当设计充分利用钢筋的抗拉强度时，水平段锚固长度≥0.6l_{ab}。

跨中板带与剪力墙墙顶连接时，图 6-36（d）做法由设计指定。

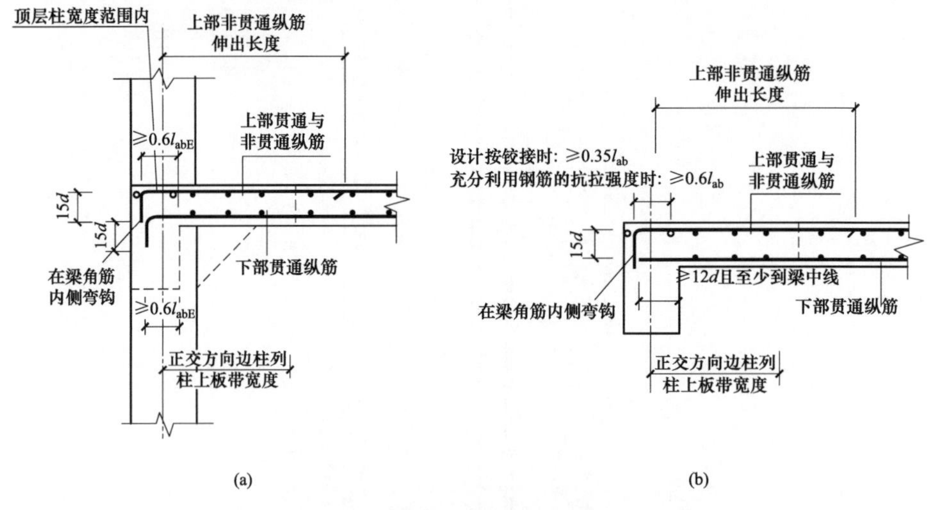

图 6-36　板带端支座纵向钢筋构造（一）

（板带上部非贯通纵筋向跨内伸出长度按设计标注）

（a）柱上板带与柱连接；（b）跨中板带与梁连接

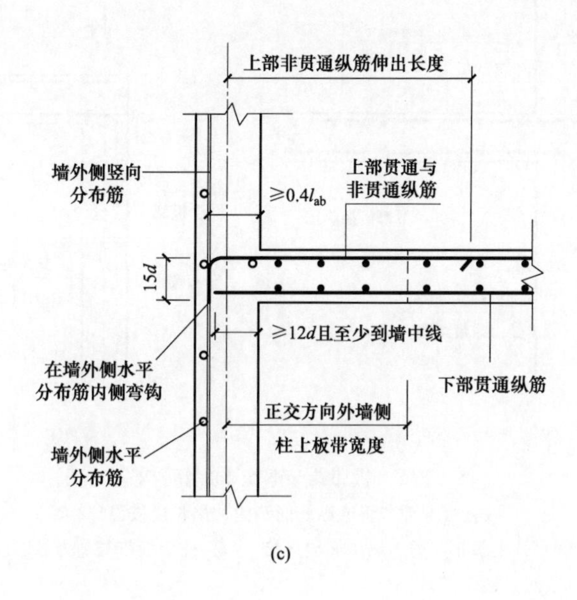

(c)

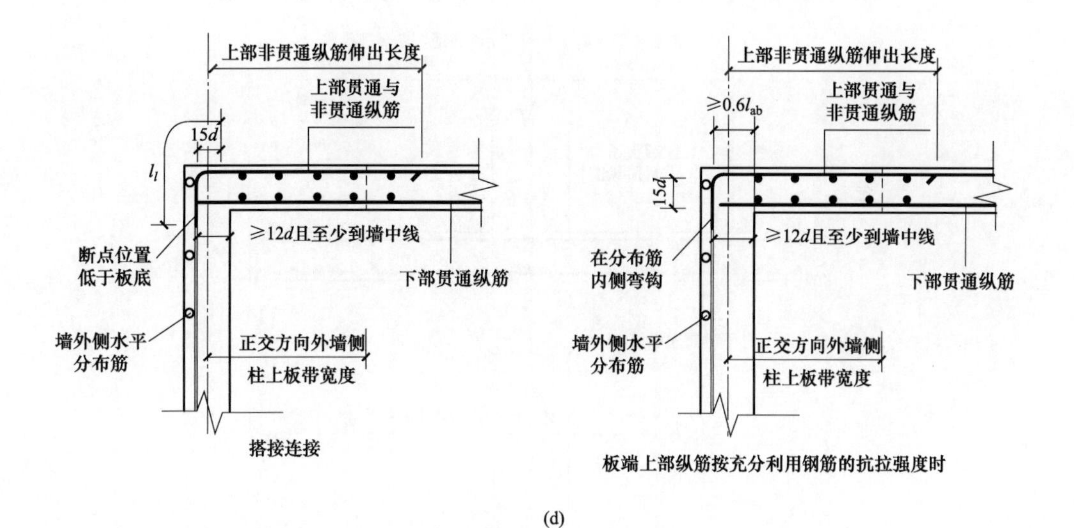

(d)

图 6-36 板带端支座纵向钢筋构造（二）

（板带上部非贯通纵筋向跨内伸出长度按设计标注）

（c）跨中板带与剪力墙中间层连接；（d）跨中板带与剪力墙墙顶连接

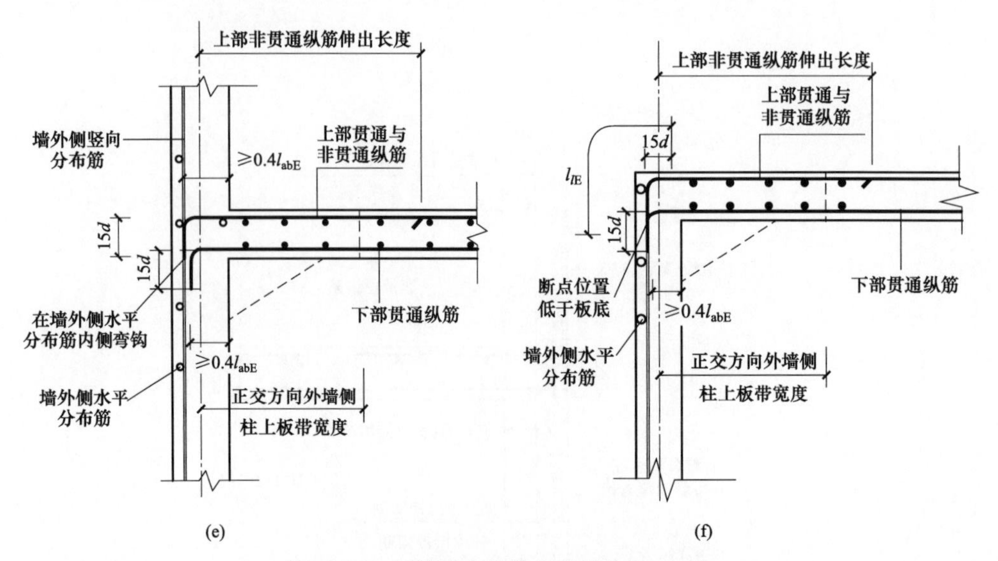

图 6-36　板带端支座纵向钢筋构造（三）

（板带上部非贯通纵筋向跨内伸出长度按设计标注）

（e）柱上板带与剪力墙中间层连接；（f）柱上板带与剪力墙墙顶连接

（4）板带悬挑端纵向钢筋构造。板带悬挑端纵向钢筋构造如图 6-37 所示。

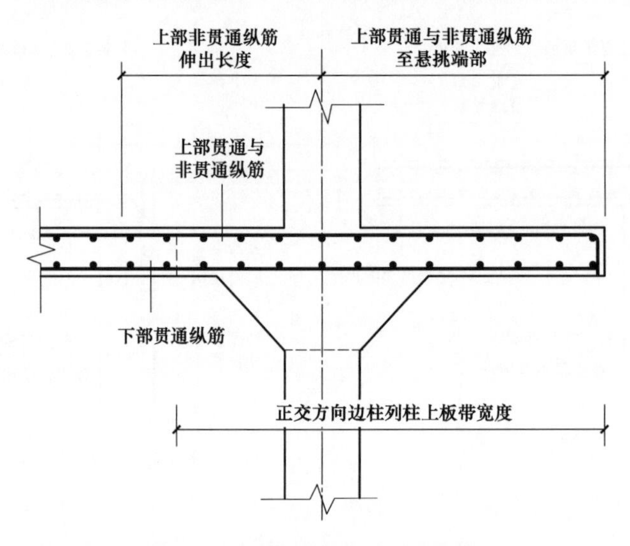

图 6-37　板带悬挑端纵向钢筋构造

板带的上部贯通纵筋与非贯通纵筋一直延伸至悬挑端部，然后拐 90°的直钩伸至板底。板带悬挑端的整个悬挑长度包含在正交方向边柱列柱上板带宽度范围之内。

7 板式楼梯平法钢筋识图与算量

现浇混凝土楼梯具有布置灵活、容易满足不同建筑要求等优点，是多层及高层房屋建筑的重要组成部分，所以在建筑工程中应用颇为广泛。

本章简单介绍了楼梯钢筋的基本知识及楼梯包含的构件内容（踏步段、层间梯梁、层间平板、楼层平板等），结合具体的楼梯类型简单介绍了板式楼梯的计算方法。

7.1 板式楼梯平法识图

1. 现浇混凝土板式楼梯平法施工图有哪些表示方法?

（1）现浇混凝土板式楼梯平法施工图有平面注写、剖面注写和列表注写三种表达方式，设计者可根据工程具体情况任选一种。

本章主要表述梯板的表达方式，与楼梯相关的平台板、梯梁、梯柱的注写方式参见国家建筑标准设计图集16G101-1《混凝土结构施工图平面整体表示方法制图规则和构造详图（现浇混凝土框架、剪力墙、梁、板）》。

（2）楼梯平面布置图应按照楼梯标准层，采用适当比例集中绘制，需要时绘制其剖面图。

（3）为方便施工，在集中绘制的板式楼梯平法施工图中，宜按规定注明各结构层的楼面标高、结构层高及相应的结构层号。

2. 现浇混凝土板式楼梯有哪些类型?

现浇混凝土板式楼梯包含12种类型，见表7-1。

表7-1　　楼　梯　类　型

梯板代号	适用范围		是否参与结构整体抗震计算
	抗震构造措施	适用结构	
AT	无	剪力墙、砌体结构	不参与
BT			

续表

梯板代号	适用范围		是否参与结构整体抗震计算
	抗震构造措施	适用结构	
CT	无	剪力墙、砌体结构	不参与
DT			
ET	无	剪力墙、砌体结构	不参与
FT			
GT	无	剪力墙、砌体结构	不参与
ATa	有	框架结构、框剪结构中框架部分	不参与
ATb			不参与
ATc			参与
CTa	有	框架结构、框剪结构中框架部分	不参与
CTb			不参与

注：ATa、CTa 低端设滑动支座支承在梯梁上；ATb、CTb 低端设滑动支座支承在挑板上。

3. AT~ET 型板式楼梯有哪些特征?

(1) AT~ET 型板式楼梯代号代表一段带上下支座的梯板。梯板的主体为踏步段，除踏步段之外，梯板可包括低端平板、高端平板以及中位平板。

(2) AT~ET 各型梯板的截面形状为:

1) AT 型梯板全部由踏步段构成，如图 7-1 所示。

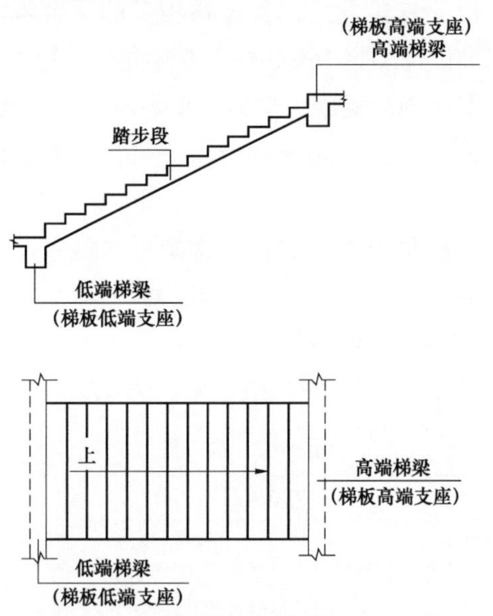

图 7-1　AT 型楼梯截面形状与支座位置

2）BT 型梯板由低端平板和踏步段构成，如图 7-2 所示。

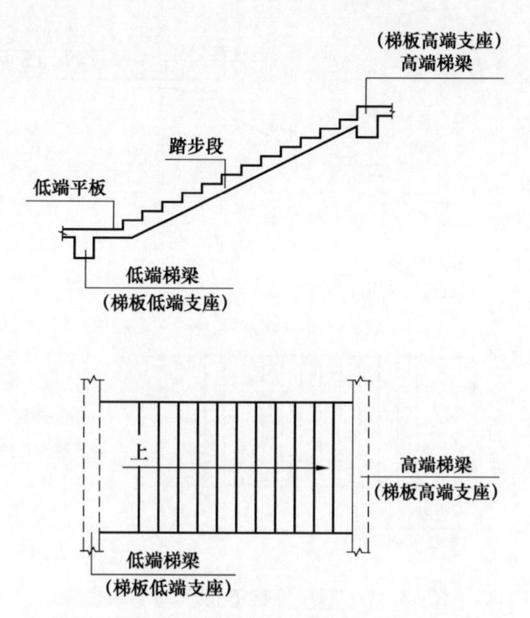

图 7-2 BT 型楼梯截面形状与支座位置

3）CT 型梯板由踏步段和高端平板构成，如图 7-3 所示。

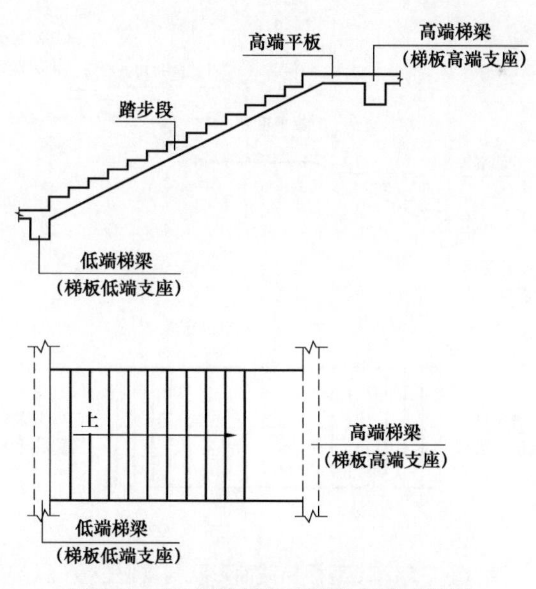

图 7-3 CT 型楼梯截面形状与支座位置

4）DT 型梯板由低端平板、踏步板和高端平板构成，如图 7-4 所示。

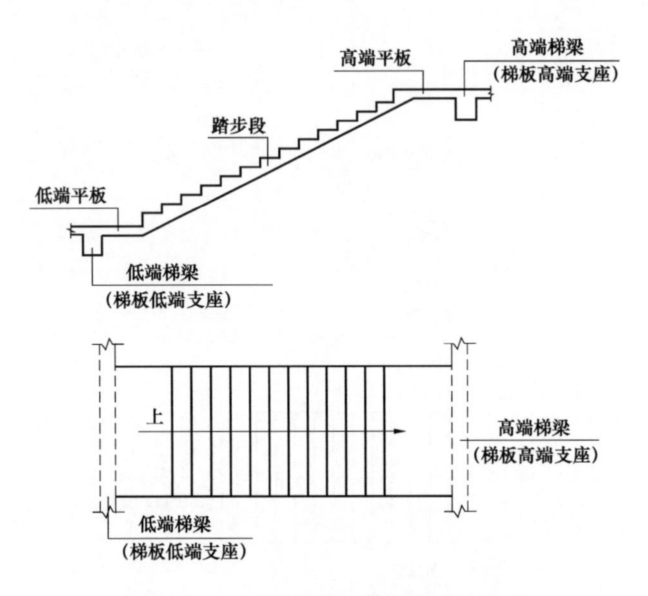

图 7-4 DT 型楼梯截面形状与支座位置

5）ET 型梯板由低端踏步段、中位平板和高端踏步段构成，如图 7-5 所示。

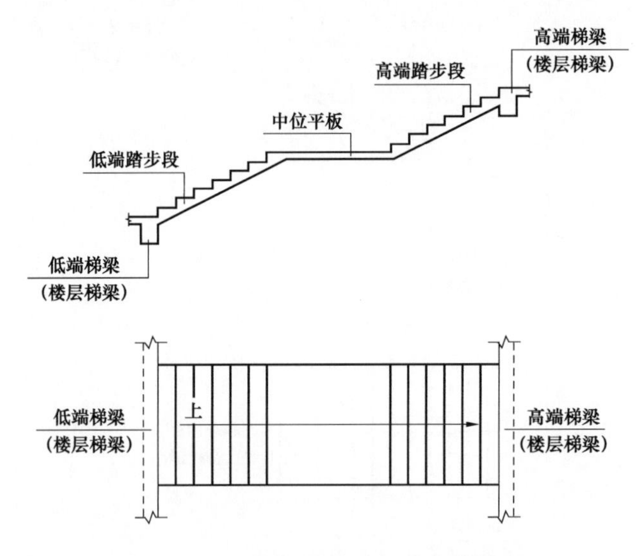

图 7-5 ET 型楼梯截面形状与支座位置

（3）AT~ET 型梯板的两端分别以（低端和高端）梯梁为支座。

（4）AT~ET 型梯板的型号、板厚、上下部纵向钢筋及分布钢筋等内容应在平法施工图中注明。梯板上部纵向钢筋向跨内伸出的水平投影长度见相应的标准构造详图，设计不注，但应予以校核；当标准构造详图规定的水平投影长度不满足具体工程要求时，应另行注明。

4. FT、GT 型板式楼梯有哪些特征？

（1）FT、GT 每个代号代表两跑踏步段和连接它们的楼层平板及层间平板。

（2）FT、GT 型梯板的构成可分为两类：

1）FT 型，由层间平板、踏步段和楼层平板构成，如图 7-6 所示。

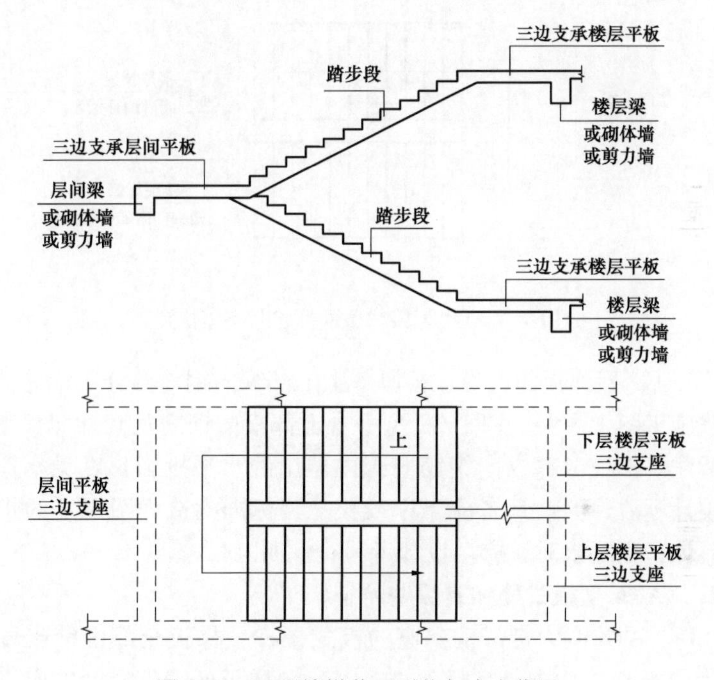

图 7-6 FT 型楼梯截面形状与支座位置

2）GT 型，由层间平板和踏步段构成，如图 7-7 所示。

（3）FT、GT 型梯板的支承方式。

FT 型、GT 型梯板的支承方式见表 7-2。

表 7-2 FT、GT 型梯板支承方式

梯板类型	层间平板端	踏步段端（楼层处）	楼层平板端
FT	三边支承		三边支承
GT	三边支承	单边支承（梯梁上）	

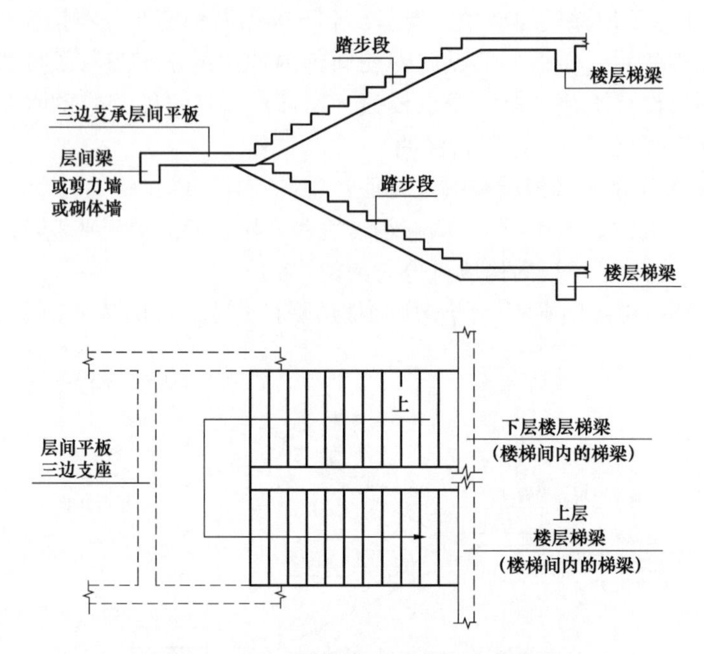

图 7-7 GT 型楼梯截面形状与支座位置

(4) FT、GT 型梯板的型号、板厚、上下部纵向钢筋及分布钢筋等内容由设计者在平法施工图中注明。FT、GT 型平台上部横向钢筋及其外伸长度，在平面图中原位标注。梯板上部纵向钢筋向跨内伸出的水平投影长度见相应的标准构造详图，设计不注，但设计者应予以校核；当标准构造详图规定的水平投影长度不满足具体工程要求时，应由设计者另行注明。

5. ATa、ATb 型板式楼梯有哪些特征?

(1) ATa、ATb 型为带滑动支座的板式楼梯，梯板全部由踏步段构成，其支承方式为梯板高端均支承在梯梁上，ATa 型梯板低端带滑动支座支承在梯梁上，如图 7-8 所示；ATb 型梯板低端带滑动支座支承在挑板上，如图 7-9 所示。

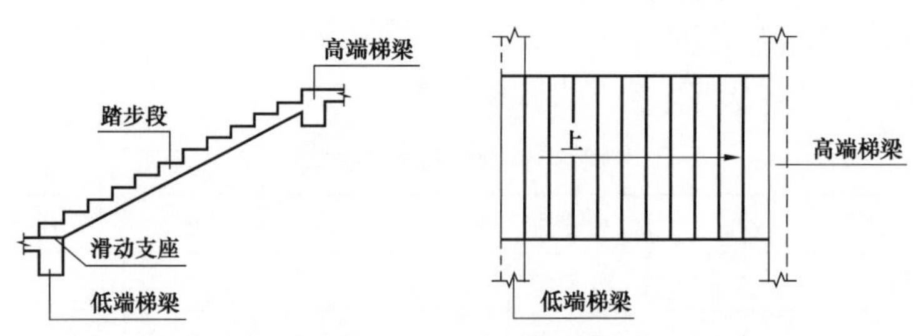

图 7-8 ATa 型楼梯截面形状与支座位置

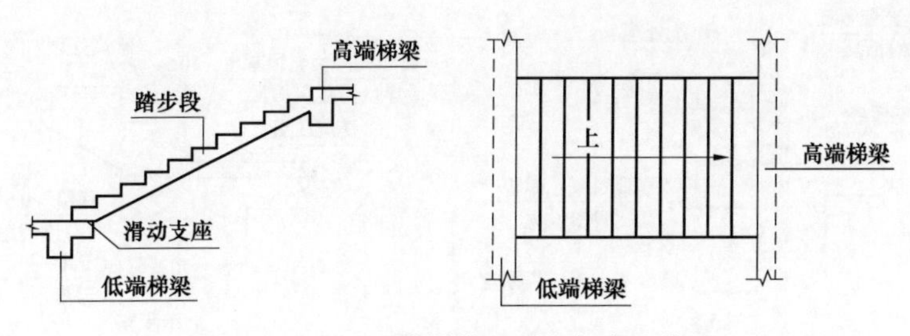

图 7-9 ATb 型楼梯截面形状与支座位置

（2）滑动支座做法如图 7-10、图 7-11 所示，采用何种做法应由设计指定。滑动支座垫板可选用聚四氟乙烯板、钢板和厚度大于或等于 0.5 的塑料片，也可选用其他能保证有效滑动效果的材料，其连接方式由设计者另行处理。

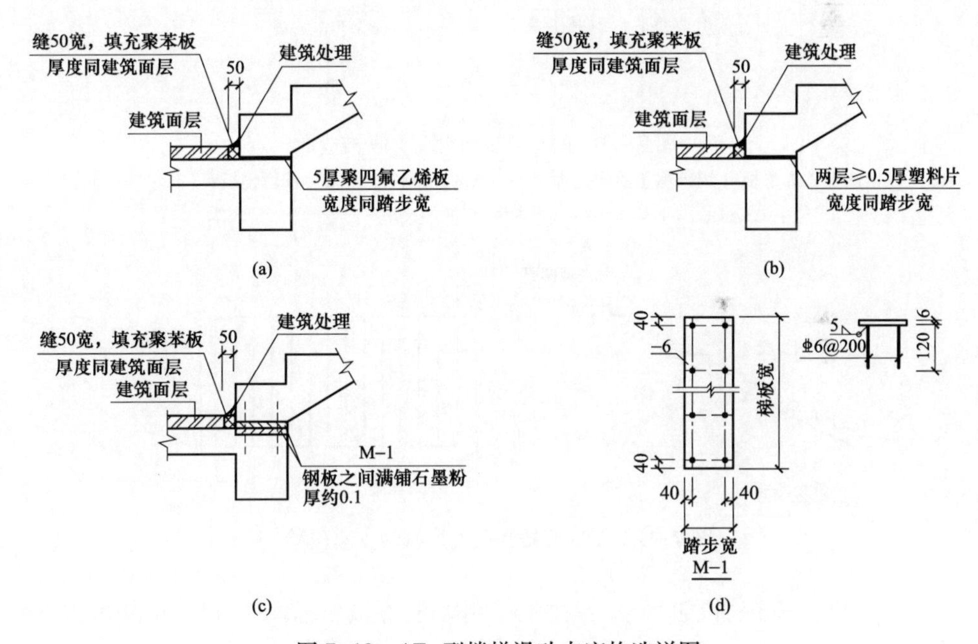

图 7-10 ATa 型楼梯滑动支座构造详图

（a）设聚四氟乙烯垫板（用胶粘于混凝土面上）；（b）设塑料片；（c）预埋钢板；（d）M-1 剖面图

（3）ATa、ATb 型梯板采用双层双向配筋。

6. ATc 型板式楼梯有哪些特征？

（1）ATc 型梯板全部由踏步段构成如图 7-12 所示，其支承方式为梯板两端均支承在梯梁上。

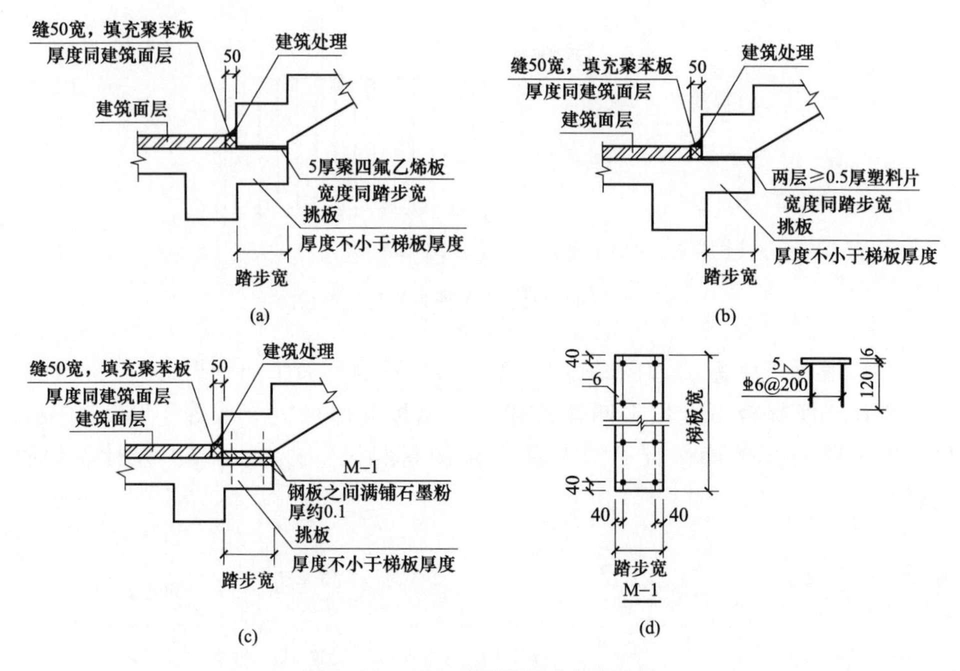

图 7-11　ATb 型楼梯滑动支座构造

(a) 设聚四氟乙烯垫板（用胶粘于混凝土面上）；(b) 设塑料片；(c) 预埋钢板；(d) M-1 剖面图

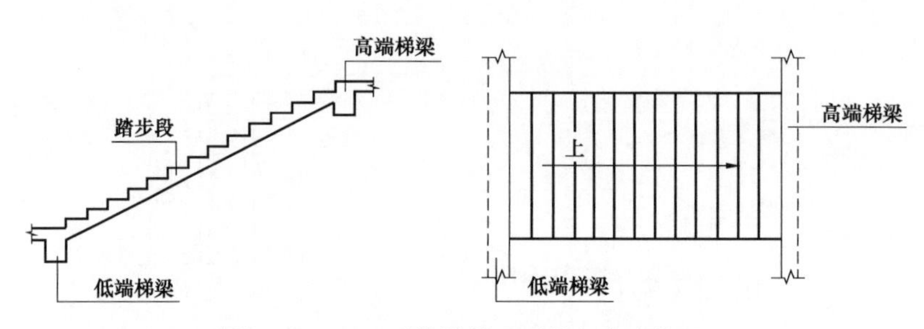

图 7-12　ATc 型楼梯截面形状与支座位置

(2) ATc 楼梯休息平台与主体结构可连接（图 7-13），也可脱开（图 7-14）。

(3) ATc 型楼梯梯板厚度应按计算确定，且不宜小于 140mm；梯板采用双层配筋。

(4) ATc 型梯板两侧设置边缘构件（暗梁），边缘构件的宽度取 1.5 倍板厚；边缘构件纵筋数量，当抗震等级为一、二级时不少于 6 根，当抗震等级为三、四级时不少于 4 根；纵筋直径不小于 ϕ12mm 且不小于梯板纵向受力钢筋的直径；箍筋直径不小于 ϕ6mm，间距不大于 200mm。

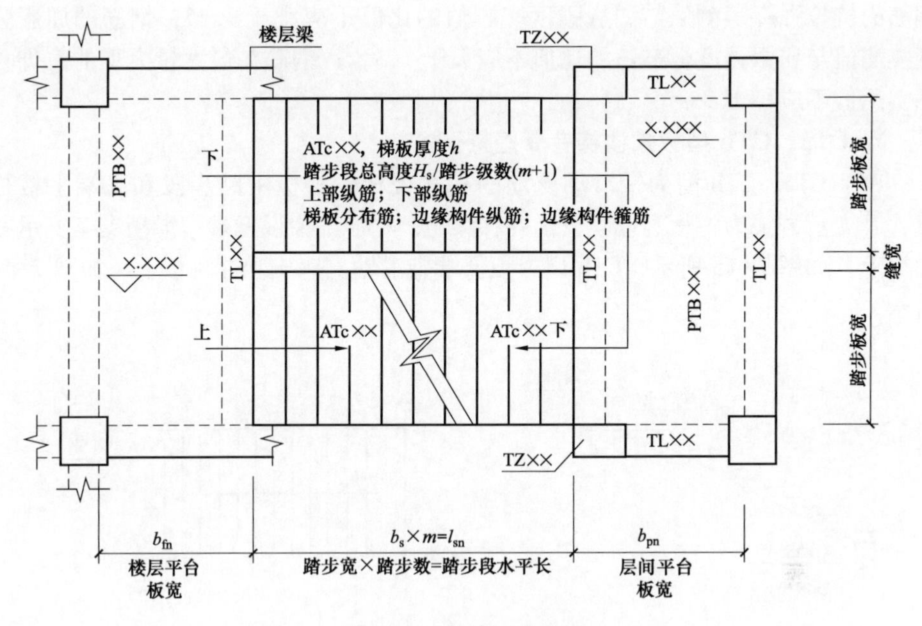

图 7-13 整体连接构造

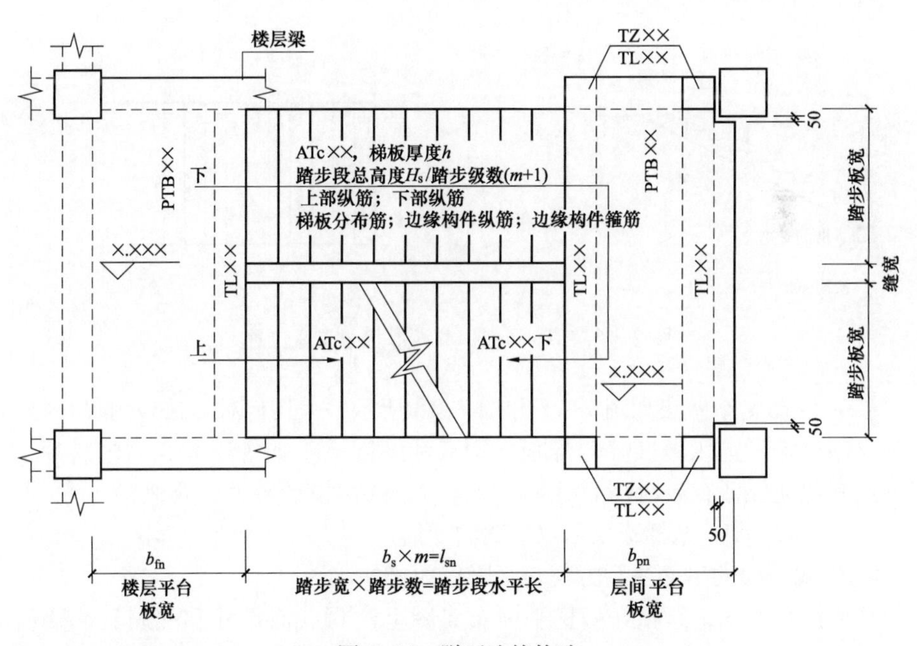

图 7-14 脱开连接构造

平台板按双层双向配筋。

（5）ATC 型楼梯作为斜撑构件，钢筋均采用符合抗震性能要求的热轧钢筋，钢筋的抗拉强度实测值与屈服强度实测值的比值不应小于 1.25；钢筋的屈服强度实测值与屈服强度标准值的比值不应大于 1.3，且钢筋在最大拉力下的总伸长率实测值不应小于 9%。

7. CTa、CTb 型板式楼梯有哪些特征？

（1）CTa、CTb 型为带滑动支座的板式楼梯，梯板由踏步段和高端平板构成，其支承方式为梯板高端均支承在梯梁上。CTa 型梯板低端带滑动支座支承在梯梁上，如图 7-15 所示，CTb 型梯板低端带滑动支座支承在挑板上，如图 7-16 所示。

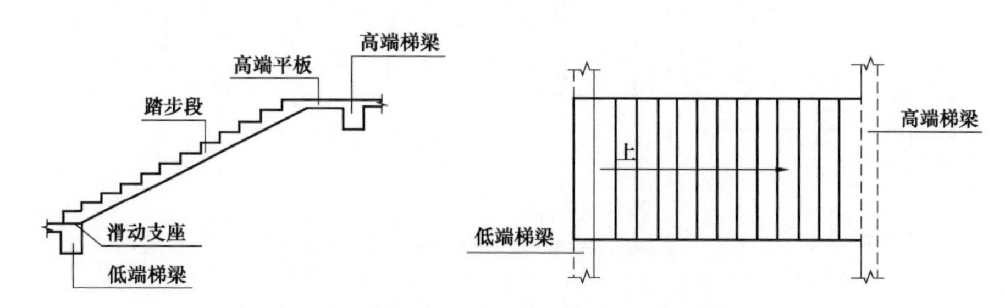

图 7-15　CTa 型楼梯截面形状与支座位置

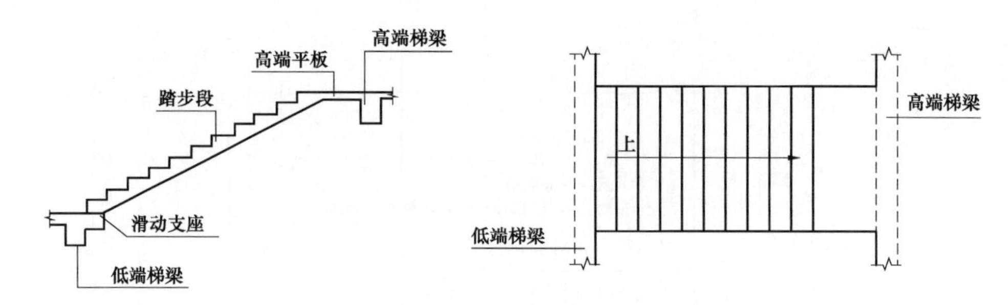

图 7-16　CTb 型楼梯截面形状与支座位置

（2）滑动支座做法如图 7-17 和图 7-18 所示，采用何种做法应由设计指定。滑动支座垫板可选用聚四氟乙烯板、钢板和厚度大于如等于 0.5 的塑料片，也可选用其他能保证有效滑动的材料，其连接方式由设计者另行处理。

（3）CTa、CTb 型梯板采用双层双向配筋。

8. 板式楼梯的平面注写方式包括哪些内容？

平面注写方式，是指在楼梯平面布置图上注写截面尺寸和配筋具体数值的方式来表达楼梯施工图，包括集中标注和外围标注。

（1）集中标注。楼梯集中标注的内容包括以下两项：

1）梯板类型代号与序号，如 AT××。

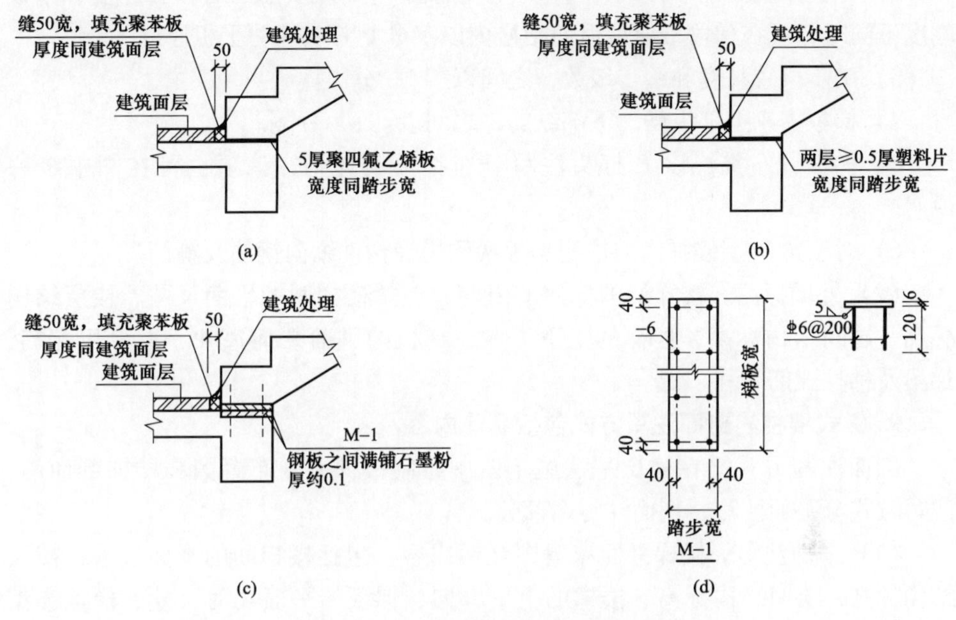

图 7-17　CTa 型楼梯滑动支座构造详图

(a) 设聚四氟乙烯垫板 (用胶粘于混凝土面上); (b) 设塑料片; (c) 预埋钢板; (d) M-1 剖面图

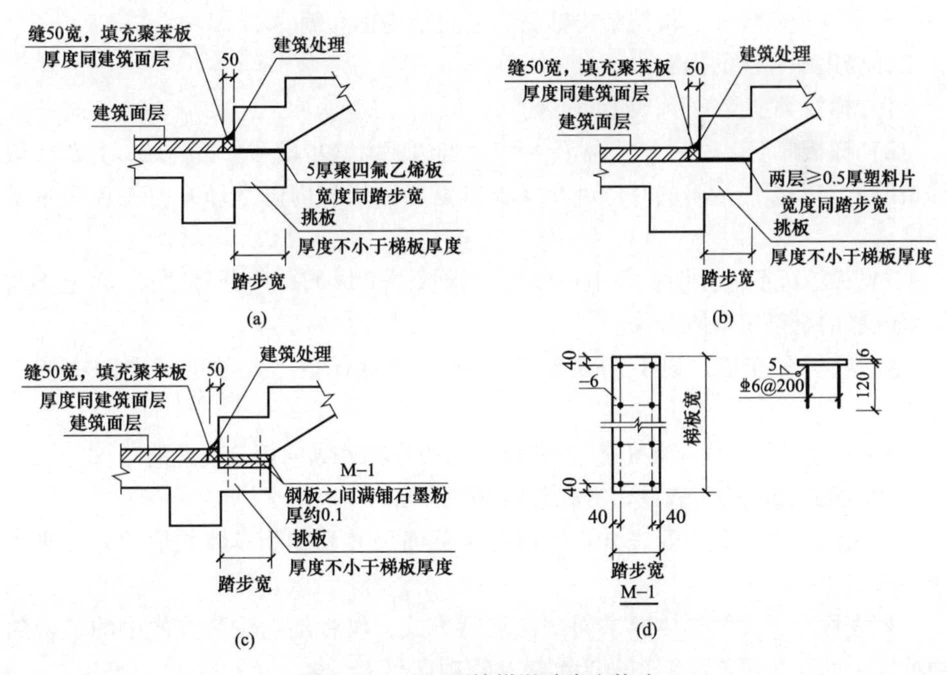

图 7-18　CTb 型楼梯滑动支座构造

(a) 设聚四氟乙烯垫板 (用胶粘于混凝土面上); (b) 设塑料片; (c) 预埋钢板; (d) M-1 剖面图

2）梯板厚度。注写方式为 h=×××。当为带平板的梯板且梯段扳厚度和平板厚度不同时，可在梯段板厚度后面括号内以字母 P 打头注写平板厚度。

3）踏步段总高度和踏步级数，之间以“/”分隔。

4）梯板支座上部纵筋，下部纵筋，之间以“;”分隔。

5）梯板分布筋，以 F 打头注写分布钢筋具体值，该项也可在图中统一说明。

6）对于 ATc 型楼梯尚应注明梯板两侧边缘构件纵向钢筋及箍筋。

（2）外围标注。楼梯外围标注的内容，包括楼梯间的平面尺寸、楼层结构标高、层间结构标高、楼梯的上下方向、梯板的平面几何尺寸、平台板配筋、梯梁及梯柱配筋等。

9. 板式楼梯的剖面注写方式包括哪些内容?

剖面注写方式需在楼梯平法施工图中绘制楼梯平面布置图和楼梯剖面图，注写方式分平面注写、剖面注写两部分。

（1）平面注写。楼梯平面布置图注写内容，包括楼梯间的平面尺寸、楼层结构标高、层间结构标高、楼梯的上下方向、梯板的平面几何尺寸、梯板类型及编号、平台板配筋、梯梁及梯柱配筋等。

（2）剖面注写。楼梯剖面图注写内容，包括梯板集中标注、梯梁梯柱编号、梯板水平及竖向尺寸、楼层结构标高、层间结构标高等。

梯板集中标注的内容包括:

1）梯板类型及编号，如 AT××。

2）梯板厚度。注写方式为 h=×××。当梯板由踏步段和平板构成，且踏步段梯板厚度和平板厚度不同时，可在梯板厚度后面括号内以字母 P 打头注写平板厚度。

3）梯板配筋。注明梯板上部纵筋和梯板下部纵筋，用分号“;”将上部与下部纵筋的配筋值分隔开来。

4）梯板分布筋。以 F 打头注写分布钢筋具体值，该项也可在图中统一说明。

5）对于 ATc 型楼梯尚应注明楼板两侧边缘构件纵向钢筋及箍筋。

10. 板式楼梯的列表注写方式包括哪些内容?

列表注写方式是用列表方式注写梯板截面尺寸和配筋具体数值的方式来表达楼梯施工图。

列表注写方式的具体要求同剖面注写方式，仅将剖面注写方式中的梯板集中标注中的梯板配筋注写项改为列表注写项即可。

梯板列表格式见表 7-3。

表 7-3　梯板几何尺寸和配筋

梯板编号	踏步段总高度/踏步级数	板厚 h	上部纵向钢筋	下部纵向钢筋	分布筋

注：对于 ATc 型楼梯尚应注明梯板两侧边缘构件纵向钢筋及箍筋。

7.2　板式楼梯钢筋构造与算量

1. 以 AT 型楼梯为例，楼梯板配筋有哪些构造要点？

AT 型楼梯板配筋构造如图 7-19 所示。

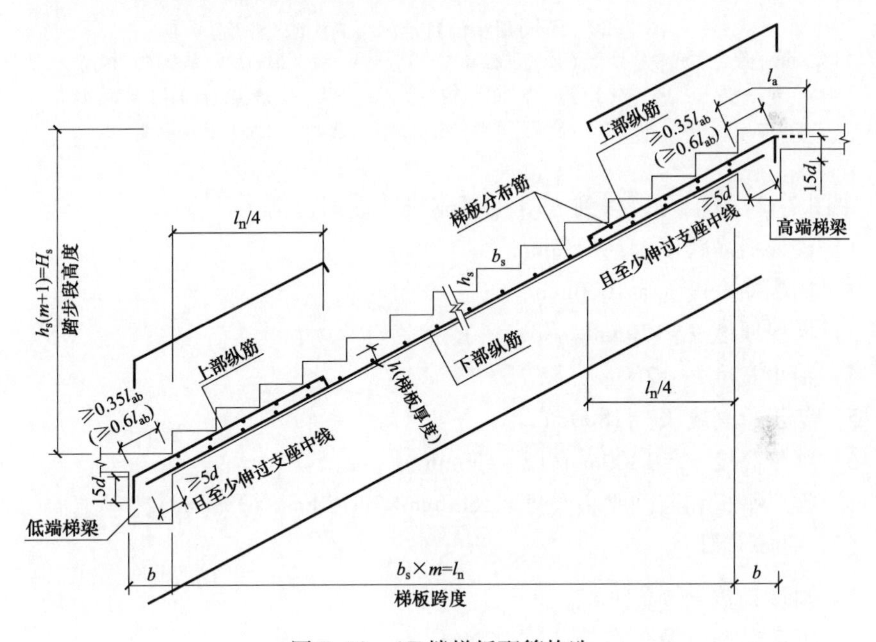

图 7-19　AT 楼梯板配筋构造

（1）图 7-19 中上部纵筋锚固长度 $0.35l_{ab}$ 用于设计按铰接的情况，括号内数据 $0.6l_{ab}$ 用于设计考虑充分发挥钢筋抗拉强度的情况，具体工程中设计应指明采用何种情况。

（2）上部纵筋有条件时可直接伸入平台板内锚固，从支座内边算起总锚固长度不小于 l_a，如图 7-19 中虚线所示。

（3）上部纵筋需伸至支座对边再向下弯折。

（4）踏步两头高度调整如图 7-20 所示。

2. 以 AT 型楼梯为例，楼梯板钢筋如何计算？

（1）AT 楼梯平面注写方式一般模式如图 7-21（a）所示。

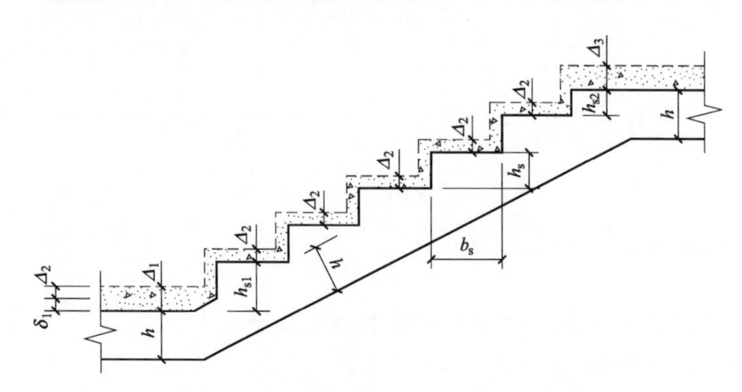

图 7-20 不同踏步位置推高与高度减小构造

δ_1—第一级与中间各级踏步整体竖向推高值；h_{s1}—第一级（推高后）踏步的结构高度；h_{s2}—最上一级（减小后）踏步的结构高度；Δ_1—第一级踏步根部面层厚度；Δ_2—中间各级踏步的面层厚度；Δ_3—最上一级踏步（板）面层厚度

由图 7-21 我们可以得到 AT3 的基本尺寸数据包括：

1）楼梯板净跨度 l_n=3080mm。

2）梯板净宽度 b_n=1600mm。

3）梯板厚度 h=120mm。

4）踏步宽度 b_s=280mm。

5）踏步总高度 H_s=1800mm。

6）踏步高度 h_s=1800mm/12=150mm。

7）楼层平板和层间平板长度=1600mm×2+150mm=3350mm。

（2）计算步骤：

1）斜坡系数 $k=\sqrt{h_s^2+b_s^2}$。

2）下部纵筋以及分布筋。

梯板下部纵筋的长度 $l=l_nk+2a$

分布筋的长度=b_n−2×保护层厚度

梯板下部纵筋的根数=(b_n−2×保护层厚度)/间距+1

分布筋的根数=(l_n×k−50×2)/间距+1

3）梯板低端扣筋。梯板低端扣筋位于踏步段斜板的低端，扣筋的一端扣在踏步段斜板上，直钩长度为 h_1。扣筋的另一端锚入低端梯梁内，锚固长度为 0. 35l_{ab}（0. 6l_{ab}）+15d。扣筋的延伸长度投影长度为 l_n/4。（0. 35l_{ab}用于设计按铰接的情况，0. 6l_{ab}用于设计考虑充分发挥钢筋抗拉强度的情况。）

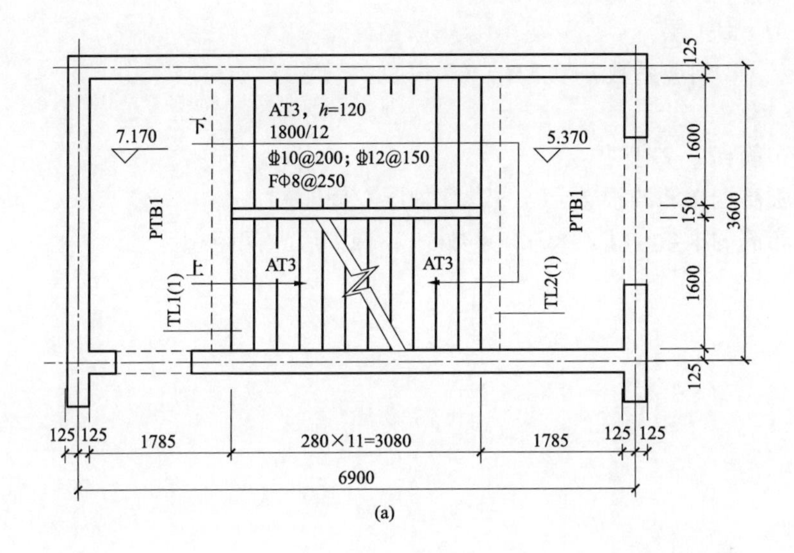

(a)

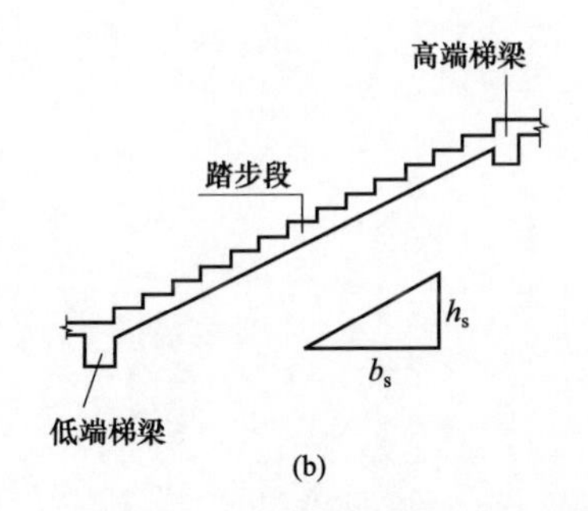

(b)

图 7-21　AT 楼梯平面注写方式一般模式

（a）平面图；（b）斜坡系数示意图

由上所述，梯板低端扣筋的计算过程为：

l_1=[l_n/4+(b-保护层)]×斜坡系数 k

l_2=0.35l_{ab}(0.6l_{ab})-(b-保护层)×斜坡系数 k

h_1=h-保护层

分布筋=b_n-2×保护层

梯板低端扣筋的根数=(b_n-2×保护层)/间距+1

分布筋的根数=(l_n/4×斜坡系数后)/间距+1

4）梯板高端扣筋。梯板高端扣筋位于踏步段斜板的高端，扣筋的一端扣在踏步段斜板上，直钩长度为 h_1，扣筋的另一端锚入高端梯梁内，锚入直段长度不小于 0.35l_{ab}（0.6l_{ab}），直钩长度 l_2 为 15d。扣筋的延伸长度水平投影长度为 l_n/4。由上所述，梯板高端扣筋的计算过程为：

$h_1=h-$保护层

$l_1=l_n/4\times$斜坡系数 $k+0.35l_{ab}$（$0.6l_{ab}$）

$l_2=15d$

分布筋$=b_n-2\times$保护层

梯板高端扣筋的根数$=(b_n-2\times$保护层$)/$间距$+1$

分布筋的根数$=(l_n/4\times$斜坡系数 $k-2\times$保护层$)/$间距$+1$

参 考 文 献

[1] 上官子昌. 16G101 图集应用——平法钢筋图识读 [M]. 北京：中国建筑工业出版社，2017.

[2] 上官子昌. 16G101 图集应用——平法钢筋图算量 [M]. 北京：中国建筑工业出版社，2017.

[3] 栾怀军，孙国皖. 16G101 平法钢筋识图实例教程 [M]. 北京：中国建材工业出版社，2017.

[4] 本书编委会. 平法钢筋识图与算量 [M]. 北京：中国建筑工业出版社，2017.